机械设计课程设计

（修订版）

周元康　林昌华　张海兵　主　编

重庆大学出版社

内 容 提 要

本书第 1 版是根据读者对第 2 版使用后的意见和建议进行修订的,为了使学生在有限的课程设计时间内能够得到相关基本知识的综合运用和基本技能的训练,删去了与这一要求不符的部分内容。本版以常用的齿轮、蜗轮减速器为设计对象,介绍了减速器的一般设计方法和设计步骤,汇集了机械设计课程设计所需的基本内容和资料。书末附有课程设计题目、思考题、示例及若干参考图,以便学生参照而迅速投入实质性的设计工作中。使用本书并配以各种机械设计教材即能完成课程设计任务。

本书内容简明扼要,资料查阅方便。主要供高等工科院校师生进行机械设计课程设计、设计指导及完成习题使用;也可供其他人员参考。

图书在版编目(CIP)数据

机械设计课程设计 / 周元康,林昌华,张海兵主编
.--4 版. -- 重庆 : 重庆大学出版社,2021.7(2022.7 重印)
机械设计制造及其自动化本科系列教材
ISBN 978-7-5624-2460-4

Ⅰ.①机… Ⅱ.①周… ②林… ③张… Ⅲ.①机械设计—课程设计—高等学校—教材 Ⅳ.①TH122-41

中国版本图书馆 CIP 数据核字(2021)第 132098 号

机械设计课程设计
(第四版)
周元康 林昌华 张海兵 主编
责任编辑:彭 宁 版式设计:彭 宁
责任校对:邹 忌 责任印制:张 策
*
重庆大学出版社出版发行
出版人:饶帮华
社址:重庆市沙坪坝区大学城西路 21 号
邮编:401331
电话:(023) 88617190 88617185(中小学)
传真:(023) 88617186 88617166
网址:http://www.cqup.com.cn
邮箱:fxk@ cqup.com.cn (营销中心)
全国新华书店经销
重庆市正前方彩色印刷有限公司印刷
*
开本:787mm×1092mm 1/16 印张:14.75 字数:396 千 插页:8 开 9 页
2021 年 7 月第 4 版 2022 年 7 月第 13 次印刷
印数:26 001—29 000
ISBN 978-7-5624-2460-4 定价:43.00 元

当今世界,科学技术突飞猛进,知识经济已见端倪,综合国力的竞争日趋激烈。国力的竞争,归根结底是科技与人才的竞争。邓小平同志早已明确指出:科技是现代化的关键,而教育是基础。毫无疑问,高等教育是科技发展的基础,是高级专门人才培养的摇篮。我国高等教育在振兴中华、科教兴国的伟大事业中担负着极其艰巨的任务。

为了适应社会主义现代化建设的需要,在1993年党中央、国务院颁布《中国教育改革和发展纲要》以后,原国家教委全面启动和实施《高等教育面向21世纪教学内容和课程体系改革计划》,有组织、有计划地在全国推进教学改革工程。其主要内容是:改革教育体制、教育思想和教育观念;拓宽专业口径,调整专业目录,制定新的人才培养方案;改革课程体系、教学内容、教学方法和教学手段;实现课程结构和教学内容的整合与优化,编写、出版一批高水平、高质量的教材。

地处巴山蜀水的重庆大学,是驰名中外的我国重要高等学府。重庆大学出版社是一个重要的大学出版社,工作出色,一贯重视教材建设,从90年代初期开始实施"立足西部,面向全国"的战略决策,针对当时国内专科教材匮乏的情况,组织西部地区近20所院校编写、出版机械类、电类专科系列教材,以后又推出计算机、建筑、会计类专科系列教材,得到原国家教委的肯定与支持。在1998年教育部颁布《普通高等学校本科专业目录》之后,重庆大学出版社立即组织西部地区高校的数十名教学专家反复领会教学改革精神,认真学习全国的教育改革成果,充分交流各校的教学改革经验,制定机械设计制造及其自动化专业的教学计划和各门课程的教学大纲,并组织编写、出版机械类本科系列教材。为了确保教材的质量,重庆大学出版社采取了以下措施:

- 发挥教育理论与教育思想的指导作用,将教学改革思想和教学改革成果融入教材的编写之中。

• 根据人才培养计划中对学生知识和能力的要求，对课程体系和教学内容进行整合，不过分强调每门课程的系统性、完整性，重在实现系列教材的整体优化。

• 明确各门课程在专业培养方案中的地位和作用，理顺相关课程之间的关系。

• 精选教学内容，控制教学学时数，重视对学生自主学习能力、分析解决工程实际问题能力和创新能力的培养。

• 增强 CAD、CAM 的内容，提高教材的先进性；尽可能运用 CAI 等现代化教学手段，提高传授知识的效率。

• 实行专家审稿制度，聘请学术水平高、事业心强、长期活跃在教学改革第一线的专家审稿，重点审查书稿的学术质量和是否具有特色。

这套教材的编写符合教学改革的精神，遵循教学规律和人才培养规律，具有明显的特色。与出版单科教材相比，有计划地将教材成套推出，实现了整体优化。这富有远见。

经过几年的艰苦努力，这套机械类本科教材已陆续问世了。它反映了西部高校多年来教学改革与教学研究的成果，它的出版必将为繁荣我国高等学校的教材建设作出积极的贡献，特别是在西部大开发的战略行动中，起着十分重要的作用。

高等学校的教学改革和教材建设是一项长期而艰巨的工作，任重道远，不可能一蹴而就。我希望这套教材能够得到读者的关注与帮助，并希望通过教学实践与读者不吝指教，逐版加以修订，使之更加完善，在高等教育改革的百花园中奇花怒放！我深深为之祝愿。

中国科学院院士　杨叔子

2000 年 4 月 28 日

再版前言

本书再版是在收集了读者和有关人员的意见和建议的基础上进行修订的。

本版修订是根据目前学生学习课程的门数的增加，而机械设计课程教学学时被压缩的现实以及在有限时间内所应该完成最基本的课程设计训练的要求进行的，其基本思想是结合当前教学的实际情况，精选内容，达到课程设计的基本要求为目的，故删去了第1版第2章中难度大而烦琐的传动方案优选的内容。同时将对学生设计帮助极大、参照性很强的第8章中的7张装配图进行了重新绘制，力求结构正确而清晰，对结构设计中极易出现的错误，进行了正误对照。对第1版中附录Ⅲ设计计算示例的内容也作了较大的调整，删去了不必要的部分。

对第1版中所存在的错误和不足，再版时编者均进行了认真的修正和补充。

本书再版仍以课程设计过程为主线，将设计中所需要的资料、图表、文字、标准规范和课程设计指导内容有机地融为一体，规范为一册，内容丰富而简明。

编　者

2021年2月

前言

本书以机械设计课程设计的过程为主线进行编写，将设计中所需要的资料、图表、文字、标准规范和课程设计指导内容有机地融为一体，规范为一册，内容丰富而简明，是配合教材《机械设计》进行课程设计的主要教学参考书。

本书仍以减速器设计为例，阐述了一般机械传动装置的设计思路、方法和步骤；较系统地汇集了完成课程设计、理论课习题所需的各种资料图表，内容简明扼要并且实用。

本书的第2章介绍了一种对传动方案优化量化选择的基本思想和方法。由于现有资料有限，在优化目标及价值权的确定上可能存在不够准确的问题。这一内容的加入，无非是为了突破传统的经验性的选择，而尝试将优化方法使用于传动方案的选择上，仅供读者参考。

本书第3章编入了传动件设计的计算程序框图，供使用计算机设计计算者编写程序时[illegible]

编入本书的3个附录，[illegible]考、选用。附录Ⅲ，设计计算示例中仅列出设[illegible]难点内容，以帮助初学者顺利完成本设计。[illegible]及的参考资料[2]为各种版本的机械设计教科书；所引用的公式数据，在各教科书中均可查到，因各教科书编写次序不一，而未列出图表号。

为了减少篇幅，机械设计教科书中列出的各种公式、数据、资料本书均未编入。

全书共分10章和3个附录，其中第1，2章和附录由周元康编写；第3章由林昌华编写；第7章由张海兵编写；第4，8章由张景学编写；第5，6章由黄美发编写；第9章由李屹编写；周元康、林昌华、张海兵为主编；全书由周元康负责汇总和整理。

在文本编排和图形处理上，杨宁、余铁浩做了大量的工作，谨向他们表示衷心的感谢。

由于编者学识水平有限，本书必然会存在不少问题，恳切希望专家和读者批评指正。

编　者

2000年10月8日

目录

第 1 章 总 论

1.1 机械设计课程设计的目的

机械设计课程设计是机械设计课程教学中不可或缺的环节,其目的是:

1. 综合运用课程所学理论和实际知识进行机械设计训练,使所学知识进一步巩固、加深和扩展,为创新设计打下基础;

2. 掌握机械及机械传动装置的一般设计方法、设计步骤,树立正确的设计思想,培养机械设计及解决实际工程问题的能力;

3. 提高学生在方案选择、绘图、计算、运用和熟悉现代设计工具及资料、手册、标准、规范、经验估计等机械设计方面的技能。

1.2 机械设计课程设计的内容

机械设计课程设计包括以下内容:

1. 传动方案的分析与选择;
2. 电动机的选择和运动参数的计算;
3. 传动件设计;
4. 轴的设计;
5. 轴承及其组合部件设计;
6. 键和联轴器的选择及校核;
7. 箱体、润滑及附件设计;
8. 装配图的设计及绘制;
9. 零件图的设计及绘制;
10. 编写设计说明书。

1.3 机械设计课程设计的一般步骤

机械设计课程设计从方案分析和选择开始,方案确定后,进行必要的计算和结构设计,最后以图纸表达设计结果。设计中,有些尺寸不可能完全由计算确定,而采用边绘图、边计算、边修改的方法,通过计算与绘图、计算与结构设计的交替进行来完成。

一般情况下,课程设计可分为以下6个阶段进行。

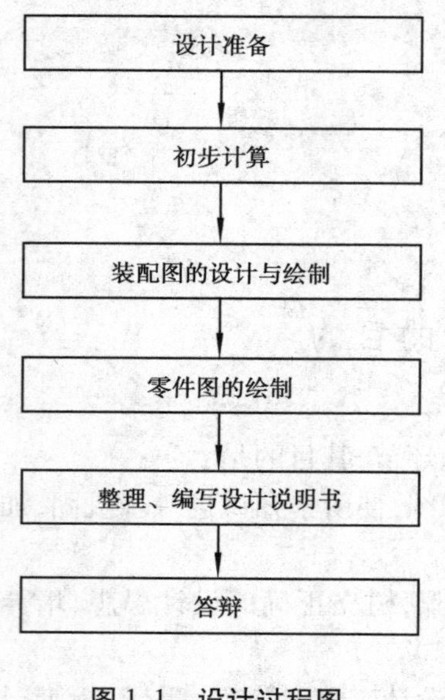

图1.1 设计过程图

1. 设计准备阶段(占总时数3%)

本阶段应首先对设计任务书进行详细的分析与研究,明确设计要求、条件和内容,阅读有关资料,参观实物、模型进行分析比较;准备好与设计有关的图书、资料以及绘图工具等,并且拟定总设计计划和进度。

2. 初步设计计算阶段(占总时数10%)

本阶段包括以下工作内容:

(1)传动装置的总体设计:拟定传动装置的总体方案,绘传动装置运动简图;正确选择、确定电动机的类型、功率、转速以及计算传动装置的总传动比,并合理分配各级传动比。最后计算出传动装置各轴的转速、功率和转矩,并列表作为以后的计算依据。

(2)传动装置各级传动件的主要参数、尺寸等的计算。

(3)初步估算或确定各轴及其轴段部分的径、轴向尺寸。

(4)初选滚动轴承的类型及型号。

3. 装配图的设计与绘制(占总时数60%)

选择适当的比例尺,根据前面计算好的数据,在图纸上进行各零件的布置及轴的结构设计;从图面上检查各尺寸是否合理、各运动件间是否相碰、干涉或距离过小等等;若无上述问题,再进行轴、轴承、键、联轴器的校核并加深图面线条。用计算机绘图,可边核对边修改确定图面。

4. 零件工作图的绘制(占总时数15%)

严格按照制图标准规范进行绘制,注意各尺寸标注、技术要求的完整表达。

5. 整理、编写设计说明书(占总时数10%)

将设计计算过程进行整理,编写成技术文件,其中包括设计任务书、设计计算说明、数据与结果、参考文献等。

6. 答辩(占总时数2%)

上述设计步骤,在设计中可视具体情况,进行适当调整。

设计是一项复杂、细致的劳动更是一项创造性的劳动。在设计中，一方面要熟悉、利用已有的各种资料，这样即可加快设计进程、拓宽思路，保证和提高设计水平及质量；另一方面要认真考虑特定的设计要求和具体的工作条件，而不盲目地抄袭资料，进行认真、全面地分析，不断进取、不断创新，进行创造性的设计。

第2章 机械传动装置总体设计

机械传动装置总体设计的主要任务是分析研究和拟定传动方案、电动机的选择、传动比的分配及计算、传动装置的运动参数及动力参数计算，为后续的传动件设计和装配图绘制提供依据。

2.1 分析、拟定传动方案

机械传动系统及装置是机器的主要组成部分，其主要功用是传递原动机的功率，变换运动的形式以实现工作机预定的要求。传动装置的性能、质量及设计布局的合理与否，直接影响机器的工作质量、重量、成本及运转费用，合理拟定传动方案具有十分重要的意义。传动方案可由运动简图表示，如图2.1(b)即是用简单示意符号表示图2.1(a)的圆盘给料机的传动链的运动简图。

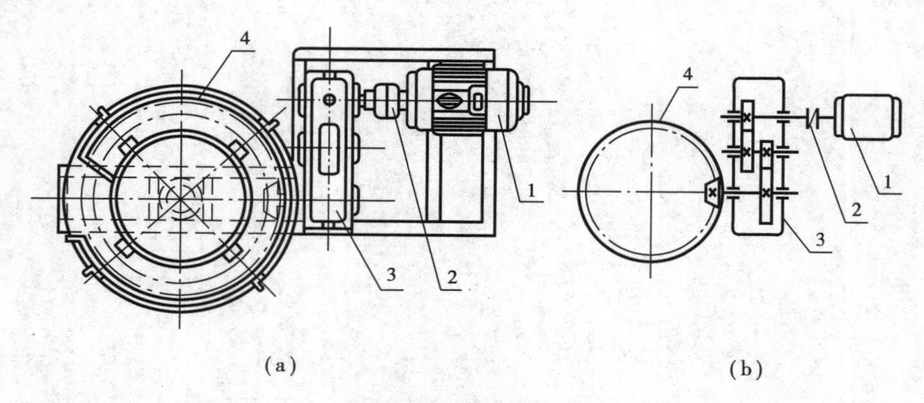

图2.1 圆盘给料机

1—电动机；2—联轴器；3—传动装置；4—工作机

运动简图不仅准确地表示原动机、传动装置及工作机三者间运动和动力传递的关系，而且可明确显示在传动装置中所要设计的各主要零部件的种类和数量。

2.1.1　传动系统的组合及布置

在传动系统中，若有几种传动形式组合成多级传动，其传动顺序的安排布置，通常作以下考虑：

(1)带传动具有传动平稳、缓冲、吸振的特性；以较高转速传递同一功率时，转矩较小，获紧凑的结构尺寸，故应布置在传动系统的高速级。

(2)链传动运转不均匀、有冲击，应布置在低速级。

(3)蜗杆传动平稳，其承载能力较齿轮传动低，当与齿轮同时使用时，最好布置在高速级。由此形成较高的齿面相对滑动速度，易形成液体油膜，有利于提高效率及其寿命。

(4)大模数圆锥齿轮加工比较困难，应尽量放在高速级并限制其传动比，以减小其直径和模数。

(5)斜齿轮传动的平稳性较直齿轮传动好，可用于高速级。开式齿轮传动一般精度较低，工作条件较差，应布置在低速级。

2.1.2　传动方案的优选

实现工作机预定的工作要求，可以有不同的传动方案。好的传动方案除应满足工作机的性能和适应工作条件外，还应尺寸紧凑、成本低廉、传动效率高等。设计时，可根据各方案的特点、性能、使用范围，优先保证重点要求，进行经验性的估计选择或建立多目标优化模型，对方案进行量化评判来处理。也可根据附录Ⅰ中的方案来选用。

2.2　电动机的选择

根据工作机的负荷、特性和工作环境，选择电动机的类型、结构形式和转速，计算电动机功率，最后确定其型号。

2.2.1　类型选择

电动机是系列化的标准产品，其中以三相异步电机应用为最广。

Y系列电动机是一般用途的全封闭自扇冷鼠笼式三相异步电机，适用于不易燃、不易爆、无腐蚀和无特殊要求的机械设备上，如金属切削机床、风机、输送机、搅拌机、农业机械、食品机械等。

YZ型鼠笼式与YZR型绕线式三相异步电机，为冶金、起重电机，具有较小的转动惯量和较大的过载能力，用于频繁起动、制动和正反转场合，如起重、提升设备上。其结构有开启式、防护式、封闭式和防爆式。

电动机的结构及技术数据列于表2.1、表2.2。

表 2.1　Y 系列三相异步电动机技术数据(摘自 ZB/TK 22007—1988,JB/T 5274—1991)

电动机型号	额定功率/kW	满载转速	起动转矩/额定转矩	最大转矩/额定转矩	电动机轴伸出端直径/mm	电动机轴伸出端安装长度/mm	电动机中心高度/mm	电动机外形尺寸 长×宽×高/mm
同步转速　3 000 r/min								
Y90S-2	1.5	2 840			24j6	50	90	310×180×190
Y90L-2	2.5							335×180×190
Y100-2	3	2 880	2.2		28j6	60	100	380×205×245
Y112M-2	4	2 890					112	400×245×265
Y132S1-2	5.5	2 900			38k6	80	132	475×280×315
Y132S2-2	7.5							515×280×315
Y160M1-2	11							600×330×385
Y160M2-2	15	2 930			42k6		160	
Y160L-2	18.5			2.2				645×330×385
Y180M-2	22	2 940	2.0		48k6	110	180	670×355×430
Y200L1-2	30	2 950					200	775×395×475
Y200L2-2	37				55m6			
Y225M-2	45						225	815×435×530
同步转速　1 500 r/min								
Y90S-4	1.1	1 400			24j6	50	90	310×180×190
Y90L-4	1.5							335×180×190
Y100L1-4	2.2	1 420			28j6	60	100	380×205×245
Y100L2-4	3							
Y112M-4	4		2.2				112	400×245×265
Y132S-4	5.5	1 440			38k6	80	132	475×280×315
Y132M-4	7.5							515×280×315
Y160M-4	11	1 460			42k6		160	600×330×385
Y160L-4	15			2.2				645×330×385
Y180M-4	18.5	1 470	2.0		48k6	110	180	670×355×430
Y180L-4	22							710×355×430
Y200L-4	30	1 470	2.0		55m6		200	775×395×475
Y225S-4	37	1 480	1.9		60m6	110	225	820×430×530
Y225M-4	45			2.2	60m6			845×430×530

续表

电动机型号	额定功率/kW	满载转速	起动转矩/额定转矩	最大转矩/额定转矩	电动机轴伸出端直径/mm	电动机轴伸出端安装长度/mm	电动机中心高度/mm	电动机外形尺寸长×宽×高/mm
同步转速　1 000 r/min								
Y100-6	1.5	940	2.0		28j6	60	100	380×205×245
Y112M-6	2.2	940					112	400×245×265
Y132S-6	3	960			38k6	80	132	475×280×315
Y132M1-6	4							515×280×315
Y132M2-6	5.5							
Y160M-6	7.5	970			42k6	110	160	600×325×335
Y160L-6	11							645×325×385
Y180L-6	15		1.8		48k6		180	710×355×430
Y200L1-6	18.5				55m6		200	775×395×475
Y200L2-6	22							
Y225M-6	30	980	1.7		60m6	140	250	845×435×530
Y250M-6	37		1.8		65m6			930×490×575
Y280S-6	45				75m6		280	1 000×545×640
同步转速　750 r/min								
Y132S-8	2.2	710	2.0		38k6	80	132	475×280×315
Y132M-8	3	710						515×280×315
Y160M1-8	4	720			42k6	110	160	600×325×335
Y160M2-8	5.5							
Y160L-8	7.5							645×325×385
Y180L-8	11	730	1.7		48k6		180	710×355×430
Y200L-8	15		1.8		55m6		200	775×395×475
Y225S-8	18.5		1.7		60m6	140	225	820×435×530
Y225M-8	22		1.8					845×435×530
Y250M-8	30				65m6		250	930×480×575
Y280S-8	37	740			75m6		280	1 000×545×640
Y280M-8	45							1 050×545×640

注：满载转速单位 r/min。

表 2.2 YZR、YZ 系列冶金及起重三相异步电机技术数据(摘自 ZB/TK 26007—1989)

电动机型号	每小时起动到 6 次的 J_C 值(负载持续率) 15% 额定功率/kW	15% 转速	25%或连续工作 30 min 额定功率/kW	25%或连续工作 30 min 转速	40%或连续工作 60 min 额定功率/kW	40%或连续工作 60 min 转速	40%或连续工作 60 min 最大转矩/额定转矩	60% 额定功率/kW	60% 转速	100% 额定功率/kW	100% 转速	电动机其他数据 轴端直径/mm	伸出端安装长度/mm	轴中心线高度/mm	质量/kg	外形尺寸 长×宽×高/mm
YZR 系列																
YZR112M	2.2	725	1.8	815	1.5	866	2.2	1.1	912	0.8	940	32	80	112		505×245×325
YZR132MA	3	855	2.5	892	2.2	908	2.9	1.8	924	1.5	940	38		132		577×285×355
YZR132MB	5	875	4	900	3.7	908	2.5	3	937	2.4	950					
YZR160MA	7.5	910	6.3	921	5.5	930	2.6	5	935	4	944	48	110	160		718×325×410
YZR160MB	11	908	8.5	930	7.5	940	2.8	6.3	949	5.5	956					
YZR160L	15	920	13	942	11	945	2.5	9	952	7.5	970					762×325×410
YZR180L	20	946	17	955	15	962	3.2	13	968	11	975	50		180		800×360×460
YZR160L	11	676	9	694	7.5	705	2.7	6	717	5	724	48		160		762×325×410
YZR180L	15	690	13	700	11	700	2.7	9	720	7.5	726	50		180		800×360×460
YZR200L	22	690	18.5	710	15	712	2.9	13	718	11	723	60	140	200		928×405×490
YZ 系列																
YZ112M	2.2	810	1.8	892	1.5	920	2.7	1.1	946	0.8	980	32	80	112		505×524×325
YZ132MA	3	804	2.5	920	2.2	935	2.9	1.8	950	1.5	960	38		132		577×285×355
YZ132MB	5	890	4	915	3.7	912	2.8	3	940	2.8	945					
YZ160MA	7.5	903	6.3	922	5.5	933	2.7	5	940	4	953	48	110	160		718×325×410
YZ160MB	11	926	8.5	943	7.5	948	2.9	6.3	956	5.5	961					
YZ160L	15	920	13	936	11	953	2.9	9	964	7.5	972					762×325×410
YZ160L	11	675	9	694	7.5	705	2.7	6	717	5	724					
YZ180L	15	654	13	675	11	694	2.5	9	710	7.5	718	50		180		800×360×460
YZ200L	22	686	18.5	697	15	710	2.8	11	714	11	720	60	140	200		928×405×490

注:转速单位 r/min。

2.2.2　电动机输出功率的确定

电动机所需输出功率 P_d 计算如下：

（1）工作机构所需功率 P_w

$$P_w = \frac{F \cdot v}{1\,000\eta_w} \quad \text{kW} \tag{2.1}$$

或

$$P_w = \frac{T \cdot n'}{9\,550\eta_w} \quad \text{kW} \tag{2.2}$$

式中　F,T——工作机构的有效阻力（N）与转矩（N·m）；

v,n'——工作机构的圆周速度（m/s）与转速（r/min）；

η_w——工作机构自身的传动效率。

（2）传动装置的效率 η，传动装置为串联时，总效率 η 等于各级传动效率和轴承、联轴器效率的连乘积，即：

$$\eta = \eta_1 \cdot \eta_2 \cdot \eta_3 \cdot \cdots \cdot \eta_k \tag{2.3}$$

式中　$\eta_1,\eta_2,\eta_3,\cdots,\eta_k$——传动装置中各级传动及联轴器效率。

各类传动、轴承及联轴器的效率见表2.3。

其中蜗杆传动效率范围较大，主要取决于导程角 γ 的大小。设计时先按传动比 i 确定 Z_1 或 $[d_1/a]$[1]值，然后再根据 Z_1 或 $[d_1/a]$ 值估计啮合效率，或者按照螺旋传动效率公式计算啮合效率来作为近似的传动效率；待设计出传动参数后，再校验啮合效率与传动效率。

（3）电动机所需输出的功率为：

$$P_d = P_w/\eta \quad \text{kW} \tag{2.4}$$

2.2.3　电动机转速的确定

由表2.1可知，Y系列电动机在同一额定功率下有几种同步转速可供选用。同步转速越高，尺寸、重量越小，价格越低，且效率较高；过高的电机转速将导致传动装置的总传动比、尺寸及重量增大，从而使传动装置的成本增加。设计时可优先选用同步转速为1 500 r/min、1 000 r/min的电动机。

2.2.4　电动机型号的确定

电动机类型选定后，其型号可根据输出功率和同步转速确定。确定型号时应满足下列条件：

$$P \geqslant KP_d \quad \text{kW} \tag{2.5}$$

式中　P——电动机的额定功率；

P_d——电动机所需输出的功率；

K——载荷系数，视工作机类型而定。

（1）在长期连续运转，载荷几乎不变，常温下工作的电动机，只要满足式（2.5）就不会发热，在表2.1中选择适合的型号即可，不必再作发热计算。

---

[1]—参考文献1

(2)断续短时工作，载荷基本不变的电动机，可在表 2.2 中选取。选取的电动机应与工作机构同属于相同的负荷持续率 J_C。

(3)断续短时工作，所受载荷不稳定的电动机，其功率应按等效功率的方法进行计算，并作发热校核。

(4)对于通用机械，常用额定功率 P 作为设计依据；对于专用机械，常用输出功率 KP_d 作为设计功率。

(5)电动机选定后，应记下其技术数据，以备后用。

表 2.3　各类传动、轴承及联轴器效率 η 的概略值

类 别		传动型式	效率/η
圆柱齿轮传动	包括轴承效率	跑合好的 6 级精度和 7 级精度齿轮传动(油润滑)	0.98 ~ 0.99
		8 级精度的一般齿轮传动(油润滑)	0.97
		9 级精度的齿轮传动(油润滑)	0.96
		加工齿的开式齿轮传动(脂润滑)	0.94 ~ 0.96
圆锥齿轮传动		跑合好的 6 级精度和 7 级精度齿轮传动(油润滑)	0.97 ~ 0.98
		8 级精度一般齿轮传动(油润滑)	0.94 ~ 0.97
		加工齿的开式齿轮传动(脂润滑)	0.92 ~ 0.93
蜗杆传动		单线蜗杆	0.7 ~ 0.75
		双线蜗杆	0.75 ~ 0.82
		三线和四线蜗杆	0.8 ~ 0.92
带 传 动		平带无压紧禄轮的开式传动	0.98
		V 带(窄 V 带)传动	0.92(0.9) ~ 0.96
链 传 动		滚子链(正常润滑)	0.96
		齿形链(正常润滑)	0.97
滑动轴承(一对)		润滑不良	0.94
		润滑正常	0.97
滚动轴承(一对)		球轴承(油润滑)	0.99
		滚子轴承(油润滑)	0.98
常用联轴器		滑块联轴器	0.97 ~ 0.99
		齿式联轴器	0.99
		弹性元件联轴器	0.99 ~ 0.995

2.3　传动装置的总传动比和传动比的分配

2.3.1　总传动比的计算

若选定电动机的满载转速为 n_m，工作机的转速为 n_w，总传动比为：

$$i = \frac{n_m}{n_w} \tag{2.6}$$

对于起重机、带式运输机,n_w 为其滚筒的转速,且:

$$n_w = \frac{60 \times 1\,000 v_b}{\pi D} \quad r/min \tag{2.7}$$

对于刮板输送机,n_w 为其星轮的转速,且:

$$n_w = \frac{60 \times 1\,000 v_c}{ZP} \quad r/min \tag{2.8}$$

式(2.7)及式(2.8)中　v_b,v_c——滚筒、星轮的圆周速度(m/s);
D——滚筒直径(mm);
Z——刮板输送机主动星轮的齿数;
P——刮板牵引链的节距(mm)。

2.3.2　传动比的分配

传动装置中各级传动为串联时,总传动比为:

$$i = i_1 i_2 \cdots i_k \tag{2.9}$$

式中　i_1,i_2,…,i_k——各级传动比。

在总传动比一定的情况下,应充分发挥各级传动副的减速能力,但各级传动比也不宜太大,否则,会使各级传动副的体积及其零件尺寸失去匀称性,同时,对传动副的润滑及承载能力也有不良影响。

传动比分配的基本原则是:

(1)各级传动的传动比都应在各自的合理范围内,其推荐值见表2.4、表2.5。

(2)应注意使各传动件尺寸协调,结构匀称、合理,互相不发生干涉、相碰。

(3)应使传动装置的外廓尺寸尽可能小。

(4)对于两级以上的齿轮减速器,应尽可能使各传动大齿轮的浸油深度大致相等,以利油池润滑。

(5)各级传动齿轮副应尽可能取齿数为互质数。

多级传动的传动比分配,可参考下列数据进行:

(1)对于带传动—单级齿轮减速器传动系统,总传动比 $i = i_d i_c$;i_d——带传动的传动比,i_c——单级齿轮的传动比。一般应使 $i_d < i_c$。

(2)对于展开式和分流式两级齿轮减速器,应按照高速级和低速级的大齿轮浸入油中深度大致相近的条件进行传动比分配,这就要求两个大齿轮直径相近。因为低速级齿轮中心距大于高速级齿轮中心距,故必须使 $i_h > i_l$,通常可取:

$$i_h = (1.2 \sim 1.3) i_l \tag{2.10}$$

式中　i_h——高速级传动比;
i_l——低速级传动比。

表 2.4　常用传动形式的性能和适用范围

	V 带传动	平带传动	摩擦轮传动	链传动	齿轮传动				蜗杆传动	
功率(常用值)/kW	小(≤30)	小(≤20)	小(≤20)	中(≤100)	大(最大达 50 000)				小(≤50)	
					闭　式			开　式	闭　式	开　式
					圆柱直齿	圆柱斜齿	直齿圆锥			
单级传动比常用值	2~4	2~4	≤5~7	2~4	3~5	3~7	2~3	4~6	14~30	15~60
(最大值)	(6)	(7)	(15~25)	(7)	(10)	(10)	(6)	(15)	(80)	(100)
传动效率/%	90~96	94~98	80~90	92~97	92~99				50~90	
许用线速度/$(m \cdot s^{-1})$	≤25	≤30	≤15~20	≤20	精度6级 <15 精度7级 <10	<30 <10	<12 <8	精度较低,<5	<15~35	精度较低,<5
外廓尺寸	大	大	中	中	小				小	
传动精度	低	低	低	中	高				高	
工作平稳性	好	好	好	较差	一般精度,中等;高精度,较好				好	
过载保护作用	有	有	有	无	无				无	
缓冲吸振能力	好	好	好	中	差				差	
使用寿命	短	短	短	中	长				中	
制造安装要求	低	低	中	中	高				高	
润滑条件要求	无需	无需	一般不需	中	高				高	
噪　声	小	小	小	大	低精度,大;一般精度,中;高精度,小				小	
价格(含轮子)	廉	廉	中	中	较贵				较贵	

表 2.5　常用减速器的形式、特点及应用

名　称	型式(简图)	推荐传动比范围	特点及应用
单级圆柱齿轮减速器		直　齿 $i \leqslant 5$ 斜　齿 $i \leqslant 7$	齿轮可为直齿、斜齿和人字齿。箱体常用铸铁铸造。支承多采用滚动轴承

续表

名　称		型式(简图)	推荐传动比范围	特点及应用
两级圆柱齿轮减速器	展开式	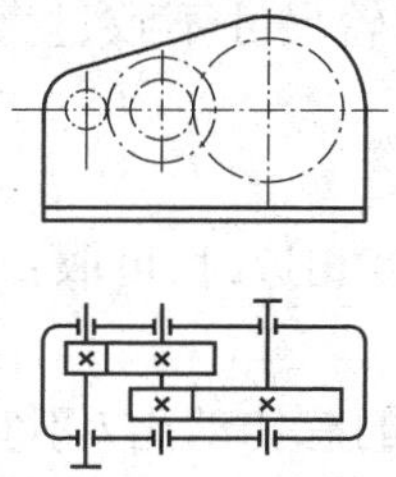	$i=8\sim30$	是两级减速器中应用较广的一种。齿轮非对称布置，要求轴有较大刚度。高速级齿轮常布置在远离转矩输入端的一侧，以减少因变形引起的轮齿齿宽方向上的载荷不均现象。高速级常采用斜齿，低速级可用斜齿或直齿
	同轴式	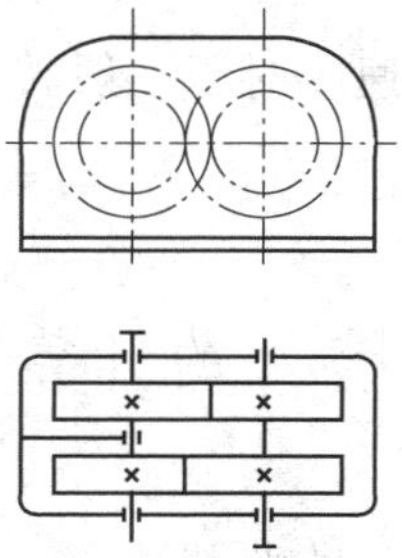	$i=8\sim30$	箱体长度较小，两个大齿轮浸油深度大致相同，便于润滑。但减速器宽度及重量较大；中间的轴承润滑困难；减速器只有一个输入、输出端，其传动布置的灵活性稍受限制
	分流式	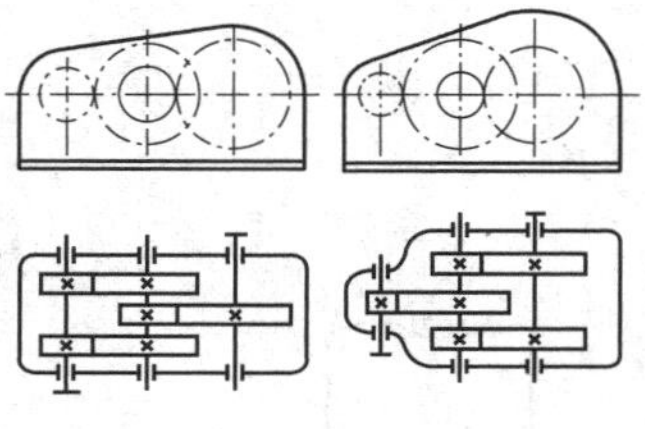	$i=8\sim30$	齿轮相对于轴承为对称布置，载荷沿齿宽方向分布较均匀。两侧齿轮采用反旋向斜齿，可抵消轴向力，高速级分流（左图）较低速级分流（右图）受载情况好，多用。分流式减速器结构复杂，箱体宽度也较大
单级圆锥及两级圆锥－圆柱齿轮减速器		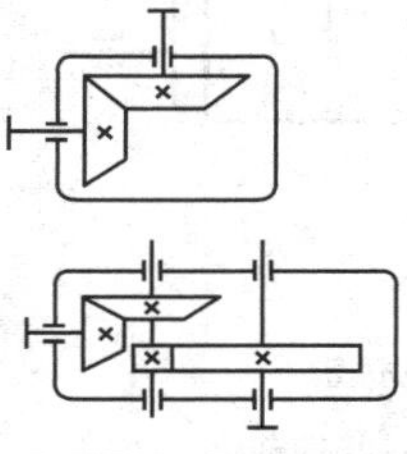	单级圆锥齿轮 直齿：$i\leqslant3$ 斜齿：$i\leqslant15$ 圆锥-圆柱 $i=8\sim15$	仅在输入输出轴垂直相交布置的机构中采用。两级圆锥-圆柱齿轮传动中，圆锥齿轮传动应布置在高速级以减小尺寸；其传动比应与低速级圆柱齿轮传动比尽可能接近，以保证大锥齿轮的浸油深度，得以充分润滑
蜗轮减速器		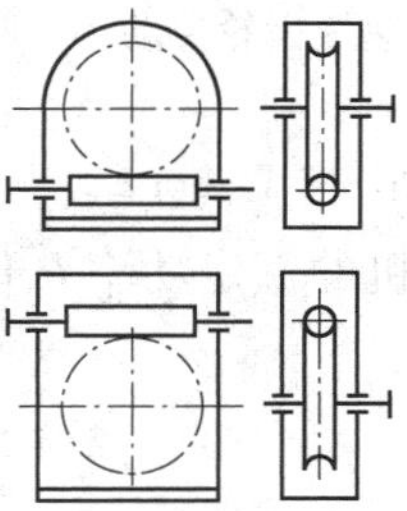	$i=10\sim70$	传动比大，结构紧凑，但效率较低。下置式蜗杆减速器（上图）的传动副与轴承的润滑条件较好，应优先选用。只有当蜗杆圆周速度较高（$v>5$ m/s）时，为减小搅油损失，才采用上置式蜗杆减速器

（3）对于同轴式减速器，因为 $a_h=a_l$，故应使：

$$i_h = i_l = \sqrt{i} \tag{2.11}$$

或按经验公式计算：

$$i_h = \sqrt{i} - (0.01 \sim 0.05)i \tag{2.12}$$

（4）对于两级圆锥-圆柱齿轮减速器，为使大圆锥齿轮尺寸不致过大，应使高速级圆锥齿轮传动比 $i_h \leqslant 3 \sim 4$，一般可取：

$$i_h = 0.25i \tag{2.13}$$

当为保证油池润滑，要求两级传动的大齿轮浸油深度相近时，可取：

$$i_h = 3.5 \sim 4.2 \tag{2.14}$$

由式（2.13）及式（2.14）可知两级圆锥-圆柱齿轮减速器的总传动比 i 不宜过大，一般：

$$i \leqslant 20 \tag{2.15}$$

总传动比分配给各级传动后，应验算工作机械的转速。对于一般转速要求不高的工作机构，其转速误差允许在 ±5% 的范围内。

2.4 传动装置运动、动力参数的计算

传动装置的运动、动力参数，主要指的是各轴的功率、转速和转矩。现以图 2.2 所示的带式输送机装置为例，说明传动装置的参数计算。

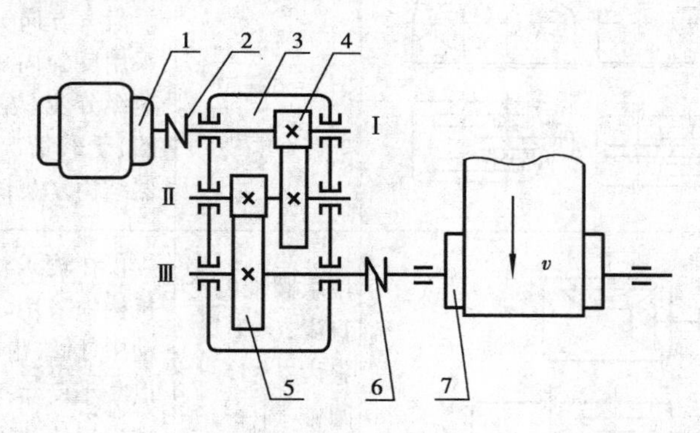

图 2.2 带式输送机传动装置

Ⅰ—高速轴；Ⅱ—中间轴；Ⅲ—低速轴；

1—电动机；2—联轴器；3—减速器；4—高速级齿轮传动；5—低速级齿轮传动；6—联轴器；7—输送机滚筒

2.4.1 各轴功率的计算

图 2.2 所示的带式输送机属通用机械，故应以电动机的额定功率 P 作为设计功率，用以计算传动装置中各轴的功率。于是，高速轴Ⅰ的输入功率：

$$P_{\mathrm{I}} = P\eta_1 \quad \mathrm{kW}$$

中间轴Ⅱ的输入功率：

$$P_{\mathrm{II}} = P\eta_1\eta_2 \quad \mathrm{kW}$$

低速轴Ⅲ的输入功率： (2.16)

$$P_{\mathrm{III}} = P\eta_1\eta_2^2 \quad \mathrm{kW}$$

滚筒的输入功率：

$$P'_w = P\eta_1^2\eta_2^2\eta_3 \quad \text{kW}$$

式中　η_1——联轴器 2 的效率；

η_2——一对齿轮传动的效率(含轴承效率)；

η_3——一对轴承的效率。

2.4.2　各轴转速的计算

高速轴转速　$n_{\mathrm{I}} = n_m$　　r/min

中间轴转速　$n_{\mathrm{II}} = \dfrac{n_{\mathrm{I}}}{i_h}$　　r/min　　(2.17)

低速轴转速　$n_{\mathrm{III}} = \dfrac{n_{\mathrm{II}}}{i_l} = \dfrac{n_m}{i_h i_l}$　　r/min

式中　n_m——电动机的额定转速；

i_h——高速级的传动比；

i_l——低速级的传动比。

2.4.3　各轴输入转矩的计算

高速轴输入转矩：

$$T_{\mathrm{I}} = 9\,550\frac{P_{\mathrm{I}}}{n_{\mathrm{I}}} = 9\,550\frac{P}{n_m}\eta_1 \quad \text{N}\cdot\text{m}$$

中间轴输入转矩：

$$T_{\mathrm{II}} = 9\,550\frac{P_{\mathrm{II}}}{n_{\mathrm{II}}} = T_{\mathrm{I}}\, i_h \eta_2 \quad \text{N}\cdot\text{m} \tag{2.18}$$

低速级输入转矩：

$$T_{\mathrm{III}} = 9\,550\frac{P_{\mathrm{III}}}{n_{\mathrm{III}}} = T_{\mathrm{I}}\, i_h i_l \eta_2^2 \quad \text{N}\cdot\text{m}$$

设计专用机械的传动装置时,只需将上列各式中的电动机额定功率 P 换成其输出功率 P_d 即可。

第3章 传动零件设计

传动装置中传动零件的参数、尺寸和结构，对其他零、部件的设计起决定性的作用，因此，应首先设计计算传动零件。当减速器外有传动件时（如带传动、链传动、开式齿轮传动等），应先设计减速器外的传动零件。在外部传动零件的参数确定后，便易获得减速器内的传动比、轴转速、轴转矩的准确值，使其内部传动件的设计的原始条件更为准确。设计方法参阅教科书《机械设计》。课程设计时，减速器外部传动零件通常只须确定其主要参数和尺寸，而不必进行详细的结构设计。

下面仅就传动零件设计计算的一些要求和应注意的问题作简要说明，并列出设计计算所必须的资料和计算机辅助设计计算程序框图。

3.1 V带传动设计

设计V带传动时，需要确定的内容主要是：带的型号、基准长度、带轮直径、带轮宽度和轴孔直径、带的根数、中心距、初拉力、作用于轴上力的大小和方向等。

带轮轴孔直径主要由相配合的轴段直径尺寸决定。

带传动设计完毕时，应检查传动装置的外廓尺寸是否与其他物件干涉。

3.1.1 V带轮的典型结构及尺寸

带轮结构如图3.1所示，轮毂宽度 L、轮缘宽度 B 与轴孔直径 d_0 的相互尺寸关系可按标准GB 10412—89执行。

一般情况下也可按表3.1和表3.2提供的经验数据或公式执行。

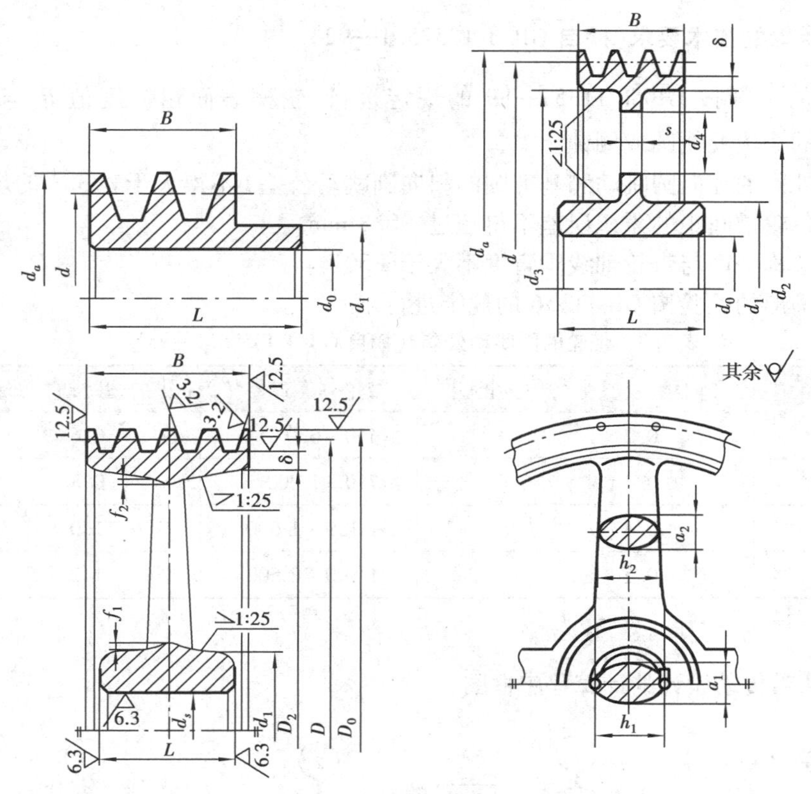

图 3.1　V 带轮的典型结构

s 查表 3.1；其余查表 3.2；

B 按带型和槽数计算确定，见教材有关章节。

当 $L<1.5d_0$ 时取 $L=1.5d_0$。

表 3.1　V 带轮辐板厚度 s　　单位：mm

V 带型号	Z	A	B	C	D	E
腹板最小厚 s_{min}	8	10	14	18	22	28

注：带轮槽数多时取大于上表的值。

表 3.2　V 带轮的结构尺寸（轴孔直径 d_0）

V 带轮名称	轮毂直径 d_1	轮毂宽度 L	轮辐尺寸 h_1	轮辐尺寸 h_2	轮辐尺寸 a_1	轮辐尺寸 a_2	孔板的孔径 d_4	孔板孔中心所在分布圆直径 d_2	轮辐数 z_a
			mm						
实　心　轮	$(1.8\sim2)d_0$	$(1.5\sim2)d_0$							
腹　板　轮			—				$\frac{d_3-d_1}{4}$	$\frac{d_3+d_1}{2}$	—
轮辐式 $D<500$ mm $D\geqslant500\sim1\ 600$ mm			$\sqrt[3]{\frac{FD}{0.8z_a}}$	$0.8h_1$	$0.4h_1$	$0.8a_1$	—	—	4 6

注：F—带传动有效拉力，D—带轮的基准直径。

3.1.2 带轮的技术要求(摘自 GB/T 13575.1—92)

(1)带轮的平衡按 GB/T 11357—89 的规定进行，轮槽表面粗糙度值 R_a = 1.6 μm 或 3.2 μm，轮槽的棱边要倒圆或倒钝。

(2)带轮外圆的径向圆跳动和基准圆的斜向圆跳动公差 t 不得大于表 3.3 的规定。

(3)带轮各轮槽间距的累积误差不得超过 ±0.8 mm。

(4)轮槽对称平面与带轮轴线垂直度不大于 ±30′。

(5)轮槽槽形的检验按 GB 11356 的规定进行。

表 3.3 带轮的圆跳动公差 t(摘自 GB/T 13575.1—95) 单位:mm

带轮基准直径 d	径向圆跳动	斜向圆跳动	带轮基准直径 d	径向圆跳动	斜向圆跳动
≥63 ~ 100	0.2		≥450 ~ 630	0.6	
≥106 ~ 160	0.3		≥710 ~ 1 000	0.8	
≥170 ~ 250	0.4		≥1 120 ~ 1 600	1.0	
≥265 ~ 400	0.5		≥1 800 ~ 2 500	1.2	

3.1.3 V 带传动设计的计算程序框图

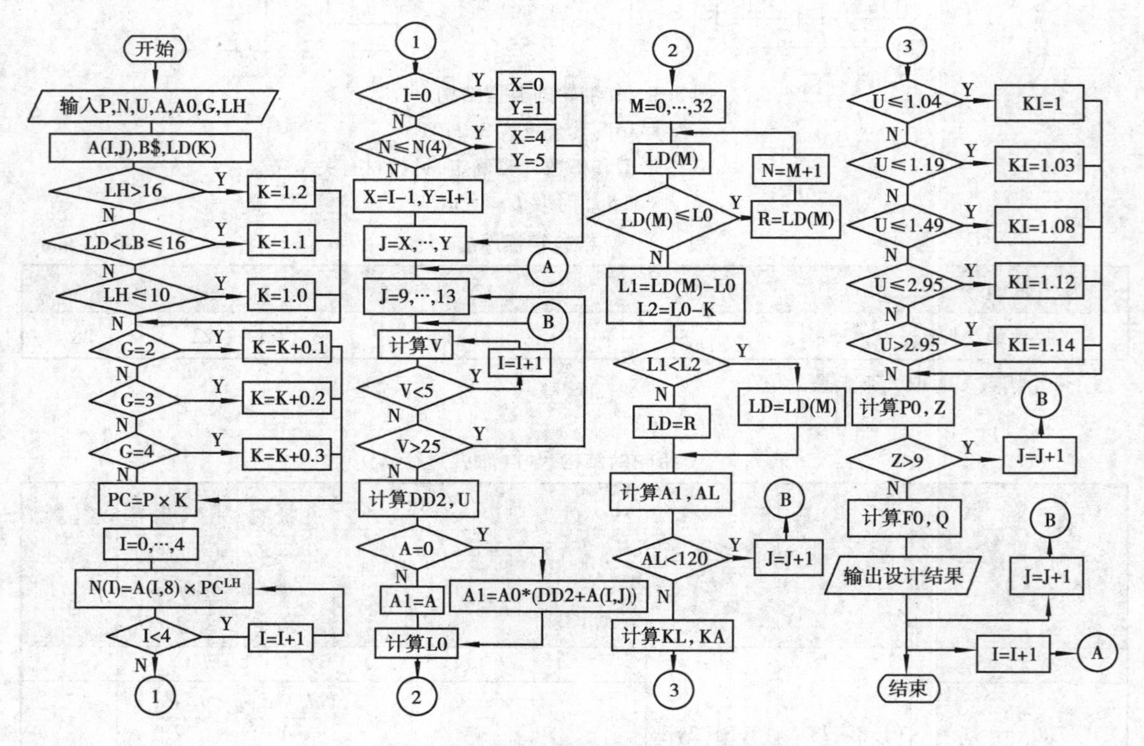

图 3.2 V 带传动设计的计算程序框图

附表1　V带传动设计程序主要标识符

标识符	符　号	单　位	说　明	标识符	符　号	单　位	说　明
P	P	kW	额定功率	LD	L_d	mm	基准长度
N	n_1	r/min	小带轮转速	AL	α_1	°	小轮包角
U	i		传动比	KL	K_L		长度系数
A,A1	a	mm	中心距	KA	K_α		包角系数
A0			系数	KI	K_i		传动比系数
G			载荷情况	P0	P_0	kW	单带许用功率
LH		h	一天运转时间	P1	ΔP_0	kW	功率增量
B$			带号变量	Z	Z		带的根数
K	K_a		工作情况系数	F0	F_0	N	初拉力
PC	P_c	kW	计算功率	Q	Q	N	压轴力
V	v	m/s	带速	DD1	d_{d1}	mm	小轮基准直径
DD2	d_{d2}	mm	大轮基准直径	AMAX	a_{max}	mm	最大中心距
C1		mm	$C_1 = d_{d2} + d_{d1}$	AMIN	a_{min}	mm	最小中心距
C2		mm	$C_1 = d_{d2} - d_{d1}$	I,J			循环变量
L0	L_c	mm	带的计算长度	X,Y			循环变量

3.2　滚子链传动设计

设计链传动需确定的内容是:链的型号、节距、链节数和排数、链轮齿数、直径、轮毂宽度、中心距及作用于轴上力的大小和方向等。

由于链节数通常为偶数,为了使磨损均匀,链轮齿数一般应选为奇数,最好与链节数互为质数。为了使传动平稳,小链轮齿数不宜太少;为了防止链条因磨损而脱链,大链轮齿数又不宜过多,通常限定 $Z_{max} \leqslant 120$。

当选用单排链使链的尺寸太大时,应改为双排链或多排链,以尽量减小节距。

3.2.1　链轮的结构和尺寸

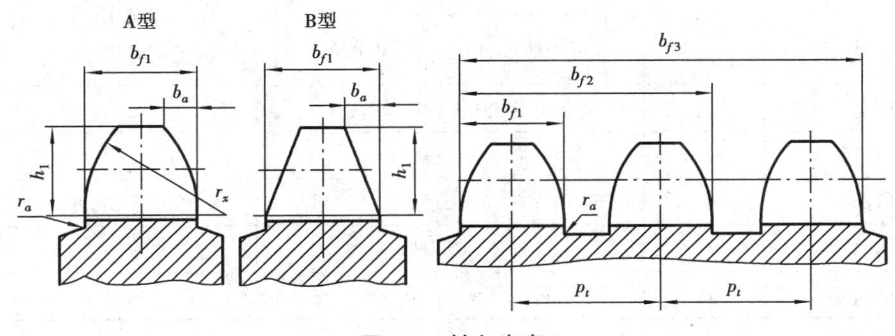

图3.3　轴向齿廓

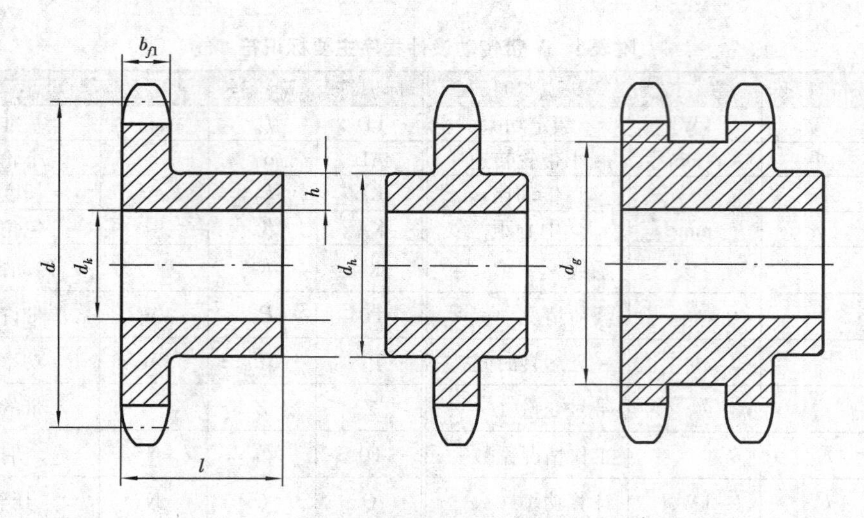

图 3.4　整体式钢制小链轮

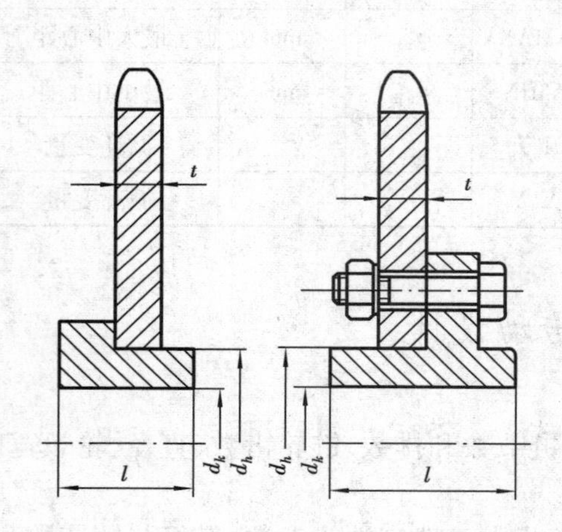

图 3.5　装配式链轮

图 3.6　腹板式铸造链轮

表 3.4　链轮轴向齿廓参数表(摘自 GB/T 1243—97)　单位:mm

名　称		代　号	计算公式		备　注
			$p \leqslant 12.7$	$p > 12.7$	
齿宽	单排	b_{f1}	$0.93b_1$	$0.95b_1$	$p>12.7$ 时,经制造厂同意,亦可使用 $p \leqslant 12.7$ 时的齿宽。b_1 为链条内链节宽
	双排、三排		$0.91b_1$	$0.93b_1$	
倒角宽		b_a	$b_a=(0.1 \sim 0.15)p$		
倒角半径		r_x	$r_x \geqslant p$		
倒角深		h	$h=0.5p$		仅用于 B 型
齿侧凸缘圆角半径		r_a	$r_a=0.04p$		
链轮总齿宽		b_{fm}	$b_{fm}=(m-1)p_t+b_{f1}$		m 为排数

表3.5　整体式钢制小链轮主要结构尺寸　　单位:mm

名　称	符　号	结构尺寸(参考)					
轮毂厚度	h	常数 K	$h=K+\frac{d_k}{6}+0.01d$				
			d	<50	$50\sim100$	$100\sim150$	>150
			K	3.2	4.8	6.4	9.5
轮毂长度	l	$l=3.3h;l_{\min}=2.6h$					
轮毂直径	d_h	$d_h=d_k+2h;d_{h\max}<d_g;d_g$ 为排间槽底直径					
齿　宽	b_f	见表3.4					

表3.6　腹板式铸造链轮主要结构尺寸　　单位:mm

名　称	符　号	结构尺寸	
		单　排	多　排
轮毂厚度	h	$h=9.5+\frac{d_k}{6}+0.01d$	
轮毂长度	l	$l=4h$;对四排链,$l_{\max}=b_{f4}$,b_{f4} 见表3.4	
轮毂直径	d_h	$d_h=d_k+2h,d_{h\max}<d_g$	
齿侧凸缘宽度	b_r	$b_r=0.625p+0.93b_1$,　b_1 为内链节内宽	
轮缘部分尺寸	c_1	$c_1=0.5p$	
	c_2	$c_2=0.9p$	
	f	$f=4+0.25p$	
圆角半径	R	$R=0.04p$	$R=0.5t$

表3.7　腹板式铸造链轮腹板厚度 t　　单位:mm

节距 p		9.525	12.7	15.875	19.05	25.4	31.75	38.1	44.45	50.8
腹板厚 t	单排	7.9	9.5	10.3	11.1	12.7	14.3	15.9	19.1	22.2
	多排	9.5	10.3	11.1	12.7	14.3	15.9	19.1	22.2	25.4

3.2.2　链轮公差(摘自 GB 1244—85)

对于一般用途的滚子链链轮,其轮齿经机械加工后,表面粗糙度 $R_a\leqslant6.3\mu m$。

表 3.8　齿根圆直径极限偏差(摘自 GB/T 1243—97)　　单位:mm

项　目	尺寸段	上偏差	下偏差	备　注
齿根圆极限偏差	$1 < d_f \leqslant 127$	0	-0.25	齿根圆直径下偏差为负值,可用量柱法间接测量,见 GB/T 1243—97 有关内容
	$127 < d_f \leqslant 250$	0	-0.30	
	$250 < d_f$	0	h11	

表 3.9　滚子链链轮齿根圆径向圆跳动和端面跳动(摘自 GB/T 1244—85)

项　　目	要　求
齿根圆径向圆跳动	不大于$(0.000\,8d_f + 0.08)$mm 和 0.15mm 的较大者;最大 0.76mm
齿根圆处端面圆跳动	不超过$(0.000\,9d_f + 0.08)$mm;最大到 1.14mm

表 3.10　链轮轮坯公差

项　目	代　号	公差带
孔　径	d_k	H8
齿顶圆直径	d_a	h11
齿　宽	b_f	h14

3.2.3　滚子链传动设计的计算程序框图

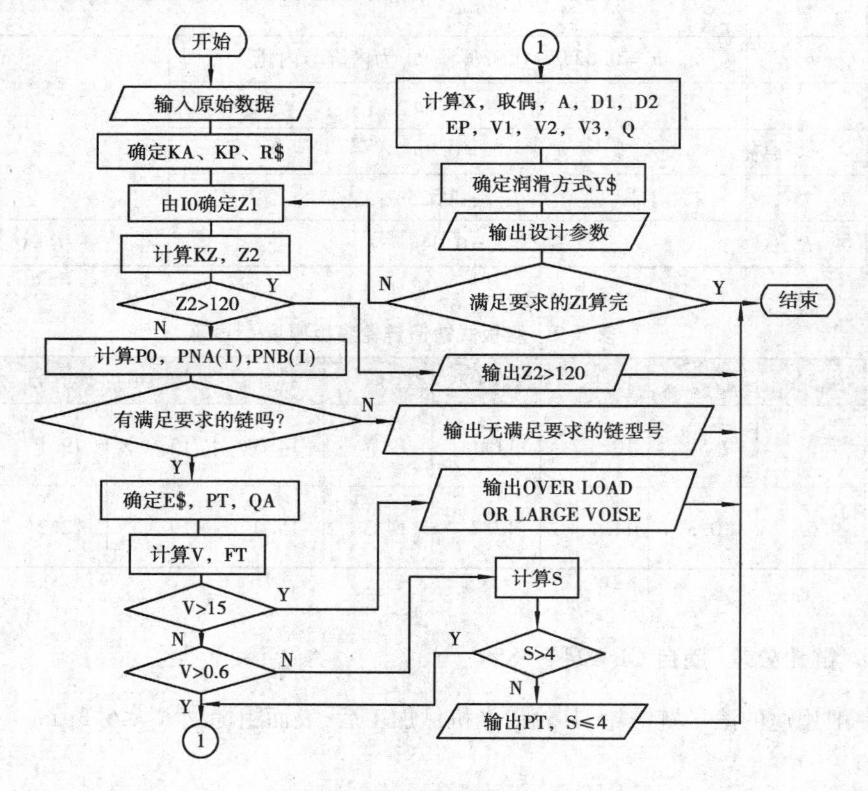

图 3.7　滚子链传动的程序框图

附表2　滚子链传动程序主要标识符

标识符	符　号	单　位	说　明	标识符	符　号	单　位	说　明
P	P	kW	传递的功率	PNA(9)		kW	许用功率组
N1,N2	n_1,n_2	r/min	链轮转速	PNB(9)		kW	许用功率组
IORN			i_0 或 n_2 代码	N4,N5		r/min	上下极限转速
I0	i_0		要求传动比	E$			滚子链型号
KALC			载荷代码	PT	p		滚子链节距
KAEC			原动机代码	QA	Q_{min}		极限拉伸载荷
KA	K_A		工况系数	V	v	m/s	链速
TEM			环境温度	FT	F_t	N	圆周力
R$			油粘度等级	S	s		静强度安全系数
A0	a_0	mm	要求中心距	X	X		链节数
PP			排数	A	a	mm	实际中心距
QQ			计数器	EP			链型号中的数值
KP	K_p		多排链系数	V1,V2,V3		m/s	润滑范围极限转速
Z1,Z2	z_1,z_2		链轮齿数	Y$			润滑范围代号
KZ	K_z		齿数系数	D1,D2	d	mm	分度圆直径
I	i		实际传动比	Q	Q	N	压轴力
P0	P_0	kW	单排许用功率				

3.3　齿轮传动设计

齿轮传动设计需确定的内容是：齿轮材料和热处理方式、齿轮的齿数、模数、中心距、变位系数、齿宽、分度圆面上的螺旋角、分度圆直径、齿顶圆直径、齿根圆直径、结构尺寸，对于圆锥齿轮传动还需确定出锥距、分度圆锥角、顶锥角和根锥角等。

齿轮材料及热处理方式的选择，应考虑齿轮的工作条件、传动尺寸的要求、制造设备条件等。

齿轮传动的参数和尺寸，有严格的要求。对于大批生产的减速器，其齿轮中心距应参考标准减速器的中心距；对于中、小批生产或专用减速器，为了制造、安装方便，应将中心距圆整，最好使中心距的尾数为0或5 mm。齿宽应圆整；而分度圆直径、齿顶圆直径和齿根圆直径等不容许圆整，应精确计算到小数点后三位数；螺旋角、节锥角、顶锥角、根锥角应精确计算到“″”；直齿圆锥齿轮的锥距 R 不圆整，应计算到小数点后三位数。齿轮的结构尺寸，可参考《机械设计》教材或手册资料给出的经验公式计算确定，并尽量圆整，以便于制造和测量，见表3.11。

3.3.1 齿轮结构及尺寸

表 3.11 齿轮的结构及尺寸

序号	结构型式	结构尺寸
1	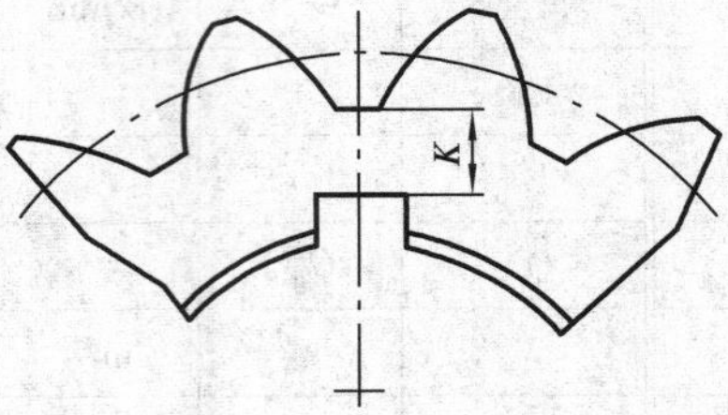	实心圆柱小齿轮 $K \geqslant 2m_t$(钢制) $K \geqslant 2.5m_t$(铸铁) 不满足上述条件的,或分度圆直径 $d < 1.8d_s$(轴的直径)应制成整体式的齿轮轴
2	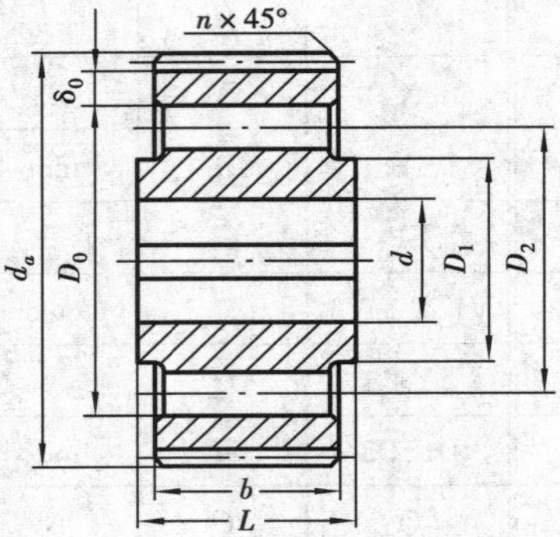	$d_a \leqslant 200$ mm 锻造齿轮 $D_1 = 1.6d$; $L = (1.2 \sim 1.5)d \geqslant b$; $\delta_0 = 2.5m_n$($\geqslant 8 \sim 10$ mm); $n = 0.5m_n$; $D_2 = 0.5(D_0 + D_1)$; 分布孔径 $d_1 = 0.2(D_0 - D_1)$ (小于 10 mm 不必钻孔); $D_0 = d_a - 10m_n$
3	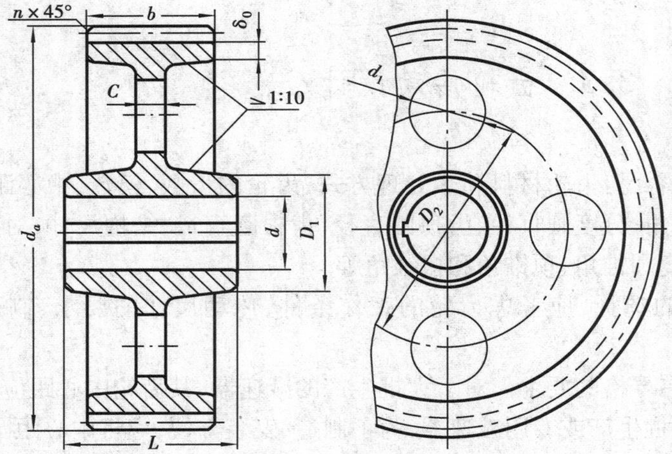	$d_a \leqslant 500$ mm 锻造齿轮 D_1, L, δ_0, n, D_2 的取值范围同上(序号 2 齿轮); 腹板孔直径; $d_1 = 0.25(D_0 - D_1)$; $C = (0.2 \sim 0.3)b$(模锻); $C = 0.3b$(自由锻)

续表

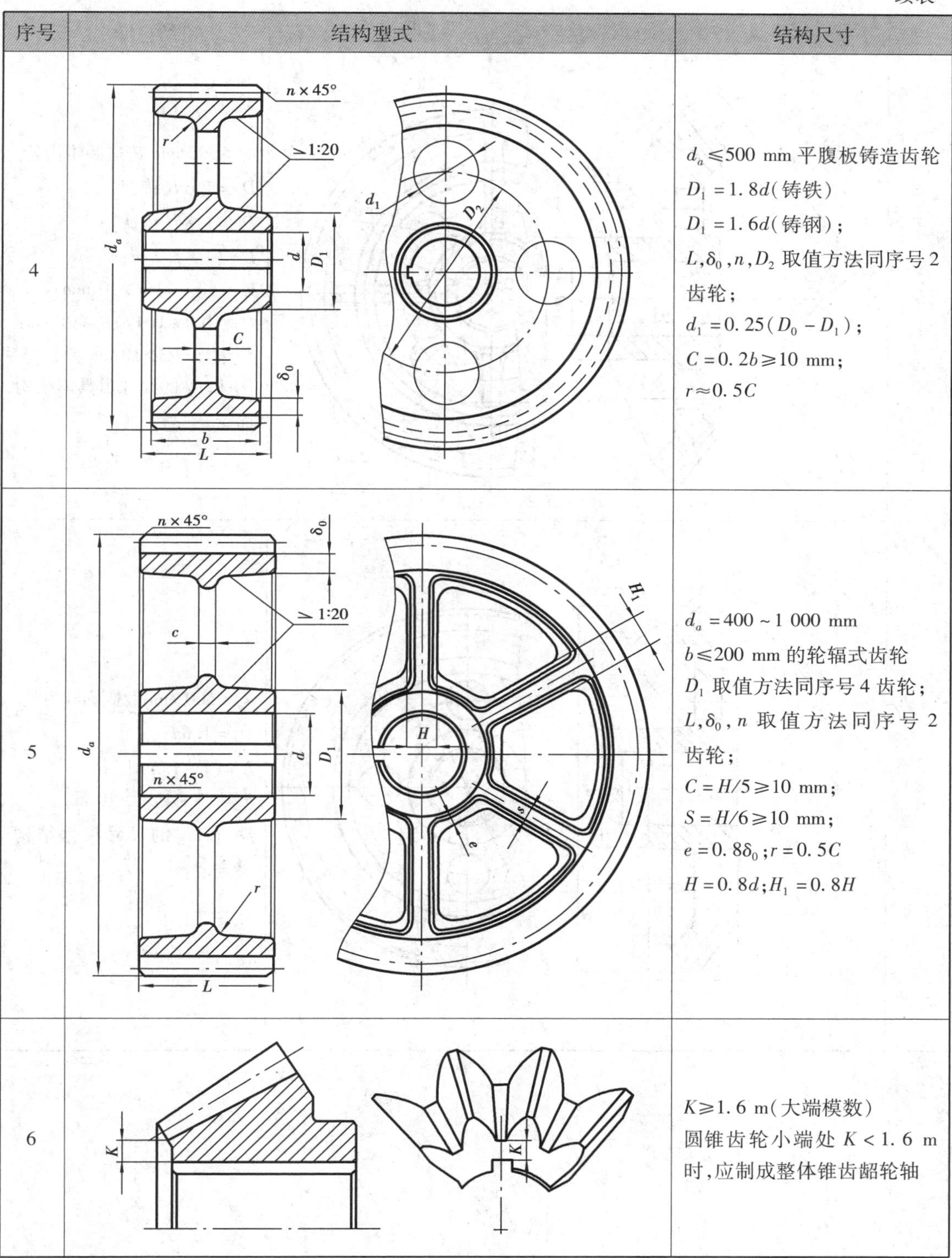

序号	结构型式	结构尺寸
4		$d_a \leqslant 500$ mm 平腹板铸造齿轮 $D_1 = 1.8d$(铸铁) $D_1 = 1.6d$(铸钢); L, δ_0, n, D_2 取值方法同序号 2 齿轮; $d_1 = 0.25(D_0 - D_1)$; $C = 0.2b \geqslant 10$ mm; $r \approx 0.5C$
5		$d_a = 400 \sim 1\ 000$ mm $b \leqslant 200$ mm 的轮辐式齿轮 D_1 取值方法同序号 4 齿轮; L, δ_0, n 取值方法同序号 2 齿轮; $C = H/5 \geqslant 10$ mm; $S = H/6 \geqslant 10$ mm; $e = 0.8\delta_0$; $r = 0.5C$ $H = 0.8d$; $H_1 = 0.8H$
6		$K \geqslant 1.6$ m(大端模数) 圆锥齿轮小端处 $K < 1.6$ m 时,应制成整体锥齿齬轮轴

续表

序号	结构型式	结构尺寸
7	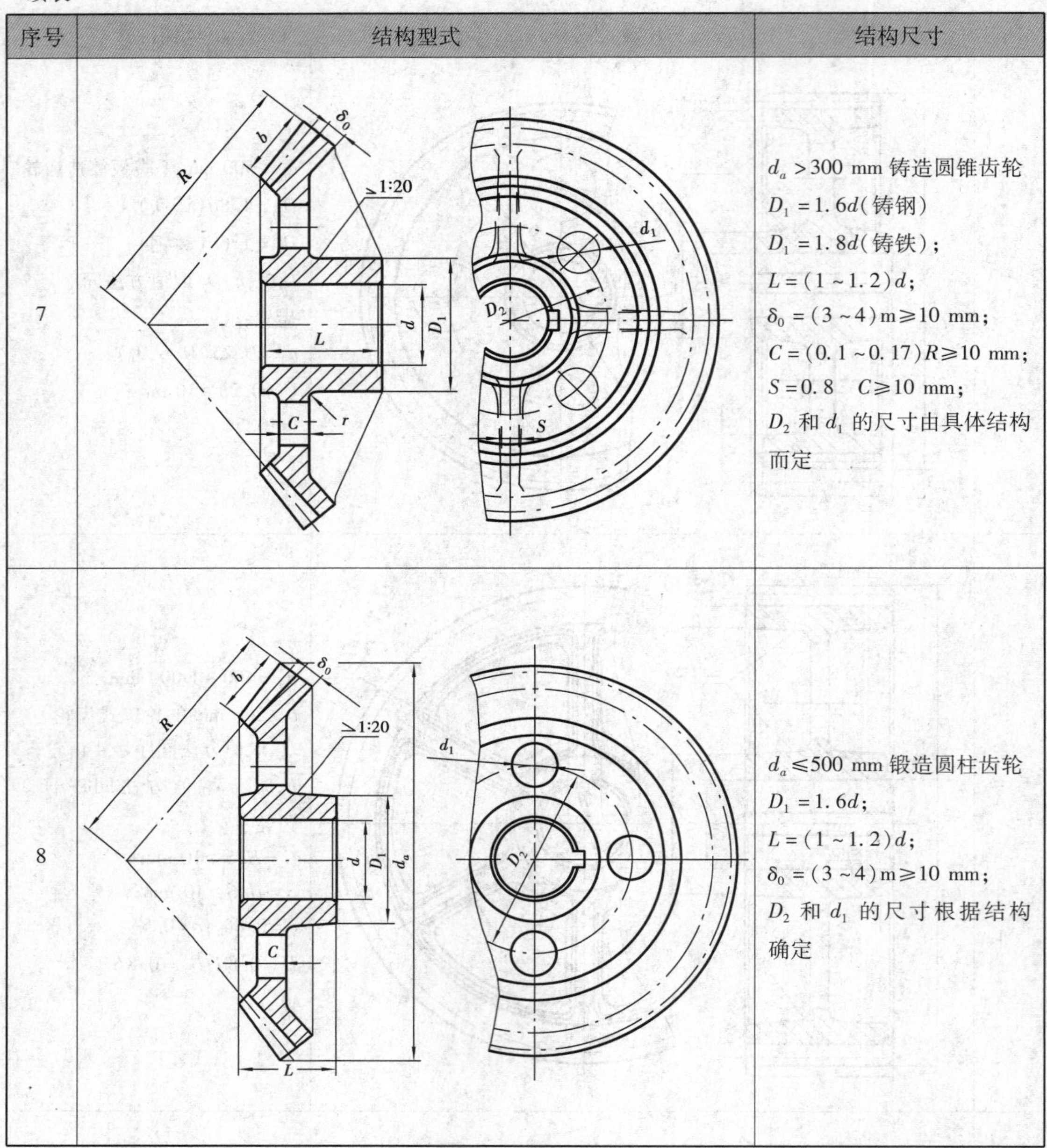	$d_a>300$ mm 铸造圆锥齿轮 $D_1=1.6d$(铸钢) $D_1=1.8d$(铸铁); $L=(1\sim1.2)d$; $\delta_0=(3\sim4)\mathrm{m}\geqslant10$ mm; $C=(0.1\sim0.17)R\geqslant10$ mm; $S=0.8\quad C\geqslant10$ mm; D_2 和 d_1 的尺寸由具体结构而定
8		$d_a\leqslant500$ mm 锻造圆柱齿轮 $D_1=1.6d$; $L=(1\sim1.2)d$; $\delta_0=(3\sim4)\mathrm{m}\geqslant10$ mm; D_2 和 d_1 的尺寸根据结构确定

3.3.2　圆柱齿轮传动设计计算的程序框图

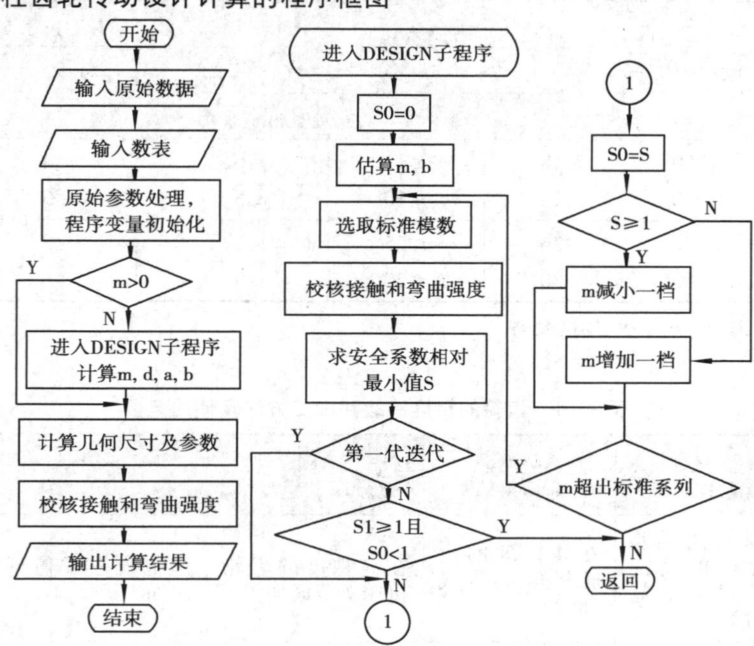

图3.8　圆柱齿轮传动程序框图

3.3.3　渐开线圆柱齿轮的精度及公差(GB 10095—88)

1. 渐开线圆柱齿轮精度

GB 10095—88 适用于平行轴传动的渐开线圆柱齿轮及其齿轮副。其法向模数 $m_n=1\sim40$ mm，分度圆直径 $d\leqslant4\ 000$ mm，基本齿廓按 GB 1356 的规定。本书仅摘录常用范围($m_n=1\sim10$ mm，$d\leqslant800$ mm)的标准。

本标准对齿轮及齿轮副规定了12个精度等级，第1级的精度最高，依次降低，第12级的精度最底。齿轮副中两个齿轮的精度等级一般取成相同，也允许取成不同。

按照误差的特性及它们对传动性能的主要影响，每个精度等级都将齿轮的各项公差分为3个公差组(Ⅰ、Ⅱ、Ⅲ组)表3.12。根据使用要求的不同，允许各公差组选用不同的精度等级，但差别不能太大。在同一公差组内各项公差与极限偏差应保持相同的精度等级。

齿轮的精度等级应根据传动用途、使用条件、传动功率、圆周速度以及其他经济技术指标决定。

齿轮第Ⅱ公差组精度主要根据圆周速度决定(参考表3.13)。

表3.14 给出了常用的各种精度等级的齿轮的加工方法和使用范围，表3.15 给出了第Ⅰ公差且精度的圆柱齿轮的表面粗糙度可供选择时参考。

表3.12　齿轮各项公差的分组及其对传动性能的影响

公差组	公差与极限偏差项目	对传动性能的主要影响	误差特性
Ⅰ	F_i'，F_i''，F_P，F_{pk}，F_r，F_w	传动运动的准确性	以齿轮一转为周期的误差
Ⅱ	f_i，f_i'，f_f，$\pm f_{pt}$，$\pm f_{pb}$，f_{fb}	传动的平稳性、噪声、振动	在齿轮一周内，多次周期地重复出现的误差
Ⅲ	F_B，F_b，$\pm F_{px}$	载荷分布的均匀性	齿向误差

表 3.13 齿轮Ⅱ公差组等级与圆周速度的关系

齿的形式	硬度 HB	第Ⅱ组精度等级				
		6	7	8	9	10
		圆周速度/(m·s^{-1})				
直　齿	≤350	≤18	≤12	≤6	≤4	≤1
	>350	≤15	≤10	≤5	≤3	≤1
斜　齿	≤350	≤36	≤25	≤12	≤8	≤2
	>350	≤30	≤20	≤9	≤6	≤1.5

注:本表不属于 GB 10095—88,仅供参考。

表 3.14 齿轮的精度等级和加工方法及使用范围

精度等级	5 级 (精密级)	6 级 (高精度级)	7 级 (比较高的精度级)	8 级 (中等精度级)	9 级 (低精度级)
加工方法	在周期性误差非常小的精密齿轮机床上范成加工	在高精度的齿轮机床上范成加工	在高精度的齿轮机床上范成加工	用范成法或仿型法加工	用任意的方法加工
齿面最终精加工	精密磨齿。大型齿轮用精密滚齿滚切后,再研磨或剃齿	精密磨齿或剃齿	不淬火的齿轮推荐用高精度的刀具切制。淬火的齿轮需要精加工(磨齿、剃齿、研磨、珩磨)	不磨齿,必要时剃齿或研磨	不需要精加工
齿面粗糙度 R_a/μm	0.4	0.4	0.8	1.6~3.2	6.3
使用范围	精密的分度机构用齿轮①。用于高速、并对运转平稳性和噪声有比较高的要求的齿轮②。高速汽轮机用齿轮。8 级或 9 级齿轮的标准齿轮	用于在高速下平稳地回转,并要求有最高的效率和低噪声的齿轮②。分度机构用齿轮①。特别重要的飞机齿轮	用于高速、载荷小或反转的齿轮②。机床的进给齿轮,需要运动有配合的齿轮①。中速减速齿轮。飞机齿轮。人字齿的中速齿轮	对精度没有特别要求的一般用齿轮。机床齿轮(分度机构除外)。特别不重要的飞机、汽车、拖拉机齿轮。起重机、农用机械、普通减速器用齿轮	用于对精度要求不高,并且在低速下工作的齿轮
效率/%③	99(98.5)以上	99(98.5)以上	98(96.5)以上	97(96.5)以上	96(95)以上

注:①Ⅱ组精度可以降低 1 级。

②Ⅰ组精度可以降低 1 级。

③括号内的效率是包括轴承损失的数值。

标注示例:

在齿轮零件图上应标注齿轮的精度等级和齿厚极限偏差的字母代号。

(1)齿轮的 3 个公差组精度等级同为 7 级,其齿厚上偏差为 F,下偏差为 L:

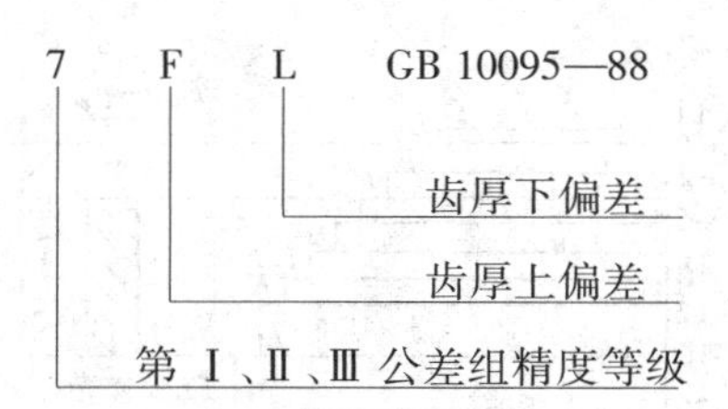

(2)齿轮第Ⅰ公差组精度为7级,第Ⅱ公差组精度为6级,第Ⅲ公差组为6级,齿厚上偏差为G,下偏差为M:

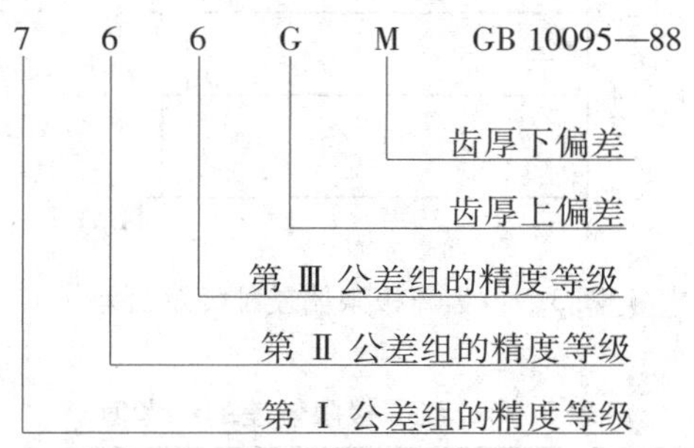

表3.15　圆柱齿轮的表面粗糙度

Ⅰ公差组精度	表面粗糙度 $R_a/\mu m$				
	齿　面	齿顶圆柱面	基准端面	基准孔	基准轴
5	0.4	0.8	0.8	0.2,(0.4)	0.2
6	0.4	1.6	1.6	0.8	0.4
7	0.8,(1.6)	1.6	1.6,(3.2)	0.8,(1.6)	0.8
8	1.6	3.2	3.2	1.6	1.6
9	3.2	6.3	3.2	3.2	1.6
10	6.3	12.5	6.3	3.2	3.2

2. 齿轮副侧隙及齿厚极限偏差

齿轮副的侧隙要求,应根据工作条件用最大极限侧隙 $j_{n\max}$(或 $j_{t\max}$)与最小极限侧隙 $j_{n\min}$(或 $j_{t\min}$)来规定。齿轮副的侧隙应选择适当的齿厚(或公法线长度)极限偏差和中心距极限偏差来保证。GB 1095—88 规定了14种齿厚(或公法线长度)极限偏差,按偏差数值由小到大的顺序依次用字母C,D,E,…,S表示,如图3.9和表3.20所示。选择时,应根据对侧隙的要求从图中选择两种代号组成上偏差和下偏差。一般情况下可参考表3.16选取。必要时,应根据传动对侧隙的要求由表(3.17)计算出齿厚极限偏差(或公法线平均长度极限偏差),再按照表3.20所规定的14种标准代号圆整。

例如,上偏差选用 F(等于 $-4f_{pt}$),下偏差选用 L(等于 $-16f_{pt}$),则齿厚极限偏差用代号FL表示,见图3.9。

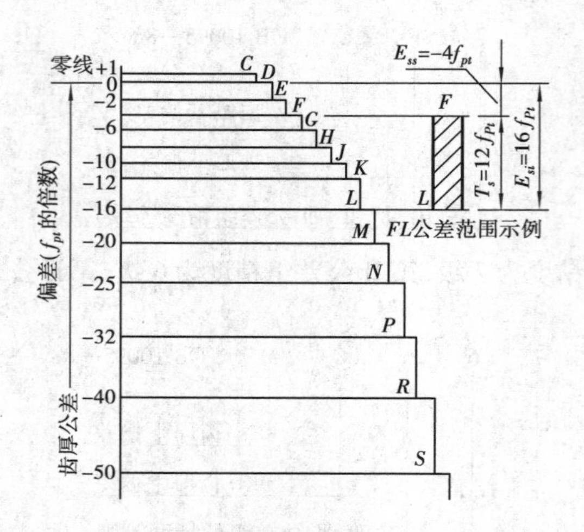

图 3.9　齿厚极限偏差种类及公差

表 3.16　齿厚极限偏差的参考值

Ⅱ组精度	法面模数/mm	分度圆直径/mm									
		<80	>80~125	>125~180	>180~250	>250~315	>315~400	>400~500	>500~630	>630~800	>800~1 000
6	>1~3.5	HK	JL	JL	KL	LM	LM	LM	LM	LN	LN
	>3.5~6.3	GH	HJ	HK	JL	KL	KL	LM	LM	LM	LM
	>6.3~10	GH	HJ	HK	HK	JL	JL	JL	JL	KL	LM
	>10~16			HK	HK	HK	HK	JL	JL	KL	KL
7	>1~3.5	HK	HK	HK	HK	JK	KL	JL	KM	KM	LM
	>3.5~6.3	GJ	GJ	GJ	HK	HK	HK	JL	JL	KL	KL
	>6.3~10	GH	GH	GJ	GJ	HK	HK	HK	HK	JL	KL
	>10~16			GJ	GJ	GJ	HK	HK	HK	HK	JL
8	>1~3.5	GJ	GJ	GJ	HK	HK	HK	HK	HK	JL	JL
	>3.5~6.3	FG	GH	GJ	GJ	GJ	GJ	HK	GJ	HK	HK
	>6.3~10	FG	FG	FH	GH	GH	GH	GH	GH	HK	HK
	>10~16			FG	FH	GH	GH	GH	GH	GJ	HK
9	>1~3.5	FH	GJ	GJ	GJ	GJ	HK	HK	HK	HK	HK
	>3.5~6.3	FG	FG	FH	FH	GJ	GJ	GJ	GJ	HK	HK
	>6.3~10	FG	FG	FG	FG	FG	GH	GH	GH	GH	GJ
	>10~16			FG	FG	FG	FG	FG	GH	GH	GJ

注:按本表选择齿厚极限偏差或公法线长度极限偏差时,可以使齿轮副在齿轮和壳体温差为 25 ℃时,不会由于发热而卡住。

表 3.17　齿厚和公法线平均长度的上偏差及公差的计算(外啮合)

项　目	代　号	公　式
误差补偿	K	$\sqrt{f_{pb1}^2+f_{pb2}^2+2(F_\beta\cos\alpha_n)^2+(f_x\sin\alpha_n)^2+(f_y\cos\alpha_n)^2}$
齿厚上偏差	E_{ss}	$-f_a\tan\alpha_n-\dfrac{j_{n\min}+k}{2\cos\alpha_n}$
齿厚公差	T_s	$\sqrt{F_r^2+b_r^2}\cdot 2\tan\alpha_n$
公法线平均长度上偏差	E_{WmS}	$E_{ss}\cos\alpha_n-0.72F_r\sin\alpha_n$　　(外齿)
公法线平均长度公差	T_{Wm}	$T_S\cos\alpha_n-1.44F_r\sin\alpha_n$　　(外齿)

表中　F_r——齿圈径向跳动公差,见表 3.25;

b_r——切齿径向进刀公差,见表 3.19;

f_a——中心距极限偏差,见表 3.35;

α_n——法面齿形角;

(表中 f_{pb},F_β,f_x,f_y 见表 3.29、表 3.31、表 3.33。)

$j_{n\min}$——最小侧隙值。由为补偿温升所引起齿轮及箱体热变形所必须的最小极限侧隙和为保证正常润滑所必须的最小迹象侧隙组成。$j_{n\min}$ 可根据齿轮副的工作条件进行计算,也可参考表 3.18 选取。

表 3.18　最小侧隙 $j_{n\min}$ 参考值　　单位:μm

类　别	中心距/mm								
	≤80	>80~125	>125~180	>180~250	>250~315	>315~400	>400~500	>500~630	>630~800
较小侧隙	74	87	100	115	130	140	155	175	200
中等侧隙	120	140	160	185	210	230	250	280	320
较大侧隙	190	220	250	290	320	360	400	440	500

注:中等侧隙所规定的最小侧隙,对于钢或铸铁传动,当齿轮和壳体温差为 25 ℃时,不会由于发热而卡住。

表 3.19　切齿径向进刀公差 b_r 值

公差等级	6	7	8	9
b_r 值	1.26IT8	IT9	1.26IT9	IT10

表 3.20　齿厚极限偏差及其代号

偏差代号	偏差数值	偏差代号	偏差数值
C	$+1f_{pt}$	K	$-12f_{pt}$
D	0	L	$-16f_{pt}$
E	$-2f_{pt}$	M	$-20f_{pt}$
F	$-4f_{pt}$	N	$-25f_{pt}$
G	$-6f_{pt}$	P	$-32f_{pt}$
H	$-8f_{pt}$	R	$-40f_{pt}$
J	$-10f_{pt}$	S	$-50f_{pt}$

注:f_{pt}为齿距极限偏差,见表 3.28。

3. 齿轮检验与公差组

齿轮的 3 个公差组,各分成若干个检验组(见表 3.21),根据齿轮副的使用要求和生产规模,在公差组中,可任选一个检验组来检定或验收齿轮的精度。或参考表 3.22 和表 3.23。

表 3.21　圆柱齿轮 3 个公差组的检验组及各项误差

	名　称	代　号	公差数值	说　明
第Ⅰ公差组的检验组	切向综合公差	F'_i	$F'_i = F_p + f_f$	
	齿距累积公差与 k 个齿距累计公差	F_p 与 F_{pk}	F_p 与 F_{pk} 见表 3.24	
	径向综合公差与公法线长度变动公差	F''_i 与 F_w	F''_i 见表 3.26 F_w 见表 3.32	当其中有一项超差时应按 F_p 检定或验收齿轮
	齿圈径向跳动公差与公法线长度变动公差	F_r 与 F_w	F_r 见表 3.25	同上
第Ⅱ公差组的检验组	一齿切向综合公差	f'_i	$f'_i = 0.6(f_{pt} + f_f)$	
	齿形公差与齿距极限偏差	f_f 与 f_{pt}	f_f 见表 3.27 f_{pt} 见表 3.28	
	齿形公差与基节极限偏差	f_f 与 f_{pb}	f_{pb} 见表 3.29	
	齿距极限偏差与基节极限偏差	f_{pt} 与 f_{pb}	见　上	用于 9~12 级
第Ⅲ公差组的检验组	齿向公差	F_β	F_β 见表 3.31	
	接触线公差	F_b	$F_b = F_\beta$ (按接触线长度查表)	用于 $\varepsilon_\beta \leq 1.25$,齿线不作修正的斜齿轮
	轴向齿距极限偏差与齿形公差	F_{px} 与 f_f	$F_{px} = F_\beta$	仅用于 $\varepsilon_\beta > 1.25$,齿线不作修正的斜齿轮

注:若接触斑点的分布位置和大小确有保证时,则此齿轮副中单个齿轮的第Ⅲ公差组项目可不予考核。

表 3.22　圆柱齿轮的检验组合

精度等级 公差组	汽车、机床、牵引齿轮	拖拉机、起重机、一般机器	
	6~8	6~9	9~11
第Ⅰ公差组	ΔF_r 与 ΔF_w ($\Delta F''_r$ 与 ΔF_w)	$\Delta F''_r$ 与 ΔF_w (ΔF_r 与 ΔF_w)	ΔF_r
第Ⅱ公差组	$\Delta f'_i$(Δf_{pb}与 Δf_f)	$\Delta f'_i$(Δf_{pt}与 Δf_f)	Δf_{pt}
第Ⅲ公差组	斑点(ΔF_β)	斑点(ΔF_β)	斑点
侧隙	ΔE_s(ΔE_{wm})	ΔE_s(ΔE_{wm})	ΔE_s(ΔE_{wm})

表 3.23　圆柱齿轮和齿轮传动推荐检验项目

精度等级			5,6	7,8	9
公差组	Ⅰ	对齿轮	$\Delta F'_r$(ΔF_r 与 ΔF_w)	Δf_p 与 ΔF_{pk} (ΔF_r 与 ΔF_w)	ΔF_r 与 ΔF_w
	Ⅱ		$\Delta F'_r$(Δf_{pb}与 f_f)	Δf_{pt}与 Δf_{pb}	
	Ⅲ	对箱体	Δf_x,Δf_y		
		对传动	接触斑点或 ΔF_β		
齿轮副侧隙		对齿轮	ΔE_s 或 ΔE_{wm}		
		对传动	Δf_a		
齿坯精度			顶圆直径公差,顶圆跳动公差,基准端面跳动公差		

表 3.24　传动齿距累积公差 F_p 及 K 个齿距累积公差 F_{pk} 值　　单位:μm

分度圆弧长 L/mm		精度等级			
大于	到	6	7	8	9
—	11.2	11	16	22	32
11.2	20	16	22	32	45
20	32	20	28	40	56
32	50	22	32	45	63
50	80	25	36	50	71
80	160	32	45	63	90
160	315	45	63	90	125
315	630	63	90	125	180
630	1 000	80	112	160	224

注:1. F_p 和 F_{pk} 按分度圆弧长 L 查表。查 F_r 时,取 $L=0.5\pi d=\pi m_n z/2\cos\beta$;查 F_{pk} 时,取 $L=K\pi m_n/\cos\beta$ (K 为 2 到小于 $z/2$ 的整数)。

2. 除特殊情况外,对于 F_{pk},K 值规定取为小于 $z/6$ 或 $z/8$ 的最大整数。

表 3.25　齿圈径向跳动公差 F_r 值

单位：μm

分度圆直径/mm		法向模数/mm	精度等级			
大于	到		6	7	8	9
	125	≥1～3.5 >3.5～6.3 >6.3～10	25 28 32	36 40 45	45 50 56	71 80 90
125	400	≥1～35 >3.5～6.3 >6.3～10 >10～16	36 40 45 50	50 56 63 71	63 71 86 90	80 100 112 125
400	800	≥1～3.5 >3.5～6.3 >6.3～10 >10～16	45 50 56 63	63 71 80 90	80 90 100 112	100 112 120 160

表 3.26　径向综合公差 F_i'' 值

单位：μm

分度圆直径/mm		法向模数/mm	精度等级			
大于	到		6	7	8	9
—	125	≥1～3.5 >3.5～6.3 >6.3～10	36 40 45	50 56 63	63 71 80	90 112 125
125	400	≥1～35 >3.5～6.3 >6.3～10 >10～16	50 56 63 71	71 80 90 100	90 100 112 125	112 140 160 180
400	800	≥1～3.5 >3.5～6.3 >6.3～10 >10～16	63 71 80 90	90 100 112 125	112 125 140 160	140 160 180 224

表 3.27　齿形公差 f_f 值

单位：μm

分度圆直径/mm		法向模数/mm	精度等级			
大于	到		6	7	8	9
—	125	≥1～3.5 >3.5～6.3 >6.3～10	8 10 12	11 14 17	14 20 22	22 32 36
125	400	≥1～3.5 >3.5～6.3 >6.3～10 >10～16	9 11 13 16	13 16 19 22	18 22 28 32	28 36 45 50
400	800	≥1～3.5 >3.5～6.3 >6.3～10 >10～16	12 14 16 18	17 20 24 26	25 28 36 40	40 45 56 63

表 3.28　齿距极限偏差 $\pm f_{pt}$ 值　　单位:μm

分度圆直径/mm		法向模数/mm	精度等级			
大于	到		6	7	8	9
—	125	≥1 ~ 3.5	10	14	20	28
		>3.5 ~ 6.3	13	18	25	36
		>6.3 ~ 10	14	20	28	40
125	400	≥1 ~ 3.5	11	16	22	32
		>3.5 ~ 6.3	14	20	28	40
		>6.3 ~ 10	16	22	32	45
		>10 ~ 16	18	25	36	50
400	800	≥1 ~ 3.5	13	18	25	36
		>3.5 ~ 6.3	14	20	28	40
		>6.3 ~ 10	18	25	36	50
		>10 ~ 16	20	28	40	56

表 3.29　基节极限偏差 $\pm f_{pb}$ 值　　单位:μm

分度圆直径/mm		法向模数/mm	精度等级			
大于	到		6	7	8	9
—	125	≥1 ~ 3.5	9	13	18	25
		>3.5 ~ 6.3	11	16	22	32
		>6.3 ~ 10	13	18	25	36
125	400	≥1 ~ 3.5	10	14	20	30
		>3.5 ~ 6.3	13	18	25	32
		>6.3 ~ 10	14	20	30	40
		>10 ~ 16	16	22	32	45
400	800	≥1 ~ 3.5	11	16	22	32
		>3.5 ~ 6.3	13	18	25	36
		>6.3 ~ 10	16	22	32	45
		>10 ~ 16	18	25	36	50

注:对 6 级及高于 6 级的精度,在一个齿轮的同侧齿面上,最大基节与最小基节之差,不允许大于基节单向极限偏差的数值。

表 3.30　一齿综合公差 f''_i 值　　单位:μm

分度圆直径/mm		法向模数/mm	精度等级			
大于	到		6	7	8	9
—	125	≥1 ~ 3.5	14	20	28	36
		>3.5 ~ 6.3	18	25	36	45
		>6.3 ~ 10	20	28	40	50
125	400	≥1 ~ 3.5	16	22	32	40
		>3.5 ~ 6.3	20	28	40	50
		>6.3 ~ 10	22	32	45	56
		>10 ~ 16	25	36	50	63
400	800	≥1 ~ 3.5	18	25	36	45
		>3.5 ~ 6.3	20	28	40	50
		>6.3 ~ 10	22	32	45	56
		>10 ~ 16	28	40	56	71

表 3.31　齿向公差 F_β 值　　单位:μm

齿轮宽度/mm		精度等级			
大于	到	6	7	8	9
—	40	9	11	18	28
40	100	12	16	25	40
100	160	16	20	32	50
160	250	19	24	38	60
250	400	24	28	45	75
400	630	28	34	55	90

表 3.32　公法线长度变动公差 F_w 值　　单位:μm

齿轮宽度/mm		精度等级			
大于	到	6	7	8	9
—	125	20	28	40	56
125	400	25	36	50	71
400	800	32	45	63	90

4. 齿轮副的检验与公差

齿轮副如能满足表 3.33 中所列 1 ~4 项的要求,即认为该齿轮副合格。

表 3.33　齿轮副的检验项目

检验项目	符号	检验方法	说　明
1. 切向综合误差	$\Delta F'_{ic}$	装配后实测	齿轮副的切向综合公差 F'_{ic} 等于两齿轮的切向综合公差 F'_i 之和,即 $F'_{ic}=F'_{i1}+F'_{i2}$,当两齿轮的齿数比为不大于 3 的整数,且采用选配时,F'_{ic} 可比计算值小 25%或更多
2. 切向一齿综合误差	$\Delta F'_{ic}$	装配后实测	齿轮副的切向一齿综合公差 f'_{ic} 等于两齿轮的切向一齿综合公差 f'_i 之和,即 $f'_{ic}=f'_{i1}+f'_{i2}$
3. 接触斑点位置和大小		装配后实测	安装好的齿轮副,在轻微制动下,运转后齿面上分布的接触擦亮痕迹,在齿面展开图上用百分比计算。接触斑点的分布位置及大小按表 3.34 规定
4. 侧隙			根据工作条件用最大极限侧隙 $j_{n\max}$ 或($j_{t\max}$)与最小极限侧隙 $j_{n\min}$(或 $j_{t\min}$)来规定,并由中心距极限偏差 $\pm f_a$ 和齿厚极限偏差来给予保证
5. 轴线平行度公差① X 方向 Y 方向	 f_x f_y		$f_x=F_\beta$ $f_{y1}=(\frac{1}{2})F_\beta$　　F_β 见表 3.31

注:①齿轮副的轴线平行度公差,并非箱体轴孔的轴线平行度公差。目前无箱体轴孔轴线平行度公差,则可暂时借用齿轮副轴线平行度公差。

表 3.34　接触斑点

接触斑点	单位	精度等级			
		6	7	8	9
按高度不小于	%	50(40)	45(35)	40(30)	30
按长度不小于	%	70	60	50	40

注:1. 接触斑点的分布位置趋近齿面中部。齿顶和两端部棱边处不允许接触。

2. 括号里数值,用于轴向重合度 $\varepsilon_\beta > 0.8$ 的斜齿轮。

表 3.35　中心距极限偏差 $\pm f_a$ 值　　　单位:μm

第Ⅱ公差组精度等级			5~6	7~8	8~9
f_a			$\frac{1}{2}$IT7	$\frac{1}{2}$IT8	$\frac{1}{2}$IT9
齿轮副的中心距	大于 50	到 80	15	23	37
	80	120	17.5	27	43.5
	120	180	20	31.5	50
	180	250	23	36	57.5
	250	315	26	40.5	65
	315	400	28.5	44.5	70
	400	500	31.5	48.5	77.5
	500	630	35	55	87
	630	800	40	62	100

注:由于目前尚无箱体中心距公差标准,故箱体中心距极限偏差可暂按本表齿轮副中心极限偏差数据查取。

5. 齿坯检验公差

齿轮在加工、检验和安装时的径向基准和轴向基准应尽量一致,并在零件图上予以标注。齿坯各项公差推荐采用表 3.36 的规定。

表 3.36　圆柱齿轮轮坯公差

齿轮精度等级		6	7	8	9
孔	尺寸、形状公差	IT6	IT7		IT8
轴	尺寸、形状公差	IT5	IT6		IT7
顶圆直径公差		IT8			IT9

注:1. 齿轮的 3 个公差组的精度等级不同时,按最高的精度等级选取。

2. 当顶圆作基准面时,必须考虑顶圆的径向跳动如表 3.37。

表 3.37　齿坯基准面径向和端面跳动公差　　单位:μm

分度圆直径/mm		精度等级		
大于	到	5 和 6	7 和 8	9 到 12
—	125	11	18	28
125	400	14	22	36
400	800	20	32	50

6. 公法线长度及分度圆弦齿厚和弦齿高

表 3.38　公法线长度 W_0($m=1, a=20°$)　　单位:mm

假想齿数 z'	跨齿数 n	公法线长度 W_0	假想齿数 z'	跨齿数 n	公法线长度 W_0	假想齿数 z'	跨齿数 n	公法线长度 W_0	假想齿数 z'	跨齿数 n	公法线长度 W_0
11	2	4. 582 3	42	5	. 872 8	73	9	26. 115 5	104	12	. 406 0
12	2	. 596 3	43	5	. 886 8	74	9	. 129 5	105	12	. 420 0
13	2	. 610 3	44	5	. 900 8	75	9	. 143 5	106	12	. 434 0
14	2	. 624 3	45	5	. 914 8	76	9	. 157 5	107	12	. 448 1
15	2	. 638 3	46	6	16. 881 0	77	9	. 171 5	108	12	. 462 1
16	2	. 652 3	47	6	. 895 0	78	9	. 185 5	109	13	38. 428 2
17	2	. 666 3	48	6	. 909 0	79	9	. 199 5	110	13	. 442 2
18	2	. 680 3	49	6	. 923 0	80	9	. 213 5	111	13	. 456 2
19	2	. 696 4	50	6	. 937 0	81	9	. 227 5	112	13	. 470 2
20	2	7. 660 4	51	6	. 951 0	82	10	29. 193 7	113	13	. 484 2
21	3	. 674 4	52	6	. 965 0	83	10	. 202 7	114	13	. 498 2
22	3	. 688 4	53	6	. 979 0	84	10	. 221 7	115	13	. 512 2
23	3	. 702 4	54	6	. 993 0	85	10	. 235 7	116	13	. 526 2
24	3	. 716 5	55	7	19. 959 1	86	10	. 249 7	117	13	. 540 2
25	3	. 730 5	56	7	. 973 1	87	10	. 263 7	118	14	41. 506. 4
26	3	. 744 5	57	7	. 987 1	88	10	. 277 7	119	14	. 520 4
27	3	. 758 5	58	7	20. 001 1	89	10	. 291 7	120	14	. 534 4
28	4	10. 724 6	59	7	. 015 2	90	10	. 305 7	121	14	. 548. 4
29	4	. 738 6	60	7	. 029 2	91	11	32. 271 8	122	14	. 562 4
30	4	. 752 6	61	7	20. 043 2	92	11	. 285 8	123	14	. 576 4
31	4	. 766 6	62	7	. 057 2	93	11	. 299 8	124	14	. 590 4
32	4	. 780 6	63	7	. 071 2	94	11	. 313 8	125	14	. 604 4
33	4	. 794 6	64	8	23. 037 3	95	11	. 327 9	126	14	. 618 4
34	4	. 808 6	65	8	. 051 3	96	11	. 341 9	127	15	44. 584 6
35	4	. 822 6	66	8	. 065 3	97	11	. 355 9	128	15	. 598 6
36	4	. 836 6	67	8	. 079 3	98	11	. 369 9	129	15	. 612 6
37	5	13. 802 8	68	8	. 099 3	99	11	. 383 9	130	15	. 626 6
38	5	. 816 8	69	8	. 107 3	100	12	35. 350 0	131	15	. 640 6
39	5	. 830 8	70	8	. 121 3	101	12	. 364 0	132	15	. 654 6
40	5	. 844 8	71	8	. 135 3	102	12	. 378 0	133	15	. 686 6
41	5	. 858 8	72	8	. 149 3	103	12	. 392 0	134	15	. 682 6

续表

假想齿数 z'	跨齿数 n	公法线长度 W_0	假想齿数 z'	跨齿数 n	公法线长度 W_0	假想齿数 z'	跨齿数 n	公法线长度 W_0	假想齿数 z'	跨齿数 n	公法线长度 W_0
135	16	47.649 0	151	17	.824 9	167	19	.953 3	183	21	.081 6
136	16	.662 7	152	17	.838 9	168	19	.967 3	184	21	.095 6
137	16	.676 7	153	17	.852 9	169	19	.981 3	185	21	.109 6
138	16	.690 7	154	18	53.819 1	170	19	.995 3	186	21	.123 6
139	16	.704 7	155	18	.833 1	171	19	57.009 3	187	21	.127 6
140	16	.718 7	156	18	.847 1	172	20	59.975 4	188	21	.151 6
141	16	.732 7	157	18	.861 1	173	20	.989 4	189	21	.165 6
142	16	.746 8	158	18	.857 1	174	20	60.003 4	190	22	66.131 8
143	16	.760 8	159	18	.889 1	175	20	.017 4	191	22	.145 8
144	16	.774 8	160	18	.903 1	176	20	.031 4	192	22	.159 8
145	17	50.740 9	161	18	.917 1	177	20	.045 5	193	22	.173 8
146	17	.754 9	162	18	.931 1	178	20	.059 5	194	22	.187 8
147	17	.768 9	163	19	56.897 2	179	20	.073 5	195	22	.201 8
148	17	.782 9	164	19	.911 3	180	20	.087 5	196	22	.215 8
149	17	.796 9	165	19	.925 3	181	21	63.053 6	197	22	.229 8
150	17	.810 9	166	19	.939 3	182	21	.067 6	198	22	.243 8

注:1. W_0 为 $m=1$ 时的公法线长度:当 $m \neq 1$ 时的公法线长度应为 $W_n = W_0 \cdot m$(或 $W = W_0 \cdot m_n$)。

2. 对直齿轮,表中 $z' = z$;对斜齿轮,$z' = z \cdot inv\alpha_t / 0.014\,9$。见表3.39。

3. 严格地讲,还应考虑 z'后面小数部分的公法线长度,可参阅有关资料。

表3.39　比值 $inv\alpha_t / inv\alpha_n = inv\alpha_t / 0.014\,9$($\alpha_n = 20°$)

β	$inv\alpha_t$ /0.014 9	β	$inv\alpha_t$ /0.014 9	β	$inv\alpha_t$ /0.014 9	β	$inv\alpha_t$ /0.014 9
8°	1.028 3	12°20′	1.068 8	16°40′	1.130 5	21°	1.216 5
8°20′	1.030 9	12°40′	1.072 8	17°	1.136 2	21°20′	1.224 3
8°40′	1.033 3	13°	1.076 8	17°20′	1.142 0	21°40′	1.232 3
9°	1.035 9	13°20′	1.081 0	17°40′	1.148 0	22°	1.240 5
9°20′	1.038 8	13°40′	1.085 3	18°	1.154 1	22°20′	1.248 9
9°40′	1.041 5	14°	1.089 5	18°20′	1.160 4	22°40′	1.257 4
10°	1.044 6	14°20′	1.094 3	18°40′	1.166 8	23°	1.266 2
10°20′	1.047 7	14°40′	1.099 1	19°	1.173 4	23°20′	1.275 1
10°40′	1.050 8	15°	1.103 9	19°20′	1.180 2	23°40′	1.284 3
11°	1.054 3	15°20′	1.109 2	19°40′	1.187 1	24°	1.293 7
11°20′	1.057 7	15°40′	1.114 3	20°	1.216 5	24°20′	1.303 3
11°40′	1.061 3	16°	1.119 6	20°20′	1.201 5	24°40′	1.313 1
12°	1.065 2	16°20′	1.125 0	20°40′	1.208 9		

注:上表范围内的任意值可用插入法求得。

表 3.40　标准齿轮分度圆弦齿厚 s 和弦齿高 h（$m=m_n=1$　$\alpha=20°$　$h_a^*=1$）　　单位：mm

齿数 z	弦齿厚 s	弦齿高 h	齿数 z	弦齿厚 s	弦齿高 h	齿数 z	弦齿厚 s	弦齿高 h	齿数 z	弦齿厚 s	弦齿高 h
10	1.564 3	1.061 6	42	1.570 4	1.014 7	74	1.570 7	1.008 4	106	1.570 7	1.005 8
11	1.565 4	1.055 9	43	1.570 5	1.014 3	75	1.570 7	1.008 3	107	1.570 7	1.005 8
12	1.566 3	1.051 4	44	1.570 5	1.014 0	76	1.570 7	1.008 1	108	1.570 7	1.005 7
13	1.567 0	1.047 4	45	1.570 5	1.013 7	77	1.570 7	1.008 0	109	1.570 7	1.005 7
14	1.567 5	1.044 0	46	1.570 5	1.013 4	78	1.570 7	1.007 9	110	1.570 7	1.005 6
15	1.567 9	1.041 1	47	1.570 5	1.013 1	79	1.570 7	1.007 8	111	1.570 7	1.005 6
16	1.568 3	1.038 5	48	1.570 5	1.012 9	80	1.570 7	1.007 7	112	1.570 7	1.005 5
17	1.568 6	1.036 2	49	1.570 5	1.012 6	81	1.570 7	1.007 6	113	1.570 7	1.005 5
18	1.568 8	1.034 2	50	1.570 5	1.012 3	82	1.570 7	1.007 5	114	1.570 7	1.005 4
19	1.569 0	1.032 4	51	1.570 6	1.012 1	83	1.570 7	1.007 4	115	1.570 7	1.005 4
20	1.569 2	1.030 8	52	1.570 6	1.011 9	84	1.570 7	1.007 4	116	1.570 7	1.005 3
21	1.569 4	1.029 4	53	1.570 6	1.011 7	85	1.570 7	1.007 3	117	1.570 7	1.005 3
22	1.569 5	1.028 1	54	1.570 6	1.011 4	86	1.570 7	1.007 2	118	1.570 7	1.005 3
23	1.569 6	1.026 8	55	1.570 6	1.011 2	87	1.570 7	1.007 1	119	1.570 7	1.005 2
24	1.569 7	1.025 7	56	1.570 6	1.011 0	88	1.570 7	1.007 0	120	1.570 7	1.005 2
25	1.569 8	1.024 7	57	1.570 6	1.010 8	89	1.570 7	1.006 9	121	1.570 7	1.005 1
26	1.569 8	1.023 7	58	1.570 6	1.010 6	90	1.570 7	1.006 8	122	1.570 7	1.005 1
27	1.569 9	1.022 8	59	1.570 6	1.010 5	91	1.570 7	1.006 8	123	1.570 7	1.005 0
28	1.570 0	1.022 0	60	1.570 6	1.010 2	92	1.570 7	1.006 7	124	1.570 7	1.005 0
29	1.570 0	1.021 3	61	1.570 6	1.010 1	93	1.570 7	1.006 7	125	1.570 7	1.004 9
30	1.570 1	1.020 5	62	1.570 6	1.010 0	94	1.570 7	1.006 6	126	1.570 7	1.004 9
31	1.570 1	1.019 9	63	1.570 6	1.009 8	95	1.570 7	1.006 5	127	1.570 7	1.004 9
32	1.570 2	1.019 3	64	1.570 6	1.009 7	96	1.570 7	1.006 4	128	1.570 7	1.004 8
33	1.570 2	1.018 7	65	1.570 6	1.009 5	97	1.570 7	1.006 4	129	1.570 7	1.004 8
34	1.570 2	1.018 1	66	1.570 6	1.009 4	98	1.570 7	1.006 3	130	1.570 7	1.004 7
35	1.570 2	1.017 6	67	1.570 6	1.009 2	99	1.570 7	1.006 2	131	1.570 8	1.004 7
36	1.570 3	1.017 1	68	1.570 6	1.009 1	100	1.570 7	1.006 1	132	1.570 8	1.004 7
37	1.570 3	1.016 7	69	1.570 7	1.009 0	101	1.570 7	1.006 1	133	1.570 8	1.004 7
38	1.570 3	1.016 2	70	1.570 7	1.008 8	102	1.570 7	1.006 0	134	1.570 8	1.004 6
39	1.570 4	1.015 8	71	1.570 7	1.008 7	103	1.570 7	1.006 0	135	1.570 8	1.004 6
40	1.570 4	1.015 4	72	1.570 7	1.008 6	104	1.570 7	1.005 9	140	1.570 8	1.004 4
41	1.570 4	1.015 0	73	1.570 7	1.008 5	105	1.570 7	1.005 9	145	1.570 8	1.004 2
									150	1.570 8	1.004 1
									齿条	1.570 8	1.000 0

注：1. 对于斜齿圆柱齿轮和圆锥齿轮，用当量齿数 Z_v 查表，Z_v 有小数时，按插值法计算。

2. 当模数 $m\neq1$（或 $m_n\neq1$）时，应将查得的结果乘以 m（或 m_n），对于直齿锥齿轮，应乘以齿宽中点模数 m_m。

3. 当 $h_a^*\neq1$ 时，应将查得的弦齿高减去 $(1-h_a^*)$，弦齿厚不变。

3.3.4　直齿锥齿轮的精度及公差(GB/T 11365—89)

GB/T 11365—89 适用于中点法向模数 $m_n \geq 1$ mm 的直齿、斜齿、曲线齿锥齿轮和准双曲面齿轮，其基本齿廓按 GB/T 12369—90 的规定。

1. 直齿锥齿轮的精度

精度等级：

GB 11365—89 对锥齿轮及锥齿轮副规定了 12 个精度等级，第 1 级精度最高，第 12 级精度最低。同样，每个精度等级也将锥齿轮公差分为 3 个公差组(Ⅰ、Ⅱ、Ⅲ公差组)。根据使用要求，允许各公差组选用不同的精度等级。但对齿轮副中大、小齿轮的同一公差组，应规定同一精度等级。

锥齿轮第Ⅱ公差组精度等级可根据其中点分度圆圆周速度参考表 3.41 选取。

表 3.41　圆锥齿轮第Ⅱ公差组精度等级的选择

第Ⅱ公差组精度等级	直齿		非直齿		用途
	HB≤350	HB＞350	HB≤350	HB＞350	
	圆周速度/($m \cdot s^{-1}$)≤				
6	10	9	24	19	运动精度要求高的，如范成、分度等传动链的重要齿轮
7	7	6	16	13	主运动链、如机床、刀具传动链重要齿轮
8	4	3	9	7	一般机床用齿轮
9	3	2.5	6	5	低速、传递动力用齿轮

注：表中圆周速度按中点分度圆直径计算。

表 3.42　锥齿轮和齿轮副各项误差的分组及其对传动性能的影响

公差组		公差及极限偏差项目	对传动性能的主要影响
Ⅰ	齿轮	$F'_i, F''_{i\Sigma}, F_p, F_{pk}, F_r$	运动准确性
	齿轮副	$F'_{ic}, F''_{i\Sigma c}, F_{vj}$	
Ⅱ	齿轮	$f'_i, f''_{i\Sigma}, f'_{zk}, f_{pt}, f_c$	传动平稳性
	齿轮副	$f'_{ic}, f''_{i\Sigma c}, f'_{zkc}, f'_{zzc}, f_{AM}$	
Ⅲ	齿轮	接触斑点	接触精度
	齿轮副	接触斑点、f_a	

表 3.43　锥齿轮及齿轮副各项误差的名称及代号

项目性质		名　称	代　号
齿轮及齿轮副精度	运动精度	切向综合误差(公差)	$\Delta F'_i(F''_i)$
		轴交角综合误差(公差)	$\Delta F_{i\Sigma}(F''_{i\varepsilon})$
		齿距累积误差(公差)	$\Delta F_p(F_p)$
		K 个齿距累积误差(公差)	$\Delta F_{pk}(F_{pk})$
		齿圈法向跳动(公差)	$\Delta F_r(F_r)$
齿轮及齿轮副精度	运动精度	齿轮副切向综合误差(公差)	$\Delta F''_{ic}(F''_{ic})$
		齿轮副轴交角综合误差(公差)	$\Delta F''_{\Sigma ic}(F''_{i\Sigma})$
		齿轮副侧隙变动(公差)	$\Delta F_{vj}(F_{vj})$
	工作平稳性	一齿切向综合误差(公差)	$\Delta f'_i(f'_i)$
		周期误差(公差)	$\Delta F'_{zk}(F'_{zk})$
		一齿轴交角综合误差(公差)	$\Delta f''_{i\Sigma}(f''_{i\Sigma})$
		齿距偏差(极限偏差)	$\Delta f_{pt}(\pm f_{pt})$
		齿形相对误差(公差)	$\Delta f_e(f_e)$
		齿轮副一齿切向综合误差(公差)	$\Delta f'_{ic}(f'_{ic})$
		齿轮副齿频周期误差(公差)	$\Delta f'_{zxc}(f'_{zxc})$
		齿轮副周期误差(公差)	$\Delta f'_{zhc}(f'_{zhc})$
		齿轮副一齿轴交角综合误差(公差)	$\Delta f''_{i\Sigma c}(f''_{i\Sigma c})$
		齿圈轴向位移(极限偏差)	$\Delta f_{AM}(\pm f_{AM})$
	接触精度	齿轮副轴间距偏差(极限偏差) 接触斑点大小	$\Delta f_a(\pm f_a)$
侧隙及其保证项目		最小法向侧隙	$j_{n\min}$
		齿轮副轴交角偏差(极限偏差)	$\Delta E_\Sigma(\pm E_\Sigma)$
		齿厚偏差(极限偏差)	$\Delta E_{ss}, E_{si}$
		齿厚公差	T_s

标注示例:

在锥齿轮零件图上应标注锥齿轮的精度等级和最小法向侧隙种类及法向侧隙公差种类的数字(字母)代号。

(1)锥齿轮的 3 个公差组精度同为 7 级,最小法向侧隙种类为 b,法向侧隙公差种类为 B,其标注为:

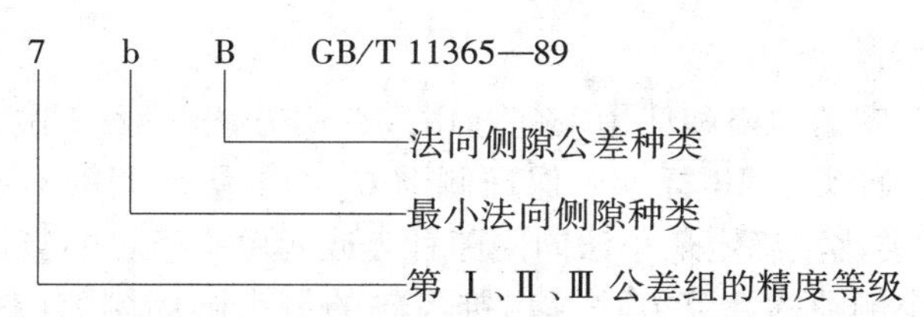

(2)锥齿轮的 3 个公差组精度同为 7 级,最小法向侧隙为 400 μm,法向侧隙公差种类为 B,其标注为:

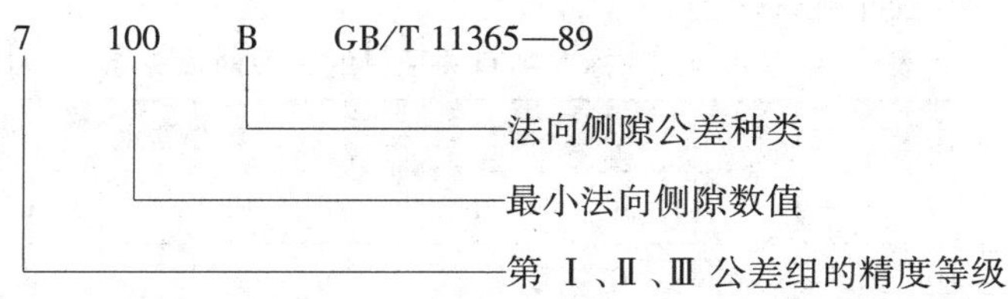

(3)锥齿轮的第Ⅰ公差组精度为 8 级,第Ⅱ、Ⅲ公差组精度为 7 级,最小法向侧隙种类为 c,法向侧隙公差种类为 B,其标注为:

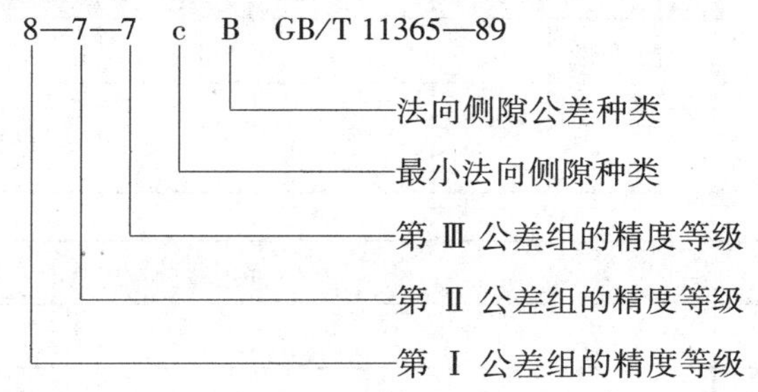

2. 直齿锥齿轮副的侧隙

GB/T 11365—89 规定锥齿轮副的最小法向侧隙种类为 6 种:a,b,c,d,e 和 h。最小法向侧隙以 a 为最大,h 为零(如图 3.10 所示)。最小法向侧隙种类与精度等级无关。

GB/T 11365—89 还规定锥齿轮副法向侧隙公差种类为 5 种:A,B,C,D 和 H。法向侧隙公差种类与精度等级有关。允许不同种类的法向侧隙公差与最小法向侧隙种类组合。在一般情况下,推荐法向侧隙公差种类与最小法向侧隙种类的对应关系如图 3.10 所示。

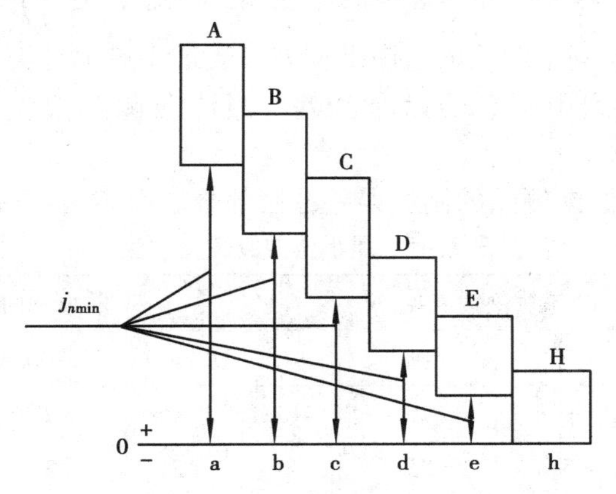

图 3.10　最小法向侧隙种类与法向侧隙公差种类

（1）侧隙种类的选择

设计者可根据齿轮副的规格和使用条件选用。选用方法一般采用类比法（经验法）。GB所规定的最小法向侧隙种类与JB标准中保证侧隙 C_n 的等级之间的对应关系见表3.44。使用时可参考表3.44用类比法确定最小法向侧隙种类或者由锥齿轮的当量圆柱齿轮的参数，参照渐开线圆柱齿轮最小侧隙的计算方法算出锥齿轮的最小圆周侧隙（$j_{t\min}$），则其最小法向侧隙 $j_{n\min}=j_{t\min}\cos\beta\cos\alpha$，式中 β 为斜齿锥齿轮的螺旋角，α 为齿形角。根据计算出的 $j_{n\min}$ 查表3.45就可以确定出最小法向侧隙种类。

表3.44　GB与JB标准中有关项目的大致对应关系

标准	项目		最小侧隙种类						
GB	最小侧隙	$j_{n\min}$	h	e	d	c	b	a	
JB	保证侧隙	C_n	D				D_b	D_c	D_e

标准	项目				最小侧隙种类						
GB	轴交角极限偏差	$\pm E_\Sigma$	齿厚上偏差	E_{ss}	h	e	d	c	b	a	
JB		$\Delta_s\delta_p$ $\Delta_x\delta_p$		$\Delta_m s$				D	D_b	D_c	D_e

标准	项目		最小侧隙种类				
GB	齿厚公差	T_s	H	D	C	B	A
JB		δ_x	D	D_b	D_c	D_e	

（2）侧隙的规定

GB 11365—89没有直接规定侧隙公差，它是通过齿厚公差体现的。最小法向侧隙 $j_{n\min}$ 值可按前述方法计算或查表3.45。最大法向侧隙 $j_{n\max}$ 值按下式计算：

$$j_{n\max}=\left(\left|E_{\bar{s}s1}+E_{\bar{s}s2}\right|+T_{\bar{s}1}+T_{\bar{s}2}+E_{\bar{s}\Delta1}+E_{\bar{s}\Delta2}\right)\cos\alpha_n \tag{3.1}$$

式中　$E_{\bar{s}s1}$，$E_{\bar{s}s2}$——锥齿轮副中两轮的齿厚上偏差。当最小侧隙种类确定后，由表3.46查取。

$T_{\bar{s}1}$，$T_{\bar{s}2}$——锥齿轮副中两轮的齿厚公差。当法向侧隙公差种类确定后，由表3.47查取。

$E_{\bar{s}\Delta1}$，$E_{\bar{s}\Delta2}$——最大法向侧隙的制造误差补偿部分。由表3.48查取。

表3.45　最小法向侧隙 $j_{n\min}$ 值　　单位：μm

中点锥距/mm		小轮分锥角/(°)		最小法向侧隙种类					
大于	到	大于	到	h	e	d	c	b	a
—	50	—	15	0	15	22	36	58	90
		15	25	0	21	33	52	84	130
		25	—	0	25	39	62	100	160

续表

中点锥距/mm		小轮分锥角/(°)		最小法向侧隙种类					
50	100	—	15	0	21	33	52	80	130
		15	25	0	25	39	62	100	160
		25	—	0	30	46	74	120	190
100	200	—	15	0	25	39	62	100	160
		15	25	0	35	54	87	140	220
		25	—	0	40	63	100	160	250
200	400	—	15	0	30	46	74	120	190
		15	25	0	46	72	115	185	290
		25	—	0	52	81	130	210	320
400	800	—	15	0	40	63	100	160	250
		15	25	0	57	89	140	230	360
		25	—	0	70	110	175	280	440

注：非正交锥齿轮副按 $R' = R_m(\sin 2\delta_1 + \sin 2\delta_2)/2$ 查表。式中：R_m 为中点锥距；δ_1 和 δ_2 分别为大小轮分锥角。

表3.46　齿厚上偏差 $E_{\bar{s}s}$ 值　　单位：μm

基本值	中点法向模数/mm	中点分度圆直径/mm								
		≤125			>125～400			>400～800		
		分锥角(°)								
		≤20	>20～45	>45	≤20	>20～45	>45	≤20	>20～45	>45
	≥1～3.5	-20	-20	-22	-28	-30	-30	-36	-50	-45
	>3.5～6.3	-22	-22	-25	-32	-32	-30	-38	-55	-45
	>6.3～10	-25	-25	-28	-36	-36	-34	-40	-55	-50
	>10～16	-28	-28	-30	-36	-38	-36	-48	-60	-55

系数	最小法向侧隙种类	第Ⅱ公差组精度等级				
		4～6	7	8	9	10
	h	0.9	1.0	—	—	—
	e	1.45	1.6	—	—	—
	d	1.8	2.0	2.2	—	—
	c	2.4	2.7	3.0	3.2	—
	b	3.4	3.8	4.2	4.6	4.9
	a	5.0	5.5	6.0	6.6	7.0

注：1. 各最小法向侧隙种类和各精度等级齿轮的 $E_{\bar{s}s}$ 值，由基本值栏查出的数值乘以系数得出。

2. 当轴交角公差带相对零线不对称时，$E_{\bar{s}s}$ 值应作修正。

3. 允许把大小齿轮齿厚上偏差之和，重新分配在两个齿轮上。

表 3.47　齿厚公差值 T_s　　单位:μm

齿圆跳动公差		法向侧隙公差种类				
大于	到	H	D	C	B	A
—	8	21	25	30	40	52
8	10	22	28	34	45	55
10	12	24	30	36	48	60
12	16	26	32	40	52	65
16	20	28	36	45	58	75
20	25	32	42	52	65	85
25	32	38	48	60	75	95
32	40	42	55	70	85	110
40	50	50	66	80	100	130
50	60	60	75	95	120	150
60	80	70	90	110	130	180
80	100	90	110	140	170	220
100	125	110	130	170	200	260
125	160	130	160	200	250	320
160	200	160	200	260	320	400
200	250	200	250	320	380	500
250	320	240	300	400	480	630
320	400	300	380	500	600	750
400	500	380	480	600	750	950
500	630	450	500	750	950	1 180

表 3.48　最大法向侧隙 $j_{n\max}$ 的制造误差补偿部分 $E_{\bar{s}\Delta}$ 值　　单位:μm

第Ⅱ公差组精度等级	中点法向模数/mm	中点分度圆直径/mm								
		≤125			>125～400			>400～800		
		分锥角/(°)								
		≤20	>20～45	>45	≤20	>20～45	>45	≤20	>20～45	>45
4～6	≥1～3.5	18	18	20	25	28	28	32	45	40
	>3.5～6.3	20	20	22	28	28	28	34	50	40
	>6.3～10	22	22	25	32	32	30	36	50	45
7	≥1～3.5	20	20	22	28	32	30	36	50	45
	>3.5～6.3	22	22	25	32	32	30	38	55	45
	>6.3～10	25	25	28	36	36	34	40	55	50

续表

第Ⅱ公差组精度等级	中点法向模数/mm	中点分度圆直径/mm								
		≤125			>125~400			>400~800		
		分锥角/(°)								
		≤20	>20~45	>45	≤20	>20~45	>45	≤20	>20~45	>45
8	≥1~3.5	22	22	24	30	36	32	40	55	50
	>3.5~6.3	24	24	28	36	36	32	42	60	50
	>6.3~10	28	28	30	40	40	38	45	60	55
	>10~16	30	30	32	40	42	40	55	65	60
9	≥1~3.5	24	24	25	32	38	36	45	65	55
	>3.5~6.3	25	25	30	38	38	36	45	65	55
	>6.3~10	30	30	32	45	45	40	48	65	60
	>10~16	32	32	36	45	45	45	48	70	65

(3)直齿锥齿轮的检验、公差及表面粗糙度

直齿锥齿轮的3个公差组，各分若干检验组，见表3.49。根据齿轮的工作要求和生产规模，在以下公差组中，任选一个检验组评定或验收齿轮的精度等级。

表3.49 直齿锥齿轮3个公差组的检验组及各项误差的公差数值

	项目	符号	公差数值	适用的精度等级
第Ⅰ公差组的检验组	切向综合公差	F'_i	$F'_i = F_p + 1.15f_c$	4~8级
	轴交角综合公差	$F''_{i\Sigma}$	$F''_{i\Sigma} = 0.7F''_{i\Sigma c}$	7~12级
	齿距累积公差与K个齿距累积公差	F_p 与 F_{pk}	F_p 与 F_{pk} 见表3.51	4~6级
	齿距累积公差	F_p	同上	7~8级
	齿圈跳动公差	F_r	F_r 见表3.52	7~8级用于 d_m > 1 600 mm 9~12级
第Ⅱ公差组的检验组	一齿切向综合公差	f'_i	$f'_i = 0.8(f_{pt} + 1.15f_c)$	4~8级
	一齿轴交角综合公差	$f''_{i\Sigma}$	$f''_{i\Sigma} = 0.7f''_{i\Sigma c}$	7~9级
	周期误差的公差	f'_{zk}	f'_{zk} 见表3.53	4~8级且 ε_β 大于表3.50限值的齿轮
	齿距极限偏差与齿形相对误差的公差	f_{pt} 与 f_c	f_{pt} 见表3.52 f_c 见表3.54	4~6级
	齿距极限偏差	f_{pt}		7~12级
第Ⅲ公差组的检验组	接触斑点		可自行规定或参考表3.63	

注：d_m 为中点分度圆直径。

表 3.50　ε_β 界限值

第Ⅲ公差组精度等级	6~7	8
纵向重合度 ε_β 界限值	1.55	2.0

表 3.51　齿距累积公差 F_p 和 K 个齿距累积公差 F_{pk} 值　　单位:μm

L/mm	大于	—	11.2	20	32	50	80	160	315	630
	至	11.2	20	32	50	80	160	315	630	1 000
精度等级	6	11	16	20	22	25	32	45	63	80
	7	16	22	28	32	36	45	63	90	112
	8	22	32	40	45	50	63	90	125	160
	9	32	45	56	63	71	90	125	180	224

注:F_p 按中点分度圆弧长 L 查表:查 F_p 时,取 $L=\frac{1}{2}\pi d=\frac{\pi m_n z}{2\cos\beta}$;查 F_{pk} 时,取 $L=K\pi m_n/\cos\beta$,K 值取 $\frac{z}{6}$ 或最接近的整齿数。

表 3.52　齿圈径向跳动公差 F_r 值和齿距极限偏差 $\pm f_{pt}$ 值　　单位:μm

中点分度圆直径/mm		中点法向模数/mm	齿圈径向跳动公差 F_r			齿距极限偏差 $\pm f_{pt}$		
			精度等级					
大于	至		7	8	9	7	8	9
—	125	≥1~3.5	36	45	56	14	20	28
		>3.5~6.3	40	50	63	18	25	36
		>6.3~10	45	56	71	20	28	40
125	400	≥1~3.5	50	63	80	16	22	32
		>3.5~6.3	56	71	90	20	28	40
		>6.3~10	63	80	100	22	32	45
		>10~16	71	90	112	25	36	50
400	800	≥1~3.5	63	80	100	18	25	36
		>3.5~6.3	71	90	112	20	28	40
		>6.3~10	80	100	125	25	36	50
		>10~16	90	112	140	28	40	56
		>16~25	100	125	160	36	50	71

表3.53　周期误差的公差f'_{zk}值（齿轮副周期误差的公差f'_{zkc}值）　　单位：μm

中点分度圆直径/mm			大于	—		125		400	
			到	125		400		800	
中点法向模数/mm				≥1~6.3	>6.3~10	≥1~6.3	>6.3~10	≥1~6.3	>6.3~10
精度等级	6	齿轮在一转内的周期数	≥2~4	11	13	16	18	21	22
			>4~8	8	9.5	11	13	15	17
			>8~16	6	7.1	8.5	10	11	12
			>16~32	4.8	5.6	6.7	7.5	9	9.5
			>32~63	3.8	4.5	5.6	6	7.1	7.5
			>63~125	3.2	3.8	4.8	5.3	6	6.7
			>125~250	3	3.4	4.2	4.5	5.3	6
			>250~500	2.6	3	3.8	4.2	5	5.3
			>500	2.5	2.8	3.6	4	4.8	5
	7		≥2~4	17	21	25	28	32	36
			>4~8	13	15	18	20	24	26
			>8~16	10	11	13	16	18	19
			>16~32	8	9	10	12	14	15
			>32~63	6	7.1	9	10	11	12
			>63~125	5.3	6	7.5	8	10	10
			>125~250	4.5	5.3	6.7	7.5	8.5	9.5
			>250~500	4.2	5	6	6.7	8	8.3
			>500	4	4.5	5.6	6.3	7.5	8
	8		≥2~4	25	28	36	40	45	50
			>4~8	18	21	26	30	32	36
			>8~16	13	16	19	22	25	28
			>16~32	10	12	15	17	19	21
			>32~63	8.5	10	12	14	16	17
			>63~125	7.5	8.5	10	12	13	15
			>125~250	6.7	7.5	9	10.5	12	13
			>250~500	6	7	8.5	10	11	12
			>500	5.6	6.7	8	8.3	10	11

表 3.54　齿形相对误差的公差 f_c 值　　单位:μm

中点分度圆直径/mm		中点法向模数/mm	精度等级		
大于	到		6	7	8
—	125	≥1~3.5	5	8	10
		>3.5~6.3	6	9	13
		>6.3~10	8	11	17
125	400	≥1~3.5	7	9	13
		>3.5~6.3	8	11	15
		>6.3~10	9	13	19
		>10~16	11	17	25
400	800	≥1~3.5	9	12	18
		>3.5~6.3	10	14	20
		>6.3~10	11	16	24
		>10~16	13	20	30

表 3.55　圆锥齿轮表面粗糙度值　　单位:μm

公差组精度等级		表面粗糙度 R_a				
		齿侧面	基准端面	顶锥面	背锥面	基准轴与孔
第Ⅱ公差组	7	0.8	—	—	—	—
	8	1.6	—	—	—	—
	9	3.2	—	—	—	—
	10	6.3	—	—	—	—
第Ⅰ公差组	8	—	1.6	1.6	1.6	1.6
	9	—	3.2	3.2	3.2	3.2
	10	—	3.2	3.2	3.2	6.3

(4)锥齿轮副的检验与公差

根据锥齿轮副的工作要求与生产规模,在表 3.56 的各项公差组中,任选一个公差组评定或验收。锥齿轮副各项误差均在装配后实测,Δf_{AM},Δf_a,ΔE_Σ 应在齿轮副安装在实际装置上时检验。锥齿轮副精度包括Ⅰ、Ⅱ、Ⅲ公差组和侧隙四方面的要求。

表3.56 锥齿轮副的检验项目

	项目	符号	公差数值	适用精度等级
第Ⅰ公差组的检验组	齿轮副切向综合公差	F'_{ic}	$F'_{ic}=F'_{i1}+F'_{i2}$(见表3.49)	4~8级
	齿轮副轴交角综合公差	$F''_{i\Sigma c}$	$F''_{i\Sigma c}$(见表3.57)	7~12级
	侧隙变动公差	F_{vj}	F_{vj}(见表3.57)	9~12级
第Ⅱ公差组的检验组	齿轮副一齿切向综合公差	f'_{ic}	$f'_{ic}=f'_{i1}+f'_{i2}$(见表3.49)	4~8级
	齿轮副一齿轴交角综合公差	$f''_{i\Sigma c}$	$f''_{i\Sigma c}$(见表3.58)	7~12级
	齿轮副周期误差的公差	f'_{zk}	f'_{zk}(见表3.53)	4~8级且ε_β大于等于表3.50界限值
	齿轮副齿频周期误差的公差	f'_{zzc}	f'_{zzc}(见表3.59)	4~8级且ε_β小于等于表3.50界限值
第Ⅲ公差组的检验组	接触斑点		(见表3.63)	4~12级
	侧隙	$j_{n\min}$ $j_{n\max}$	(见表3.45) 由式(3.1)计算	
安装误差	齿圈轴向位移极限偏差	$\pm f_{AM}$	$\pm f_{AM}$(见表3.60)	
	轴间距极限偏差	$\pm f_a$	$\pm f_a$(见表3.61)	
	轴交角极限偏差	$\pm E_\Sigma$	$\pm E_\Sigma$(见表3.62)	

表3.57 齿轮副轴交角综合公差$F''_{i\Sigma c}$值和侧隙变动公差F_{vj}值 单位:μm

中点分度圆直径/mm		中点法向模数/mm	$F''_{i\Sigma c}$值			F_{vj}值	
			精度等级				
大于	到		6	7	8	9	10
—	125	≥1~3.5	67	85	110	75	90
		>3.5~6.3	75	95	120	80	100
		>6.3~10	85	105	130	90	120
125	400	≥1~3.5	100	125	160	110	140
		>3.5~6.3	105	130	170	120	150
		>6.3~10	120	150	180	130	160
		>10~16	130	160	200	140	170
400	800	≥1~3.5	130	160	200	140	180
		>3.5~6.3	140	170	220	150	190
		>6.3~10	150	190	240	160	200
		>10~16	160	200	260	180	220

注:1. 查F_{vj}值时取大小轮中点分度圆直径之和的一半作为查表直径。

2. 当两齿轮的齿数比为不大于3的整数且采用选配时,可将F_{vj}值压缩25%或更多。

表 3.58　齿轮副一齿轴交角综合公差 $f''_{i\Sigma c}$ 值　　单位：μm

中点分度圆直径/mm		中点法向模数/mm	精度等级		
大于	到		7	8	9
—	125	≥1～3.5	28	40	53
		>3.5～6.3	36	50	60
125	400	≥1～3.5	32	45	60
		>3.5～6.3	40	56	67
		>6.3～10	45	63	80
		>10～16	50	71	90
400	800	≥1～3.5	36	50	67
		>3.5～6.3	40	56	75
		>6.3～10	50	71	85
		>10～16	56	80	100

表 3.59　齿轮副齿频周期误差的公差 f'_{zzc} 值　　单位：μm

中点分度圆直径/mm		中点法向模数/mm	精度等级		
大于	到		6	7	8
16	32	≥1～3.5	10	16	24
32	63	≥1～3.5	11	17	24
		>3.5～6.3	14	20	30
63	125	≥1～3.5	12	18	25
		>3.5～6.3	15	22	32
125	250	≥1～3.5	13	19	28
		>3.5～6.3	16	24	34
		>6.3～10	19	30	42
		>10～16	24	36	53

表 3.60　齿圈轴向位移极限偏差 $\pm f_{AM}$ 值　　单位:μm

中点锥距/mm		分锥角/(°)		精度等级											
				7				8				9			
				中点法向模数/mm											
大于	到	大于	到	1 ~ 3.5	>3.5 ~ 6.3	>6.3 ~ 10	>10 ~ 16	1 ~ 3.5	>3.5 ~ 6.3	>6.3 ~ 10	>10 ~ 16	1 ~ 3.5	>3.5 ~ 6.3	>6.3 ~ 10	>10 ~ 16
—	50	—	20	20	11			28	16			40	22		
		20	45	17	9.5	—	—	24	13	—	—	34	19	—	—
		45	—	7.1	4			10	5.6			14	8		
50	100	—	20	67	38	24	18	95	53	34	26	140	75	50	38
		20	45	56	32	21	16	80	45	30	22	120	63	42	30
		45	—	24	13	8.5	6.7	34	17	12	9	48	26	17	13
100	200	—	20	150	80	53	40	200	120	75	56	300	160	105	80
		20	45	130	71	45	34	180	100	63	48	260	160	90	67
		45	—	53	30	19	14	75	40	26	20	105	60	38	28
200	400	—	20	340	180	120	85	480	250	170	120	670	360	240	170
		20	45	280	150	100	71	400	210	140	100	560	300	200	150
		45	—	120	63	40	30	170	90	60	42	240	130	85	60
400	800	—	20	750	400	250	180	1 050	560	360	260	1 500	800	500	380
		20	45	630	340	210	160	900	480	300	220	1 300	670	440	300
		45	—	270	140	90	67	380	200	125	90	530	280	180	130

注:1. 表中数值用于非修形齿轮:对修形齿轮,允许采用低一级的 $\pm f_{AM}$ 值。

2. 表中数值用于 $\alpha = 20°$ 的齿轮,当 $\alpha \neq 20°$ 时,表中数值乘以 $\sin 20°/\sin \alpha$。

表 3.61　轴间距极限偏差 $\pm f_a$ 值　　单位:μm

中点锥距/mm		精度等级			
大于	到	6	7	8	9
—	50	12	18	28	36
50	100	15	20	30	45
100	200	18	25	36	55
200	400	25	30	45	75
400	800	30	36	60	90

注:1. 表中数值用于无纵向修形的齿轮副。

2. 对准双曲面齿轮副,按大轮中点锥距查表。

表 3.62　轴交角极限偏差 $\pm E_{\Sigma}$ 值　　单位：μm

中点锥距/mm		小轮分锥角/(°)		最小法向侧隙种类				
大于	到	大于	到	*h*,*e*	*d*	*c*	*b*	*a*
—	50	—	15	7.5	11	18	30	45
		15	25	10	16	26	42	63
		25	—	12	19	30	50	80
50	100	—	15	10	16	26	42	63
		15	25	12	19	30	50	80
		25	—	15	22	32	60	95
100	200	—	15	12	19	30	50	80
		15	25	17	26	45	71	110
		25	—	20	32	50	80	125
200	400	—	15	15	22	32	60	95
		15	25	24	36	56	90	140
		25	—	26	40	63	100	160
400	800	—	15	20	32	50	80	125
		15	25	28	45	71	110	180
		25	—	34	56	85	140	220

注：1. $\pm E_{\Sigma}$ 的公差带位置相对于零线，可以不对称或取在一侧。

2. 准双曲面齿轮副按大轮中点锥距查表。

3. 表中数值用于正交齿轮副：对非正交齿轮副的 $\pm E_{\Sigma}$ 值不按本表查取，规定为 $\pm j_{nmin}/2$。

4. 表中数值用于 $\alpha=20°$ 的齿轮副，当 $\alpha \neq 20°$ 时，表中数值乘以 $\sin 20°/\sin \alpha$。

表 3.63　接触斑点

精度等级	6~7	8~9	10
沿齿长方向/%	50~70	35~65	25~55
沿齿高方向/%	55~75	40~70	30~60

注：本表用于齿面修形的齿轮：对齿面不修形的齿轮，其接触斑点大小不小于其平均值。

(5)齿坯的检验及公差

锥齿轮在加工、检验和装配时基准应尽量一致，并在零件工作图上予以标注。

锥齿轮齿坯的尺寸精度等级及公差与圆柱齿轮相同，可按表 3.36 执行。

齿坯跳动公差如表 3.64。

表3.64 齿坯尺寸公差和顶锥母线跳动及基准端面跳动公差 单位：μm

		大于	到	精度等级		
				5~6	7~8	9~12
顶锥母线跳动公差	外径/mm	—	30	15	25	50
		30	50	20	30	60
		50	120	25	40	80
		120	250	30	50	100
		250	500	40	60	120
		500	800	50	80	150
基准端面跳动公差	基准端面直径	—	30	6	10	15
		30	50	8	12	20
		50	120	10	15	25
		120	250	12	20	30
		250	500	15	25	40
		500	800	20	30	50
尺寸公差		轴径、孔径及外径的公差、偏差与圆柱齿轮相同，参照表3.36执行。				

注：当3个公差组精度等级不同时，按最高精度等级查取。

表3.65 齿坯轮冠及顶锥角极限偏差

中点法向模数/mm	轮冠极限偏差 ΔH/μm	顶锥角极限偏差 $\Delta\delta_a$/(′)
≤1.2	0 -50	+15 0
>1.2~10	0 -75	+8 0
>10	0 -100	+8 0

3.4 蜗杆传动

3.4.1 蜗杆传动设计应注意的问题

设计蜗杆传动需确定的内容是：蜗杆传动副的材料、蜗杆的热处理方式、蜗杆的头数和模数、导程角及其齿宽；蜗轮的齿数、分度圆、齿顶圆和齿根圆直径及其轮缘宽度和轮毂宽度；蜗杆传动的中心距以及其他结构尺寸等。

由于蜗杆传动的滑动速度大,摩擦发热严重,因此要求蜗杆蜗轮副材料具有较好的耐磨性和抗胶合能力,一般是根据初步估计的滑动速度来选择材料。为保证齿面接触疲劳强度、蜗杆轴的刚度、传动啮合效率及工作温度在合理的范围内,应正确选用 d_1、$[d_1/a]$ 的值见参考文献1有关章节。闭式蜗杆传动因发热大,易产生胶合。因此,在完成了蜗杆减速器装配草图的设计后,应进行热平衡计算。若不满足条件,必须考虑散热措施。

3.4.2 蜗杆与蜗轮的结构与尺寸

蜗杆与蜗轮的结构类型见图3.11、图3.12,有关尺寸的确定参考机械设计各类教材的相关章节。

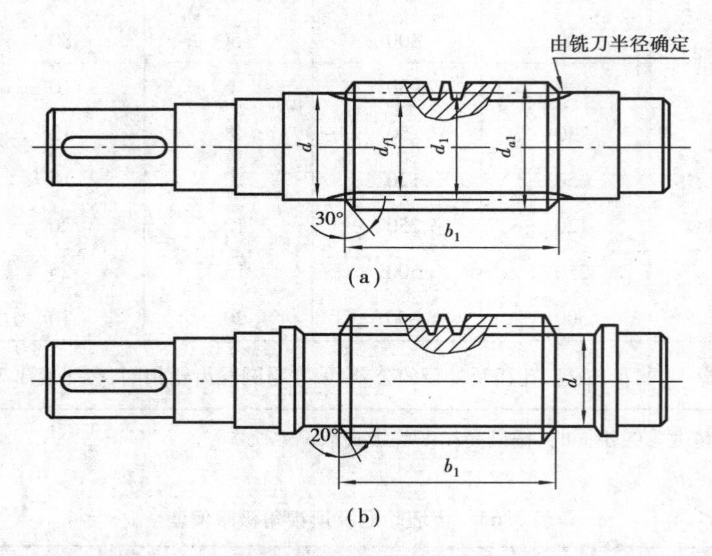

图3.11 蜗杆

(a)铣制($d_{f_1} < d$);(b)车制 $d_{f_1} > d$

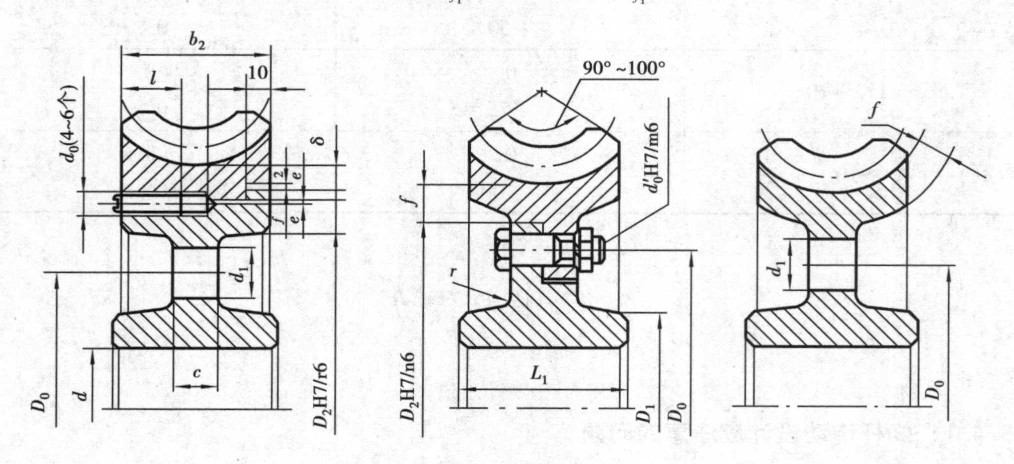

图3.12 蜗轮

$f = 1.7\ m \geqslant 10$ mm;$\delta = 2\ m \geqslant 10$ mm;$l = (0.3 \sim 0.4)b_2$;$d_0 = (1.2 \sim 1.5)m$,

D_0 按结构确定,$D_1 = (1.6 \sim 1.8)d$,$L_1 = (1.2 \sim 1.6)d$,$c = 0.3b_2$,d_1 按结构参照此轮确定。

3.4.3　蜗杆传动设计计算的程序框图

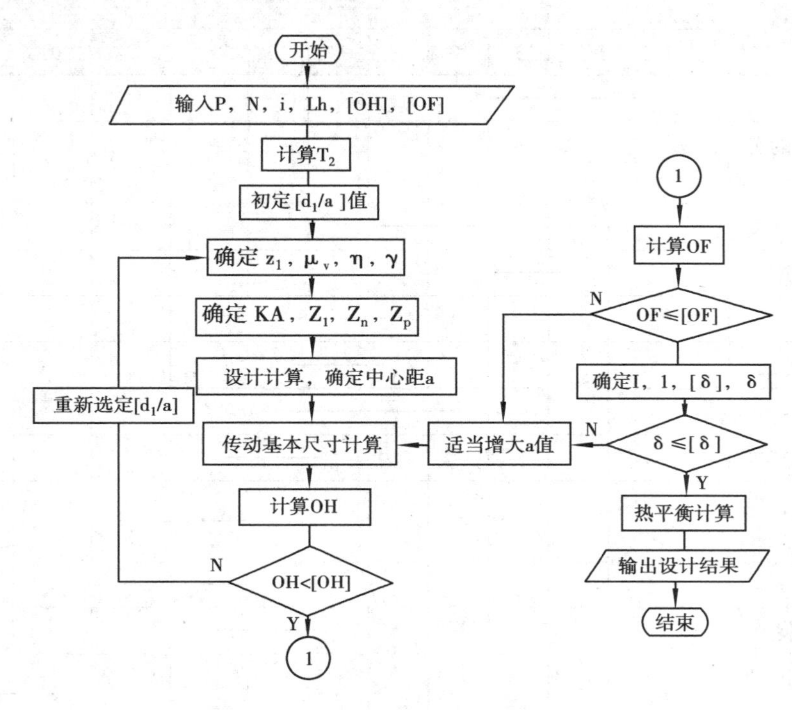

图3.13　普通圆柱蜗杆传动程序框图

3.4.4　圆柱蜗杆、蜗轮的精度（GB 11089—88）

GB 10089—88适用于轴交角$\Sigma=90°$、模数$m\geqslant1$ mm的圆柱蜗杆、蜗轮及其传动，其蜗杆分度圆直径$d_1\leqslant400$ mm，蜗轮分度圆直径$d_2\leqslant4\,000$ mm；基本蜗杆可为阿基米德蜗杆（ZA蜗杆）、渐开线蜗杆（ZI蜗杆）、法向直廓蜗杆（ZN蜗杆）、锥面包络圆柱蜗杆（ZK蜗杆）和圆弧圆柱蜗杆（ZC蜗杆）。其基本齿廓按GB 10087—88规定。

1. 精度等级

GB 10089—88对蜗杆、蜗轮及其传动规定了12个精度等级；第1级精度最高，第12级精度最低。蜗杆和配对蜗轮的精度等级一般取成相同，也允许上下一个等级的差异。

蜗杆传动的精度选择应根据传动的使用要求和制造工艺水平确定；一般情况下以传递运动为主的蜗杆传动应主要考虑传递运动的准确性和精度的保持性，而选择较高的精度等级；以传递动力为主的蜗杆传动，则应考虑传递载荷的大小、蜗轮圆周速度的大小、效率高低以及寿命要求等而选择不同的精度等级。具体选择时可参考表3.66和表3.67。

表3.66　按蜗轮圆周速度v_2选择精度等级

项　目		蜗轮圆周速度$v_2/(\mathrm{m\cdot s^{-1}})$			
		≥7.5	<7.5~3	≤3	<1.5或手动
精　度　等　级		6	7	8	9
齿工作面粗糙度/μm	蜗杆	0.8	1.6	3.2	6.3
	蜗轮	1.6	1.6	3.2	6.3

表 3.67　按使用条件选择精度等级

使用条件	精度等级											
	1	2	3	4	5	6	7	8	9	10	11	12
测量蜗杆	——	——	——									
分度蜗杆母机的分度传动	——	——										
齿轮机床的分度传动				——	——							
高精度分度装置		——	——									
机床进给操纵机构					——	——	——					
一般分度装置					——	——	——					
化工机械调速传动				——	——	——	——					
冶金机械的升降机构						——	——	——				
起重运输机械、电梯曳引装置								——	——			
通用减速器						——	——	——				
纺织机械传动装置						——	——	——				
舞台升降装置、塑料蜗杆蜗轮											——	——

2. 蜗杆、蜗轮的检验与公差

与齿轮相同，蜗杆传动有3个公差组（运动精度，传动平稳性，接触精度），其标注方法与齿轮相同。根据蜗杆传动的工作要求和生产规模，在各公差组中选定一个检验组来评定和验收蜗杆、蜗轮的精度。当检验组中有两项或两项以上的误差时，应以检验组中最低的一项精度来评定蜗杆、蜗轮的精度等级。

蜗杆传动的检验项目见表3.68，本节仅介绍固定中心距的蜗杆传动的有关内容，其传动精度的检验在检验接触斑点的同时，还应检验 Δf_a，Δf_x 和 Δf_Σ。各检验项目的公差值和极限偏差值见表3.69～表3.72。

表 3.68　蜗杆、蜗轮3个公差的检验组

检验组序号	公差组						使用精度等级范围	使用场合
	Ⅰ		Ⅱ		Ⅲ			
	蜗杆	蜗轮	蜗杆	蜗轮	蜗杆	蜗轮		
1	—	ΔF_p ΔF_{pk}	Δf_{px} Δf_{pxL} Δf_r	Δf_{Pt}	Δf_{f1}	Δf_{f2}	5～7	可移中心距传动

续表

检验组序号	公差组						使用精度等级范围	使用场合
	Ⅰ		Ⅱ		Ⅲ			
	蜗杆	蜗轮	蜗杆	蜗轮	蜗杆	蜗轮		
2	—	ΔF_p	Δf_{px} Δf_{pxL} Δf_r					固定中心距传动
3	—		Δf_{px}				7 ~ 9	一般动力蜗杆传动
4	—	$\Delta F''_i$	Δf_{pxL}	$\Delta f''_i$				成批大量生产的蜗杆传动
5	—	ΔF_r	Δf_{px}	Δf_{pt}	接触斑点			低精度传动
代号的意义								
蜗杆	Δf_{px}，f_{px}轴向齿距偏差及其极限偏差；Δf_{pxL}，f_{px}轴向齿距累积误差及其公差；Δf_r，f_r齿槽径向跳动误差及其公差；Δf_{f1}，f_{f1}齿形误差及其公差							
蜗轮	ΔF_p，F_p齿距累积误差及其公差；Δf_{pt}，f_{pt}齿距偏差及其极限偏差；Δf_{f2}，f_{f2}齿形误差及其公差							

注：当采用3,4,5、检验组评定合格时，蜗杆齿顶圆应有相应的径向跳动检验要求。

表3.69 蜗杆的公差和极限偏差f_{px}，f_{pxl}，f_{f1}值 单位：μm

模数 m/mm	蜗杆轴向齿距极限偏差f_{px}				蜗杆轴向齿距累积公差f_{pxl}				蜗杆齿形公差f_{f1}			
	精度等级											
	6	7	8	9	6	7	8	9	6	7	8	9
≥1 ~ 3.5	7.5	11	14	20	13	18	25	36	11	16	22	32
>3.5 ~ 6.3	9	14	20	25	16	24	34	48	14	22	32	45
>6.3 ~ 10	12	17	25	32	21	32	45	63	19	28	40	53
>10 ~ 16	16	22	32	46	28	40	56	80	25	36	53	75

注：f_{px}应用正、负值(±)。

表3.70 蜗杆齿槽径向跳动公差f_r值 单位：μm

分度圆直径 d_1/mm	模数 m/mm	精度等级			
		6	7	8	9
≤10	≥1 ~ 3.5	11	14	20	28
>10 ~ 18	≥1 ~ 3.5	12	15	21	29
>18 ~ 31.5	≥1 ~ 6.3	12	16	22	30
>31.5 ~ 50	≥1 ~ 10	13	17	23	32
>50 ~ 80	≥1 ~ 16	14	18	25	36
>80 ~ 120	≥1 ~ 16	16	20	28	40
>120 ~ 180	≥1 ~ 25	18	25	32	45
>180 ~ 250	≥1 ~ 25	22	28	40	53

表 3.71　蜗轮齿距累积公差 F_p 及 K 个齿距累积公差 F_{pk} 值　　单位：μm

分度圆弧长 L /mm	精度等级			
	6	7	8	9
≤11.2	11	16	22	32
>11.2~20	16	22	32	45
>20~32	20	28	40	56
>32~50	22	32	45	63
>50~80	25	36	50	71
>80~120	32	45	63	90
>120~180	45	63	90	125
>180~250	63	90	125	180

注：分度圆弧长 L 的计算：查 F_p 时，$L=0.5\pi d_2=0.5\pi mZ_2$；查 F_{pk} 时，$L=K\pi m$（K 为 2 到小于 $Z_2/2$ 的整数，除特殊情况外规定取小于 $Z_2/6$ 的最大整数）。

表 3.72　蜗轮齿距极限偏差 f_{pt} 值和齿形公差 f_{f2} 值　　单位：μm

分度圆直径 d_2/mm	模数 m/mm	蜗轮齿距极限偏差 f_{pt}				蜗轮齿形公差 f_{f2}			
		精度等级							
		6	7	8	9	6	7	8	9
≤125	≥1~3.5	10	14	20	28	8	11	14	22
	>3.5~6.3	13	18	25	36	10	14	20	32
	>6.3~10	14	20	28	40	12	17	22	36
>125~400	≥1~3.5	11	16	22	32	9	13	18	28
	>3.5~6.3	14	20	28	40	11	16	22	36
	>6.3~10	16	22	32	45	13	19	28	45
	>10~16	18	25	36	50	16	22	32	50
>400~800	≥1~3.5	13	18	25	36	12	17	25	40
	>3.5~6.3	14	20	28	40	14	20	28	45
	>6.3~10	16	22	36	50	16	24	36	56
	>10~16	20	28	40	56	18	26	40	63

3. 蜗杆副的检验与公差

表 3.73　传动接触斑点的要求

精度等级	接触面积/%		接触形状	接触位置
	沿齿高不小于	沿齿长不小于		
6	65	60	接触斑点在齿高方向无断缺,不允许成带状条纹	接触斑点痕迹的分布位置趋近齿面中部,允许略偏于啮入端。在齿顶和啮入、啮出端的棱边处不允许接触。
7,8	55	50	不作要求	接触斑点的痕迹应偏于啮出端,但不允许在齿顶和啮入、啮出端的棱边接触。
9	45	40		

注:采用修形齿面的蜗杆传动,接触斑点的要求可不受本标准规定的限制。

表 3.74　传动中心距极限偏差 $\pm f_a$ 和传动中间平面极限偏移 $\pm f_x$ 值　　单位:μm

传动中心距 a /mm	传动中心距极限偏差 $\pm f_a$ 的 f_a				传动中间平面极限偏移 $\pm f_x$ 的 f_x			
	精度等级							
	6	7	8	9	6	7	8	9
>50~80	23	37		60	18.5	30		48
>80~120	27	44		70	22	36		56
>120~180	32	50		80	27	40		64
>180~250	36	58		92	29	47		74
>250~315	40	65		105	32	52		85
>315~400	45	70		115	36	56		92
>400~500	50	78		125	40	63		100

表 3.75　传动轴交角极限偏差 $\pm f_\Sigma$ 的 f_Σ 值　　单位:μm

蜗轮齿宽 b_2 /mm	精度等级			
	6	7	8	9
≤30	10	12	17	24
>30~50	11	14	19	28
>50~80	13	16	22	32
>80~120	15	19	24	36
>120~180	17	22	28	42

4. 蜗杆传动的侧隙

GB 10089—88 按蜗杆最小法向侧隙的大小,将侧隙种类分为八种:a、b、c、d、e、f、g 和 h,其中以 a 为最大,h 为零,如图 3.14 所示。侧隙的种类与精度等级无关。

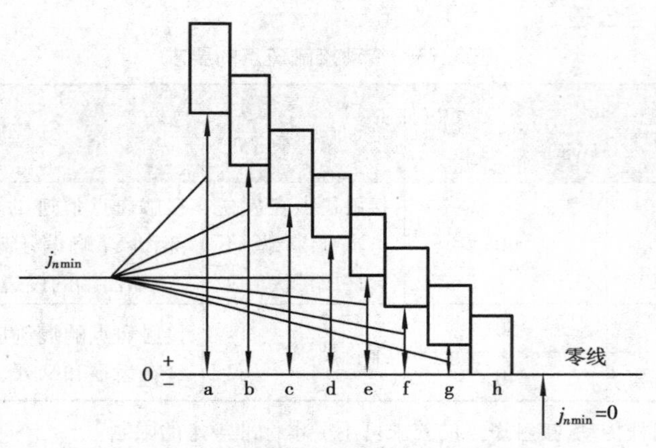

图 3.14 蜗杆传动最小法向侧隙种类

根据工作条件和使用要求，蜗杆传动的侧隙要求用侧隙种类代号（字母）表示，固定中心距蜗杆传动一般仅控制最小法向侧隙 $j_{n\min}$，各种侧隙的最小法向侧隙值 $j_{n\min}$ 有两种确定方法：

1）类比法，根据运动精度经验性地按表 3.76 的规定选取。

2）计算法，考虑温升所需补偿的侧隙值 j_{n1} 和润滑条件所需的侧隙值 j_{n2}（计算方法略），按 $j_{n\min} \geqslant j_{n1} + j_{n2}$ 的原则在表 3.76 中选取。

传动的最小法向侧隙由蜗杆齿厚的减薄量来保证，即取蜗杆齿厚上偏差

$$E_{ss1} = -(j_{n\min}/\cos \alpha_n + E_{s\Delta}) \qquad (3.2)$$

齿厚下偏差 $E_{si1} = E_{ss1} - T_{s1}$，$E_{s\Delta}$ 为制造误差的补偿部分。最大法向侧隙由蜗杆、蜗轮齿厚公差 T_{s1}、T_{s2} 确定。蜗轮齿厚上偏差 $E_{ss2} = 0$，下偏差 $E_{si2} = -T_{s2}$。各精度等级对应的 T_{s1}、$E_{s\Delta}$ 和 T_{s2} 值见表 3.77、表 3.78、表 3.79。

表 3.76 传动的最小法向侧隙 $j_{n\min}$ 值　　单位：μm

传动中心距 a /mm	侧隙种类							
	h	g	f	e	d	c	b	a
≤30	0	9	13	21	33	52	84	130
>30~50	0	11	16	25	39	62	100	160
>50~80	0	13	19	30	46	74	120	190
>80~120	0	15	22	35	54	87	140	220
>120~180	0	18	25	40	63	100	160	250
>180~250	0	20	29	46	72	115	185	290
>250~315	0	23	32	52	81	130	210	320
>315~400	0	25	36	57	89	140	230	360
>400~500	0	27	40	63	97	155	250	400
>500~630	0	30	44	70	110	175	280	440
>630~800	0	35	50	80	125	200	320	500
第一公差组精度等级	1~6		1~7	3~8	3~9	3~10	3~12	5~12

注：传动的最小圆周侧隙 $j_{t\min} \approx j_{n\min}/\cos \gamma' \cos \alpha_n$。

表3.77　蜗杆齿厚公差 T_{s1} 值　　单位:μm

模数 m /mm	精度等级			
	6	7	8	9
≥1～3.5	36	45	53	67
>3.5～6.3	45	56	71	90
>6.3～10	60	71	90	110
>10～16	80	95	120	150

注:精度等级按第Ⅱ公差组确定。对传动最大法向侧隙 $j_{n\max}$ 无要求时,允许蜗杆齿厚公差 T_{s1} 增大,最大不超过两倍。

表3.78　蜗轮齿厚公差 T_{s2} 值　　单位:μm

分度圆直径 d_2 /mm	模数 m /mm	第二公差组精度等级			
		6	7	8	9
≤125	≥1～3.5	71	90	110	130
	>3.5～6.3	85	110	130	160
	>6.3～10	90	120	140	170
>125～400	≥1～3.5	80	100	120	140
	>3.5～6.3	90	120	140	170
	>6.3～10	100	130	160	190
>1～3.5	≥1～3.5	85	110	130	160
	3.5～6.3	90	120	140	170
	6.3～10	100	130	160	190
	10～16	120	160	190	230

注:在最小法向侧隙能保证的条件下,T_{s2} 公差带允许采用对称分布。

表3.79　蜗杆齿厚上偏差 E_{ss1} 中的误差补偿部分 $E_{s\Delta}$ 值　　单位:μm

精度等级	模数 m /mm	传动中心距 a/mm									
		≤30	>30～50	>50～80	>80～120	>120～180	>180～250	>250～315	>315～400	>400～500	>500～630
6	≥1～3.5	30	30	32	36	40	45	48	50	56	60
	>3.5～6.3	32	36	38	40	45	48	50	56	60	63
	>6.3～10	42	45	45	48	50	52	56	60	63	68
	>10～16	—	—	—	58	60	63	65	68	71	75

续表

精度等级	模数 m /mm	传动中心距 a/mm									
		≤30	>30~50	>50~80	>80~120	>120~180	>180~250	>250~315	>315~400	>400~500	>500~630
7	≥1~3.5	45	48	50	56	60	71	75	80	85	95
	>3.5~6.3	50	56	58	63	68	75	80	85	90	100
	>6.3~10	60	63	65	71	75	80	85	90	95	105
	>10~16	—	—	—	80	85	90	95	100	105	110
8	≥1~3.5	50	56	58	63	68	75	80	85	90	100
	>3.5~6.3	68	71	75	78	80	85	90	95	100	110
	>6.3~10	80	85	90	90	95	100	100	105	110	120
	>10~16	—	—	—	110	115	115	120	125	130	135
9	≥1~3.5	75	80	90	95	100	110	120	130	140	155
	>3.5~6.3	90	95	100	105	110	120	130	140	150	160
	>6.3~10	110	115	120	125	130	140	145	155	160	170
	>10~16	—	—	—	160	165	170	180	185	190	200

注：精度等级按蜗杆的第Ⅱ公差组确定。

5. 齿坯的检验与公差

作为蜗杆、蜗轮的径向、轴向基准应尽可能一致且在相应的零件工作图上标出。

表 3.80　蜗杆、蜗轮的表面粗糙度 R_a 的推荐值　　单位：μm

精度等级	齿　面		顶　圆	
	蜗　杆	蜗　轮	蜗　杆	蜗　轮
7	1.6, 0.8	1.6, 0.8	3.2, 1.6	6.3, 3.2
8	3.2, 1.6	3.2, 1.6	3.2, 1.6	6.3, 3.2
9	6.3, 3.2	6.3, 3.2	6.3, 3.2	12.5, 6.3

注：表中为 GB 1031—83 中 R_a 第一系列值。

表 3.81　蜗杆、蜗轮齿坯尺寸和形状公差

3 个公差组中最高精度等级		6	7	8	9
孔	尺寸公差	IT6	IT7		IT8
	形状公差	IT5	IT6		IT7
轴	尺寸公差	IT5	IT6		IT7
	形状公差	IT4	IT5		IT6
齿顶圆直径公差		IT8			IT9

注：齿顶圆不作测量齿厚基准时，尺寸公差按 IT11 确定，但不大于 0.1 mm。

表 3.82　蜗杆、蜗轮齿坯基准面径向和端面跳动　　单位：μm

基准面直径 d /mm	3 个公差组中最高精度等级		
	5 ~ 6	7 ~ 8	9 ~ 10
≤31.5	4	7	10
>31.5 ~ 63	6	10	16
>63 ~ 125	8.5	14	22
>125 ~ 400	11	18	28
>400 ~ 800	14	22	36

第4章 轴的结构设计

轴是非标准零件，它没有固定的、一成不变的结构形式。轴的结构设计就是根据具体的工作条件，确定出轴的合理形状和结构尺寸。

减速器中的轴既承受扭矩又承受弯矩，是转轴。因考虑到有利于提高轴的强度和便于轴上零件的固定、装拆，多采用阶梯状轴。

4.1 轴的结构设计应考虑的问题

阶梯轴的具体结构取决于轴上零件的装配和固定方法、装配顺序及轴的结构工艺性，同时还应考虑有利于提高轴的疲劳强度。

4.1.1 轴上零件的固定方法

减速器中，轴上零件主要有齿轮、蜗轮、蜗杆、带轮、链轮、联轴器和轴承。除齿轮和蜗杆直径较小时须做成齿轮轴或蜗杆轴外（参考齿轮与蜗杆的结构设计部分内容），其他零件均应与轴套装后固定。轴的结构应便于轴上零件在轴上的固定。

零件在轴上的周向固定方法，滚动轴承常采用过盈配合，其他传动件常采用平键加过盈配合。各轴段上的键槽应尽可能布置在同一相位上，以便于加工。滚动轴承与轴的常用配合见表5.3，传动件与轴的常用配合见表8.6和表4.11，键的剖面尺寸见第6章。

零件在轴上的轴向固定方法，见表4.1。

4.1.2 轴上零件的装配顺序

轴的结构应便于轴上零件从轴端按顺序装配到工作位置，且便于拆卸。

设计时可拟定几种不同的装配方案进行分析比较，选择其中定位可靠、装配方便、轴阶梯数和固定辅助件少、轴毛坯小的方案。当相互矛盾时，应视具体情况优先选择满足主要要求的方案。

表 4.1　轴上零件的轴向固定方法

名称	结构简图	结构尺寸	应　用
轴肩 轴环	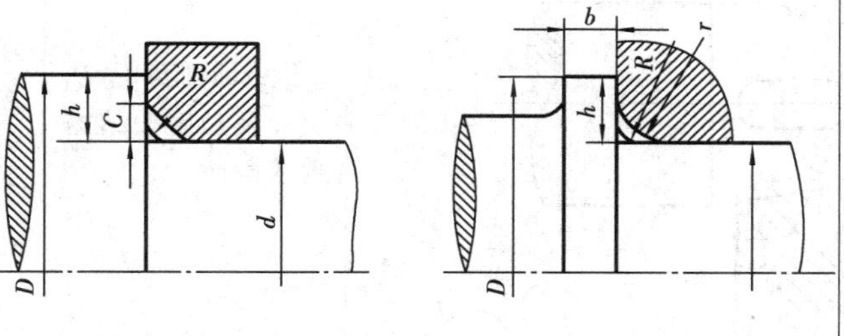	$h=(0.07\sim0.1)d$ $b=1.4h$ R、r、C 见表 4.6 轴与滚动轴承配合处的轴肩尺寸见表 5.10 ~ 表 5.14	能承受较大的单向轴向载荷，应用最广
套筒	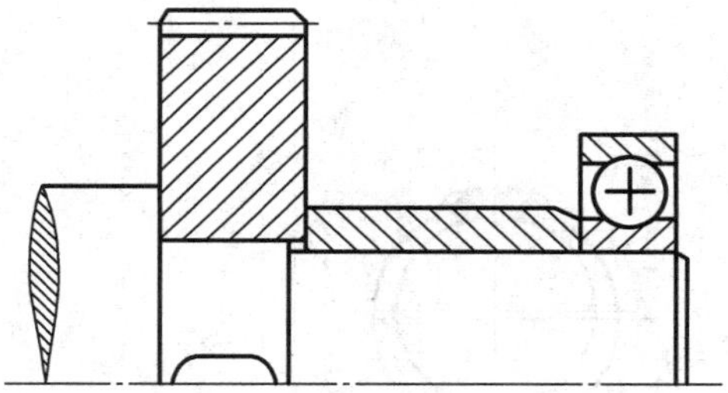	套筒厚度可取≤轴肩高度，套筒长度按结构要求确定	常与轴肩、轴环配合使用，作轴上零件的双向固定
圆螺母	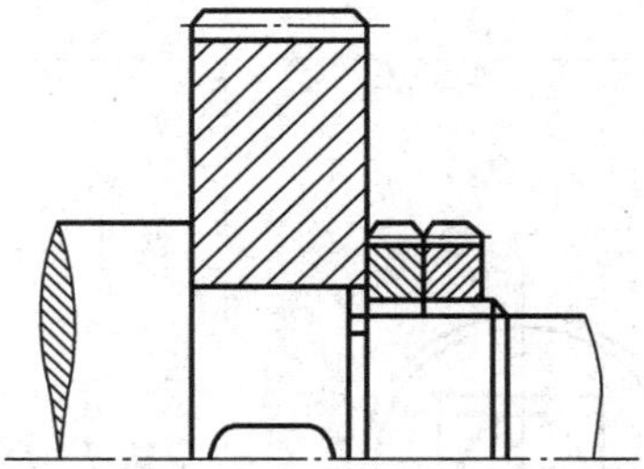	见表 7.40	常与轴肩、轴环配合使用。适用于两零件端面距离太大，使用套筒不方便时

续表

名称	结构简图	结构尺寸	应　用
轴端挡圈	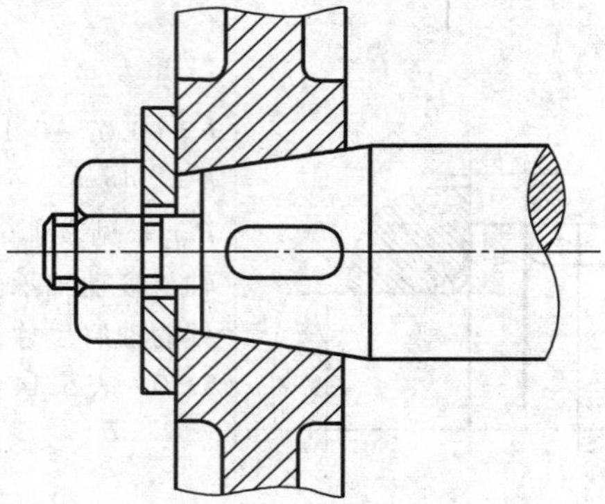	圆锥面锥度1∶10，直径及长度按结构要求设计	对中性好，装拆方便，常用作轴端零件的固定
弹性挡圈	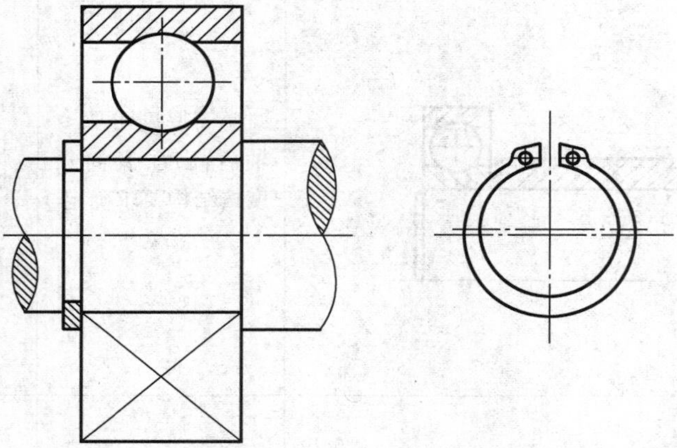	见表7.44	常与轴肩配合使用，能承受的轴向力较小
轴端挡圈	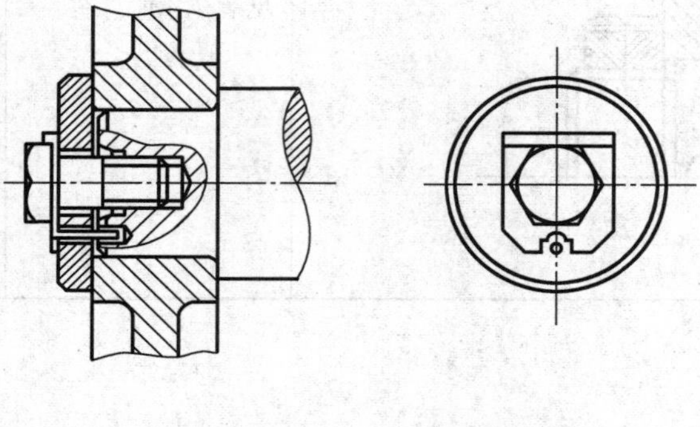	见表7.45	常用作轴端零件的轴向固定

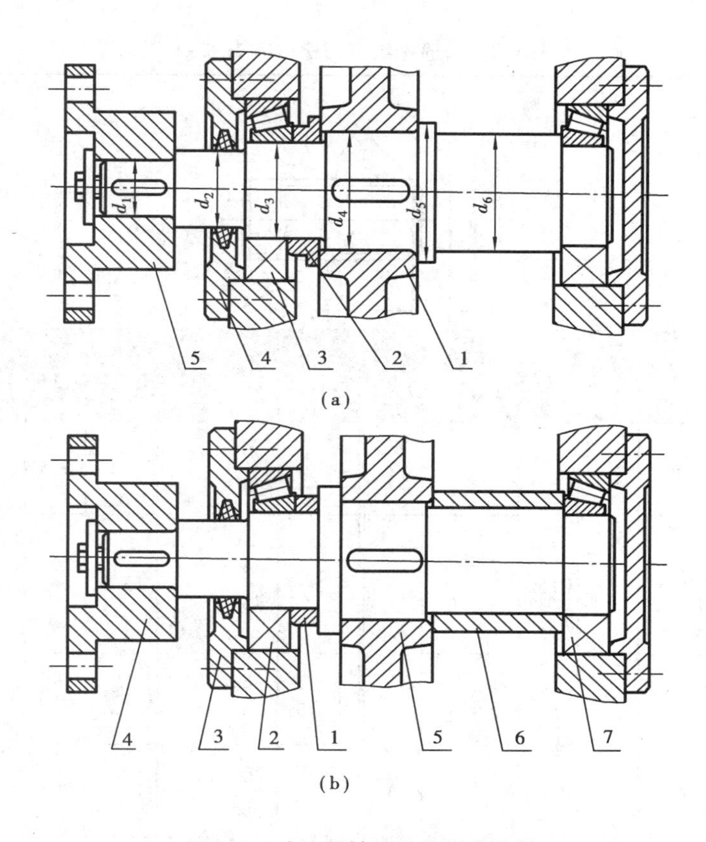

图 4.1　减速器轴的结构方案比较

图 4.1 所示是两级斜齿圆柱齿轮减速器低速轴的两个装配方案，比较可知，其固定方法、装配难易程度、轴的阶梯数、固定辅助件数、轴毛坯尺寸均相同，但方案（a）中的套筒较短，所以优于方案（b）。

4.1.3　轴的结构工艺性

轴的结构应便于轴的制造和轴系零件的装拆，并有利于提高其疲劳强度。

（1）为便于加工，当轴上需车制螺纹时，应留螺纹退刀槽，其尺寸见表 4.2；轴上需进行磨削加工的表面，应留砂轮越程槽，其尺寸见表 4.3；为便于加工、检验和维修，轴端面应有中心孔，其尺寸见表 4.4；在保证可靠定位和方便装配的前提下，尽可能减少轴的阶梯数；同一轴上各轴段的键槽应布置在同一母线上。

（2）为便于装配，轴端应有倒角，过盈配合处应有一段导向锥面。锥面大端应在键槽直线部分，以便轴上零件对准键槽进行装配。轴端倒角和导向锥面尺寸见表 4.5。

（3）为减少应力集中，提高轴的疲劳强度，在轴肩根部应有圆角或倒角。对定位轴肩，其圆角和倒角的尺寸应小于轴上相配零件内孔的圆角或倒角尺寸，以确保可靠、准确的定位；非定位轴肩的圆角可大一些。零件的倒圆、倒角形式及尺寸见表 4.6。

表 4.2　普通螺纹退刀槽(GB 3—79)　　单位:mm

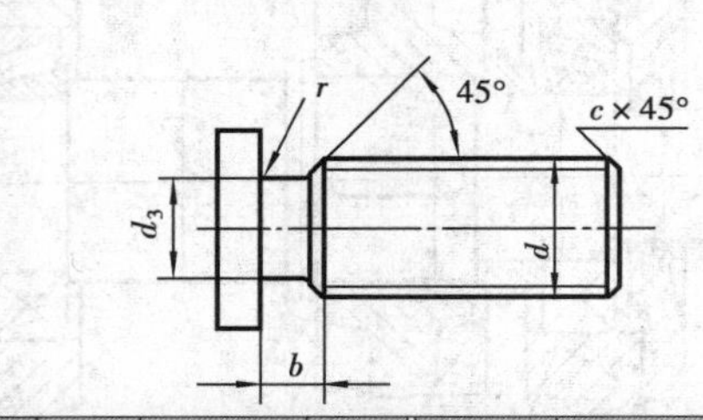

螺距 P	粗牙螺纹大径 d	b 一般	b 较窄	r	槽径 d_3	c	螺距 P	粗牙螺纹大径 d	b 一般	b 较窄	r	槽径 d_3	c
2	14;16	6	3.5	0.5p	$d-3$	2	4	36;39	12	5.5	0.5p	$d-5.7$	3
2.5	18;20;22	7.5			$d-3.6$	2.5	4.5	44;45	13.5	6		$d-6.4$	4
3	24;27	9	4.5		$d-4.4$		5	48;52	15	6.5	0.5p	$d-7$	4
3.5	30;33	10.5		0.5p	$d-5$	3	5.5	56;60	17.5	7.5		$d-7.7$	5

表 4.3　砂轮越程槽(GB 6403.5—86)　　单位:mm

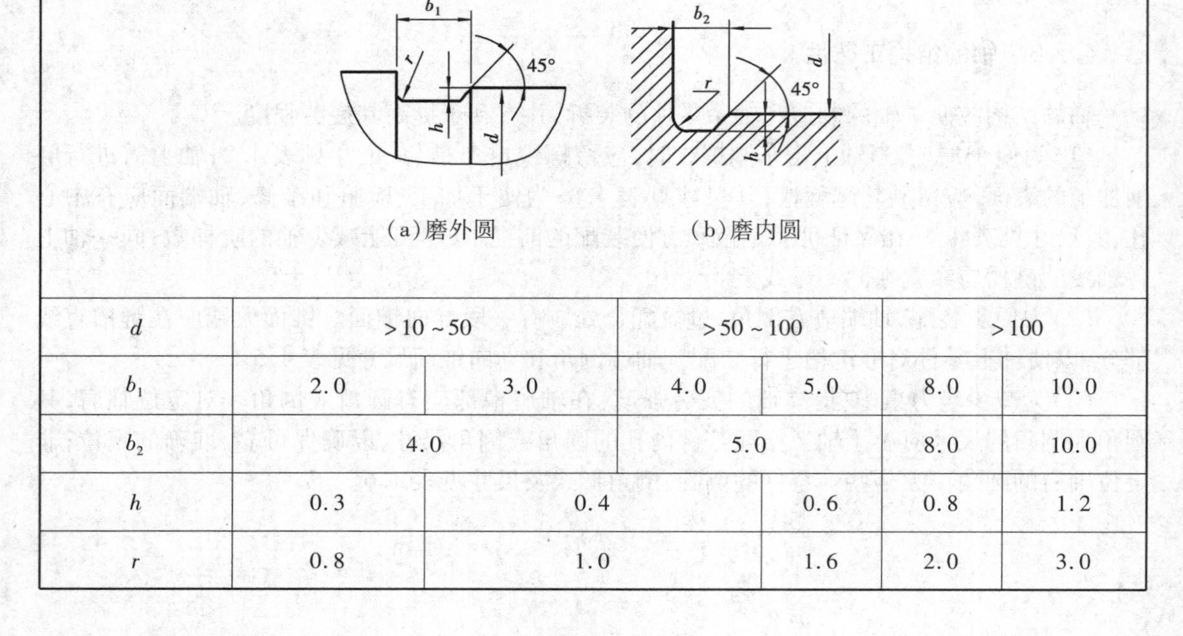

(a)磨外圆　　(b)磨内圆

d	>10~50		>50~100		>100	
b_1	2.0	3.0	4.0	5.0	8.0	10.0
b_2	4.0		5.0		8.0	10.0
h	0.3	0.4		0.6	0.8	1.2
r	0.8	1.0		1.6	2.0	3.0

表4.4 中心孔(摘自 GB/T 4459.5—99,GB/T 145—85) 单位:mm

A型 B型 C型 R型

D	A、B、R型	1	1.25	1.60	2.00	2.50	3.15	4.00
	C型	M6	M8	M10	M12	M16	M20	M24
D_1	A、R型	2.12	2.65	3.35	4.23	5.30	6.70	8.30
	B型	3.15	4.00	5.00	6.30	8.00	10.00	12.50
	C型	6.4	8.4	10.5	13.0	17.0	21.0	25.0
L_1	A型	0.97	1.21	1.52	1.95	2.42	3.07	3.90
	B型	1.27	1.60	1.99	2.54	3.20	4.03	5.05
	C型	2.8	3.3	3.8	4.4	5.2	6.4	8.0

*本表仅摘录部分尺寸数据。

表4.5 轴自由表面过渡圆角和过盈配合联接倒角(Q/ZB 138—73) 单位:mm

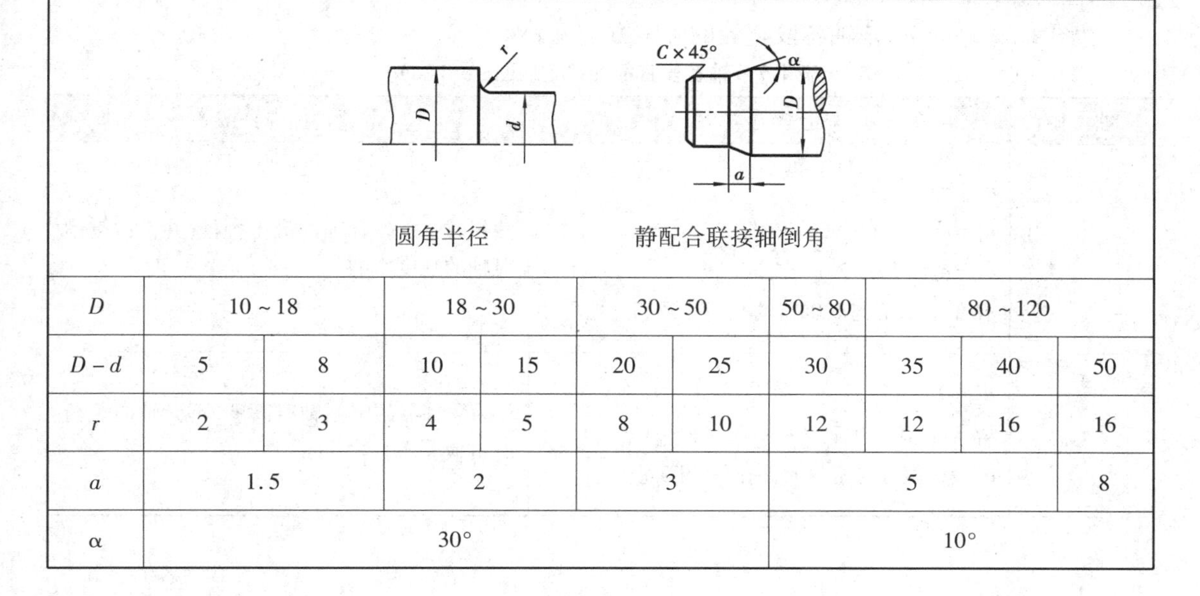

圆角半径 静配合联接轴倒角

D	10~18		18~30		30~50		50~80	80~120		
$D-d$	5	8	10	15	20	25	30	35	40	50
r	2	3	4	5	8	10	12	12	16	16
a	1.5		2		3		5			8
α	30°						10°			

表 4.6　零件倒圆与倒角（GB 6403.3—86）　　单位：mm

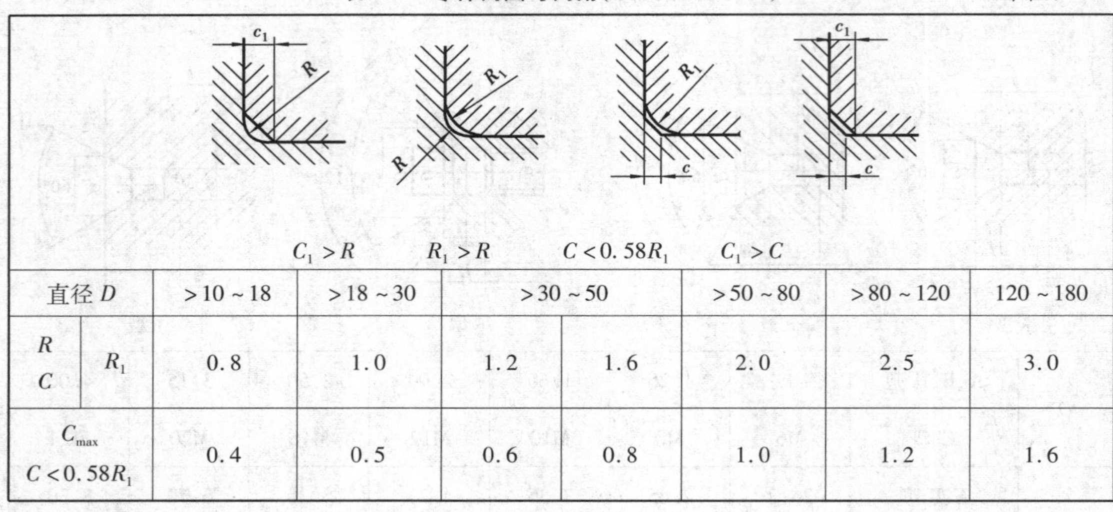

直径 D	>10~18	>18~30	>30~50		>50~80	>80~120	120~180
R C R_1	0.8	1.0	1.2	1.6	2.0	2.5	3.0
C_{max} $C<0.58R_1$	0.4	0.5	0.6	0.8	1.0	1.2	1.6

4.2　轴的各段直径和长度的确定

4.2.1　轴段直径的确定

（1）按轴所受的扭矩初步估算轴端的最小直径 d_{min}。

（2）按轴上零件的装配方案和定位要求，从 d_{min} 外起逐一确定各段轴的直径。

（3）有配合要求的轴段，应尽量采用标准直径。安装标准件（如滚动轴承、联轴器、密封圈等）部位的轴径，应取相应的标准值。

以图 4.1（a）为例，该轴各段直径的确定方法见表 4.7。

表 4.7　轴各段直径的确定［见图 4.1（a）］

轴　径	轴径确定方法	说　明
d_1	$d_{min}=C\sqrt[3]{P/n}$ $d_1=d_{min}(1+3\%)$　单键 $d_1=d_{min}(1+7\%)$　双键 d_1 最终值应与联轴器的孔径一致	按扭转强度估算轴的最小直径，并考虑键槽对轴的强度影响
d_2	$d_2=d_1+2h_1$ $h_1=(0.07-0.1)d_1$ d_2最终值应与密封元件孔径相匹配	h_1为联轴器的定位轴肩高度，不受轴向载荷时可取 $h_1=1\sim2$ mm

续表

轴　径	轴径确定方法	说　明
d_3	$d_3=d_2+2h_2$ $h_2=1-2$ mm d_3 最终值应与滚动轴承孔径相匹配	h_2 为非定位轴肩高度，作用是便于滚动轴承的装配
d_4	$d_4=d_3+2h_3$ $h_3=1-2$ mm d_4 尽可能取为标准直径，且应满足强度要求	h_3 为非定位轴肩高度，作用是便于齿轮的装配
d_5	$d_5=d_4+2h_4$ $h_4=(0.07-0.1)d_4$ d_5 应取整	h_4 为齿轮的定位轴肩高度
d_6	$d_6=d_3+2h_5$ h_5 应小于滚动轴承内圈高度，具体查轴承的安装尺寸	h_5 为滚动轴承的定位轴肩高度

4.2.2　轴段长度的确定

各轴段的长度主要取决于：

(1)轴在机器中的位置；

(2)轴上零件与轴配合部分的轴向尺寸；

(3)相邻零件间必要的运动、调整和装拆空间。

轴各段长度的确定，详见第 8 章减速器装配图设计。

4.3　公差配合、形位公差及表面粗糙度

4.3.1　公差与配合(摘自国际 GB/T 1800.3—98)

本章节仅摘录常用尺寸范围轴的公差及偏差值。

表 4.8　标准公差数值(摘自 GB/T 1800.3—199×)

基本尺寸/mm	公差数值																			
	IT01	IT0	IT1	IT2	IT3	IT4	IT5	IT6	IT7	IT8	IT9	IT10	IT11	IT12	IT3	IT14	IT15	IT16	IT17	IT18
	μm														mm					
≤3	0.3	0.5	0.8	1.2	2	3	4	6	10	14	25	40	60	100	0.14	0.25	0.40	0.60	1.0	1.4
>3-6	0.4	0.6	1	1.5	2.5	4	5	8	12	18	30	48	75	120	0.18	0.30	0.48	0.75	1.2	1.8
>6-10	0.4	0.6	1	1.5	2.5	4	6	9	15	22	36	58	90	150	0.22	0.36	0.58	0.90	1.5	2.2
>10-18	0.5	0.8	1.2	2	3	5	8	11	18	27	43	70	110	180	0.27	0.43	0.70	1.10	1.8	2.7
>18-30	0.6	1	1.5	2.5	4	6	9	13	21	33	52	84	130	210	0.33	0.52	0.84	1.30	2.1	3.3
>30-50	0.6	1	1.5	2.5	4	7	11	16	25	39	62	100	160	250	0.39	0.62	1.00	1.60	2.5	3.9
>50-80	0.8	1.2	2	3	5	8	13	19	30	46	74	120	190	300	0.46	0.74	1.20	1.90	3.0	4.6
>80-120	1	1.5	2.5	4	6	10	15	22	35	54	87	140	220	350	0.54	0.87	1.40	2.20	3.5	5.4
>120-180	1.2	2	3.5	5	8	12	18	25	40	63	100	160	250	400	0.63	1.00	1.60	2.50	4.0	6.3
>180-250	2	3	4.5	7	10	14	20	29	46	72	115	185	290	460	0.72	1.15	1.85	2.90	4.6	7.2
>250-315	2.5	4	6	8	12	16	23	32	52	81	130	210	320	520	0.81	1.30	2.10	3.20	5.2	8.1
>315-400	3	5	7	9	13	18	25	36	57	89	140	230	360	570	0.89	1.40	2.30	3.60	5.7	8.9
>400-500	4	6	8	10	15	20	27	40	63	97	155	250	400	630	0.97	1.55	2.50	4.00	6.3	9.7

注:基本尺寸小于 1 mm 时,无 IT14 至 IT18。

表 4.9　轴的基本偏差数（$d \leqslant 500$ mm）

基本尺寸/mm	基本偏差/μm																														
	上偏差 es												下偏差 ei																		
	a*	b*	c	cd	d	e	ef	f	fg	g	h	js	j			k		m	n	p	r	s	t	u	v	x	y	z	za	zh	zc
	所有公差等级												5~6	7	8	4~7	≤3 >7	所有公差等级													
≤3 >3~6 >6~10	−270 −270 −280	−140 −140 −150	−60 −70 −80	−34 −46 −56	−20 −30 −40	−14 −20 −25	−10 −14 −18	−6 −10 −13	−4 −6 −8	−2 −4 −5	0 0 0	偏差等于 $\pm\frac{IT}{2}$	−2 −2 −2	−4 −4 −5	−4 — —	0 +1 +1	0 0 0	+2 +4 +6	+4 +8 +10	+6 +12 +15	+10 +15 +19	+14 +19 +23	— — —	+18 +23 +28	— — —	+20 +28 +34	— — —	+26 +35 +42	+32 +42 +52	+40 +50 +67	+60 +80 +97
>10~14 >14~18	−290	−150	−90	—	−50	−32	—	−16	—	−6	0		−3	−8	—	+1	0	+7	+12	+18	+23	+28	—	+33	+39	+40 +45	— —	+50 +60	+64 +77	+90 +108	+130 +150
>18~24 >24~30	−300	−160	−110	—	−65	−40	—	−20	—	−7	0		−4	−8	—	+2	0	+8	+15	+22	+28	+35	— +41	+41 +48	+47 +55	+54 +64	+63 +75	+73 +88	+98 +118	+136 +160	+188 +218
>30~40 >40~50	−310 −320	−170 −180	−120 −130	—	−80	−50	—	−25	—	−9	0		−5	−10	—	+2	0	+9	+17	+26	+34	+43	+48 +54	+60 +70	+68 +81	+80 +97	+94 +114	+112 +136	+148 +180	+200 +242	+247 +325
>50~65 >65~80	−340 −360	−190 −200	−140 −150	—	−100	−60	—	−30	—	−10	0		−7	−12	—	+2	0	+11	+20	+32	+41 +43	+53 +59	+66 +75	+87 +102	+102 +120	+122 +146	+144 +174	+172 +210	+226 +274	+300 +360	+405 +480
>80~100 >100~120	−380 −410	−220 −240	−170 −180	—	−120	−72	—	−36	—	−12	0		−9	−15	—	+3	0	+13	+23	+37	+51 +54	+71 +79	+91 +104	+124 +144	+146 +172	+178 +210	+214 +256	+258 +310	+355 +400	+445 +525	+585 +690
>120~140 >140~160 >160~180	−460 −520 −580	−260 −280 −310	−200 −210 −230	—	−145	−85	—	−43	—	−14	0		−11	−18	—	+3	0	+15	+27	+43	+63 +65 +68	+92 +100 +108	+122 +134 +146	+170 +190 +210	+202 +228 +252	+248 +280 +310	+300 +340 +380	+365 +415 +465	+470 +535 +600	+620 +700 +780	+800 +900 +1 000
>180~200 >200~225 >225~250	−660 −740 −820	−340 −380 −420	−240 −260 −280	—	−170	−110	—	−56	—	−17	0		−13	−21	—	+4	0	+17	+31	+50	+77 +80 +84	+122 +130 +140	+166 +180 +196	+236 +256 +284	+284 +310 +340	+350 +385 +425	+425 +470 +520	+520 +575 +640	+670 +740 +820	+880 +960 +1 050	+1 150 +1 250 +1 350
>250~280 >280~315	−920 −1050	−480 −540	−300 −330	—	−190	−110	—	−56	—	−17	0		−16	−26	—	+4	0	+20	+34	+56	+94 +98	+158 +170	+218 +240	+315 +350	+385 +425	+475 +525	+580 +650	+710 +790	+920 +1 000	+1 200 +1 300	+1 550 +1 700
>315~355 >355~400	−1 200 −1 350	−600 −680	−360 −400	—	−210	−125	—	−62	—	−18	0		−18	−28	—	+4	0	+21	+37	+62	+108 +114	+190 +208	+268 +294	+390 +435	+475 +530	+590 +660	+730 +820	+900 +1 000	+1 150 +1 300	+1 500 +1 650	+1 900 +2 100
>400~450 >450~500	−1 500 −1 650	−760 −840	−440 −480	—	−230	−135	—	−68	—	−20	0		−20	−32	—	+5	0	+23	+40	+68	+126 +132	+232 +252	+330 +360	+490 +540	+595 +660	+740 +820	+920 +1 000	+1 100 +1 250	+1 450 +1 600	+1 850 +2 100	+2 400 +2 600

表 4.10　孔的基本偏差数（$d \leqslant 500$ mm）

基本尺寸/mm	基本偏差/μm																																		Δ/μm					
	下偏差 EI												上偏差 ES																											
	A*	B*	C	CD	D	E	EF	F	FG	G	H	JS	J			K		M		N		P~ZC	P	R	S	T	U	V	X	Y	Z	ZA	ZB	ZC						
	所有公差等级												6	7	8	≤8	>8	≤8	>8	≤8	>8*	≤7	所有公差等级												3	4	5	6	7	8
≤3	+270	+140	+60	+34	+20	+14	+10	+6	+4	+2	0	偏差等于 $\pm\frac{IT}{2}$	+2	+4	+6	0	0	-2	-2	-4	-4	同一直径比大于7级的增加一个Δ值	-6	-10	-14	—	-18	—	-20	—	-26	-32	-40	-60	Δ=0					
>3~6	+270	+140	+70	+43	+30	+20	+14	+10	+6	+4	0		+5	+6	+10	-1+Δ	—	-4+Δ	-4	-8+	0		-12	-15	-19	—	-23	—	-28	—	-35	-42	-50	-80	1	1.5	1	3	4	6
>6~10	+280	+150	+80	+40	+40	+25	+18	+13	+8	+5	0		+5	+8	+12	-1+Δ	—	-6+Δ	-6	-10+Δ	0		-15	-19	-23	—	-28	—	-34	—	-42	-52	-67	-97	1	1.5	2	3	6	7
>10~14	+290	+150	+90	—	+50	+32	—	+16	—	+6	0		+6	+10	+15	-1+Δ	—	-7+Δ	-7	-12+Δ	0		-18	-23	-28	—	-33	—	-40	—	-50	-64	-90	-130	1	2	3	3	7	9
>14~18																												-39	-45	—	-60	-77	-108	-150						
>18~24	+300	+160	+110	—	+65	+40	—	+20	—	+7	0		+8	+12	+20	-2+Δ	—	-8+Δ	-8	-15+Δ	0		-22	-28	-35	—	-41	-47	-54	-66	-73	-98	-136	-188	1.5	2	3	4	8	12
>24~30																										-41	-48	-55	-64	-75	-88	-118	-160	-218						
>30~40	+310	+170	+120	—	+80	+50	—	+25	—	+9	0		+10	+14	+24	-2+Δ	—	-9+Δ	-9	-17+Δ	0		-26	-34	-43	-48	-60	-68	-80	-94	-112	-148	-200	-247	1.5	3	4	5	9	14
>40~45	+320	+180	+130																							-54	-70	-81	-95	-114	-136	-180	-242	-325						
>50~65	+340	+190	+140	—	+100	+60	—	+30	—	+10	0		+13	+18	+28	-2+Δ	—	-11+Δ	-11	-20+Δ	0		-32	-41	-53	-66	-87	-102	-122	-144	-172	-226	-300	-400	2	3	5	6	11	16
>65~80	+360	+200	+150																					-43	-59	-75	-102	-120	-146	-174	-210	-274	-360	-480						
>80~100	+380	+220	+170	—	+120	+72	—	+36	—	+12	0		+16	+22	+34	-3+Δ	—	-13+Δ	-13	-23+Δ	0		-37	-51	-71	-91	-124	-146	-178	-214	-258	-335	-445	-585	2	4	5	7	13	19
>100~120	+410	+240	+180																					-54	-79	-104	-144	-172	-210	-254	-310	-400	-525	-690						
>120~140	+440	+260	+200	—	+145	+85	—	+43	—	+14	0		+18	+26	+41	-3+Δ	—	-15+Δ	-15	-27+Δ	0		-43	-63	-92	-122	-170	-202	-248	-300	-365	-470	-620	-800	3	4	6	7	15	23
>140~160	+520	+280	+210																					-65	-100	-134	-190	-228	-280	-340	-415	-535	-700	-900						
>160~180	+580	+310	+230																					-68	-108	-146	-210	-252	-310	-380	-465	-600	-780	-1000						
>180~200	+660	+340	+240	—	+170	+100	—	+50	—	+15	0		+22	+30	+47	-4+Δ	—	-17+Δ	-17	-31+Δ	0		-50	-77	-122	-166	-236	-284	-350	-425	-520	-670	-880	-1150	3	4	6	9	17	29
>200~225	+740	+380	+260																					-80	-130	-180	-258	-310	-385	-470	-575	-740	-960	-1250						
>225~250	+820	+420	+280																					-84	-140	-196	-284	-340	-425	-520	-640	-820	-1050	-1350						
>250~280	+920	+480	+300	—	+190	+110	—	+56	—	+17	0		+25	+36	+55	-4+Δ	—	-20+Δ	-20	-34+Δ	0		-56	-94	-158	-218	-315	-385	-475	-580	-710	-920	-1200	-1550	4	4	7	9	20	29
>280~315	+1050	+540	+330																					-98	-170	-240	-350	-425	-525	-650	-790	-1000	-1300	-1700						
>315~355	+1200	+600	+360	—	+210	+125	—	+62	—	+18	0		+29	+39	+60	-4+Δ	—	-21+Δ	-21	-37+Δ	0		-62	-108	-190	-268	-390	-475	-590	-730	-900	-1150	-1500	-1900	4	5	7	11	21	32
>355~400	+1350	+680	+400																					-114	-208	-294	-435	-530	-660	-820	-1000	-1300	-1650	-2100						
>400~450	+1500	+760	+440	—	+230	+135	—	+68	—	+20	0		+33	+43	+66	-5+Δ	—	-23+Δ	-23	-40+Δ	0		-68	-125	-232	-330	-490	-595	-740	-920	-1100	-1450	-1850	-2400	5	5	7	13	23	34
>450~500	+1650	+840	+480																					-132	-252	-360	-540	-660	-820	-1000	-1250	-1600	-2100	-2600						

表 4.11　优先配合特性及应用举例

基孔制	基轴制	优先配合特性及应用举例
H11/c11	C11/h11	间隙非常大,用于很松的、转动很慢的动配合;要求大公差与大间隙的外露组件。
H9/d9	D9/h9	间隙很大的自由转动配合,用于精度非主要要求时,或有大的温度变动、高转速或大的轴颈压力时。
H8/f7	F8/h7	间隙不大的转动配合,用于中等转速与中等轴颈压力的精确转动;也用于装配较易的中等定位配合。
H7/g6	G7/h6	间隙很小的滑动配合,用于不希望自由转动、但可以自由移动和滑动并精密定位时,也可用于要求明确的定位配合。
H7/h6　H8/h7 H9/h9 H11/h11	H7/h6　H8/h7 H9/h9　H11/h11	均为间隙定位配合,零件可自由装拆,而工作时一般相对静止不动,在最大实体条件下的间隙为零,在最小实体条件下的间隙由公差等级决定。
H7/k6	K7/h6	过渡配合,用于精密定位。
H7/h6	N7/h6	过渡配合,允许有较大过盈的更精密定位。
H7/p6	P7/h6	过盈定位配合,即小过盈配合,用于定位精度特别重要时,能以最好的定位精度达到部件的刚性及对中性要求,而对内孔承受压力无特殊要求,不依靠配合的紧固性传递摩擦负荷。
H7/s6	S7/h6	中等压入配合,适用于一般钢件;或用于薄件的冷缩配合、用于铸铁件可得到最紧的配合。
H7/u6	U7/H6	压入配合,适用于可以承受大压入力的零件或不宜承受大压入力的冷缩配合。

4.3.2　形状和位置公差

形位公差数值摘自（GB/T 1184—80）

表 4.12　形位公差代号

<table>
<tr><th colspan="5">形位公差各项目的符号</th><th colspan="2">其他有关符号</th></tr>
<tr><th colspan="2">形状公差</th><th colspan="3">位置公差</th><th rowspan="2">符号</th><th rowspan="2">意义</th></tr>
<tr><th>项目</th><th>符号</th><th colspan="2">项目</th><th>符号</th></tr>
<tr><td rowspan="2">直线度</td><td rowspan="2">—</td><td rowspan="3">定向</td><td>平行度</td><td>//</td><td rowspan="2">Ⓜ</td><td rowspan="2">最大实体状态</td></tr>
<tr><td>垂直度</td><td>⊥</td></tr>
<tr><td rowspan="2">平面度</td><td rowspan="2">▱</td><td>倾斜度</td><td>∠</td><td rowspan="2">Ⓟ</td><td rowspan="2">延伸公差带</td></tr>
<tr><td rowspan="3">定位</td><td>同轴度</td><td>◎</td></tr>
<tr><td>圆度</td><td>○</td><td>对称度</td><td>⌯</td><td rowspan="2">Ⓔ</td><td rowspan="2">包容原则（单一要素）</td></tr>
<tr><td>圆柱度</td><td>⌭</td><td>位置度</td><td>⌖</td></tr>
<tr><td>线轮廓度</td><td>⌒</td><td rowspan="2">跳动</td><td>圆跳动</td><td>↗</td><td>[50]</td><td>理论正确尺寸</td></tr>
<tr><td>面轮廓度</td><td>⌓</td><td>全跳动</td><td>⌰</td><td>(φ20 / AI)</td><td>基准目标</td></tr>
</table>

表 4.13　直线度、平面度公差　　单位：μm

主参数 *L* 图例

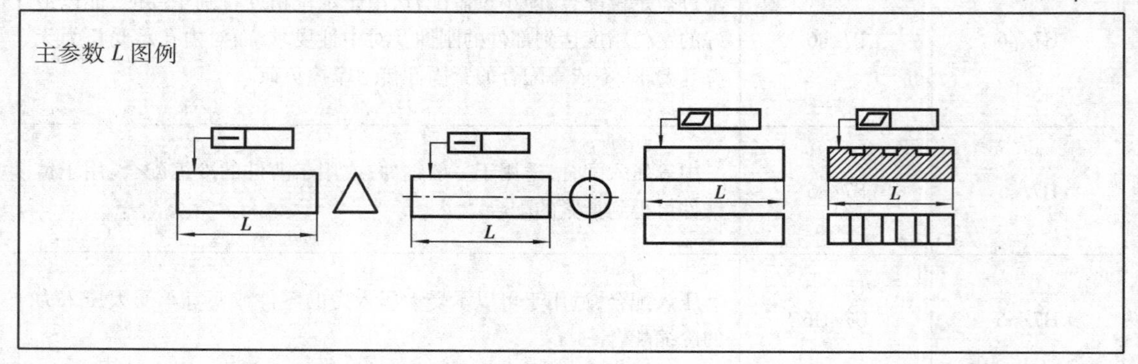

续表

精度等级		5	6	7	8	9	10
主参数 L/mm	≤10	2	3	5	8	12	20
	>10~16	2.5	4	6	10	15	25
	>16~25	3	5	8	12	20	30
	>25~40	4	6	10	15	25	40
	>40~63	5	8	12	20	30	50
	>63~100	6	10	15	25	40	60
	>100~160	8	12	20	30	50	80
	>160~250	10	15	25	40	60	100
	>250~400	12	20	30	50	80	120
	>400~630	15	25	40	60	100	150
	>630~1 000	20	30	50	80	120	200

表4.14　圆度、圆柱度公差

单位：μm

主参数 d(D)图例								
精度等级		5	6	7	8	9	10	11
主要参数 D(d)/mm	>10~18	2	3	5	8	11	18	27
	>18~30	2.5	4	6	9	13	21	33
	>30~50	2.5	4	7	11	16	25	39
	>50~80	3	5	8	13	19	30	46
	>80~120	4	6	10	15	22	35	54
	>120~180	5	8	12	18	25	40	63
	>180~250	7	10	14	20	29	46	72
应用举例		安装P6、P6X和P0级滚动轴承的配合面；中等压力下的液压装置工作面；通用减速机轴颈，一般机床主轴。		发动机的涨圈和活塞销及连杆中装衬套的孔等。压力油缸活塞。水泵及减速机轴颈，液压传动系统的分配机构。		起重机、卷扬机用的滑动轴承、带软密封的低压泵的活塞和气缸。		

表 4.15　平行度、垂直度、倾斜度公差　　单位:μm

主参数 $d(D)$ 图例

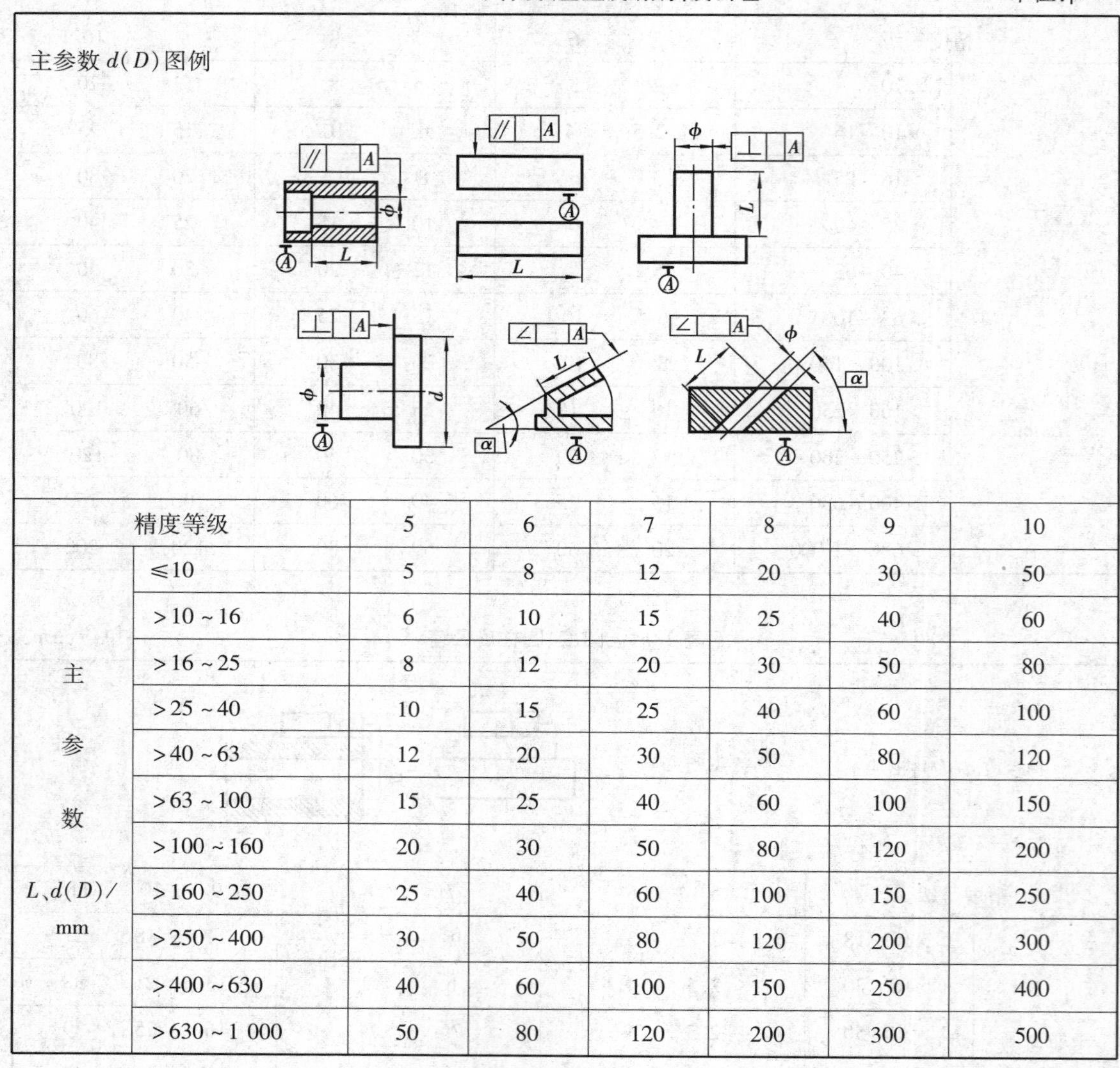

主参数 L、$d(D)$/mm \ 精度等级	5	6	7	8	9	10
≤10	5	8	12	20	30	50
>10~16	6	10	15	25	40	60
>16~25	8	12	20	30	50	80
>25~40	10	15	25	40	60	100
>40~63	12	20	30	50	80	120
>63~100	15	25	40	60	100	150
>100~160	20	30	50	80	120	200
>160~250	25	40	60	100	150	250
>250~400	30	50	80	120	200	300
>400~630	40	60	100	150	250	400
>630~1 000	50	80	120	200	300	500

表 4.16　同轴度、对称度、圆跳动和全跳动公差　　单位:μm

参数 $d(D)$、B、L 图例

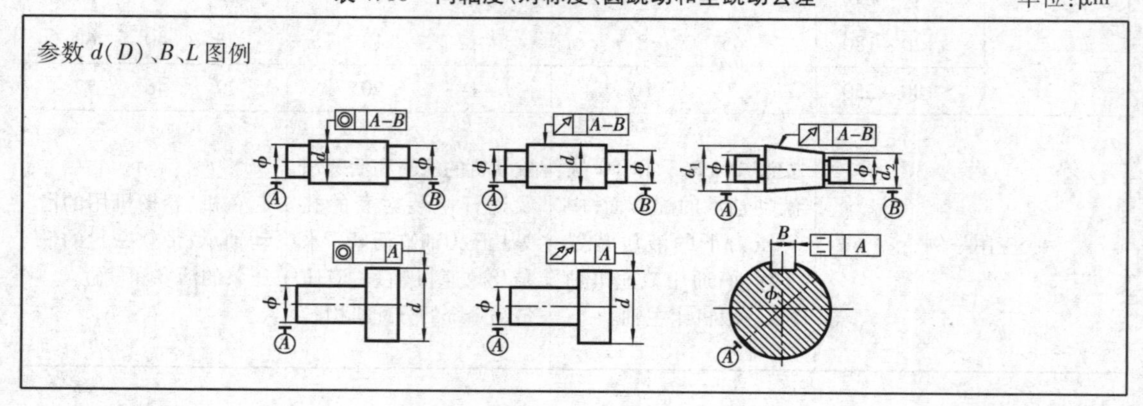

续表

精度等级		5	6	7	8	9	10
主参数 $d(D)$、B、L /mm	>6~10	4	6	10	15	30	60
	>10~18	5	8	12	20	40	80
	>18~30	6	10	15	25	50	100
	>30~50	8	12	20	30	60	120
	>50~120	10	15	25	40	80	150
	>120~250	12	20	30	50	100	200

4.3.3　表面粗糙度

表 4.17　表面粗糙度参数及其数值系列(摘自 GB/T 1031—95)

R_a/μm	第 1 系列 补充系列	0.012　0.025　0.050　0.100 0.008　0.010　0.016　0.032　0.040　0.063　0.080　0.125　0.160
	第 1 系列 补充系列	0.20　0.40　0.80　1.60　3.2 0.25　0.32　0.50　0.63　1.00　1.25　2.0　2.5　4.0　5.0
	第 1 系列 补充系统	6.3　12.5　25　50　100 8.0　10.0　16.0　20　32　40　63　80

表 4.18　表面糙度代[符]号及其注法(摘自 GB 131—93)

符号	意义	
	基本符号,单独使用这符号是没有意义的	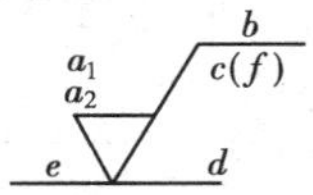 a_1　a_2　b　$c(f)$　e　d
	基本符号上加一短横,表示表面粗糙度是用去除材料方法获得。例如:车、铣、钻、磨剪切、抛光、腐蚀、电火花加工等	a_1,a_2——表面粗糙参数的允许值(μm) b——加工方法、镀涂或其他表面处理 c——取样长度(mm) d——加工纹理方向符号 e——加工余量(mm) f——粗糙度间距参数值(mm)或轮廓支承长度率
	基本符号上加一小圆,表示表面粗糙度用不去除材料的方法获得。如:铸、锻、冲压变形、热轧、冷轧、粉末冶金等,或者是用于保持原供应状况的表面(包括保持上道工序的状况)	

表 4.19　表面粗糙度参数标注示例

R_a 值		R_y,R_z 值	
代　号	意　义	代　号	意　义
3.2	用任何方法获得的表面,R_a 最大允许值为 3.2 μm	R_y3.2	用任何方法获得的表面,R_y 最大允许值为 3.2 μm
3.2	用去除材料方法获得的表面,R_a 最大允许值为 3.2 μm	R_z200	用不去除材料方法获得的表面,R_z 最大允许值为 200 μm
	用不去除材料方法获得的表面,R_a 最大允许值为 3.2 μm	R_z3.2 R_z1.6	用去除材料方法获得的表面,R_z 最大允许值(R_{zmax})为 3.2μm,最小允许值(R_{zmin})为 1.6 μm
3.2 1.6	用去除材料方法获得的表面,R_a 最大允许值(R_{amax})为 3.2 μm,最小允许值(R_{amin})为 1.6μm	R_z3.2 R_y12.5	用去除材料方法获得的表面,R_z 最大允许值(R_{amax})为 3.2 μm,R_y 最小允许值(R_{ymin})为 1.25 μm

表 4.20　表面粗糙度参数值、加工方法及选择

级别及代号 R_a/μm	表面状况	加工方法	适用范围
100	除净毛口	铸造、锻、热轧、冷轧、冲切	不加工的平滑表面。如:砂型铸造、冷铸、压力铸造、轧材、锻造的表面
50,25	明显可见的刀痕	粗车、镗、刨、钻	工序间加工时所得到的粗糙表面,如粗车,粗铣等的零件表面
12.5	微见刀痕	粗车、刨、铣、钻	
6.3	可见加工痕迹	车、镗、刨、钻、铣、锉、磨、粗铰、铣齿	不重要零件的非配合表面,如与螺栓头相接触的表面,键的非结合表面
3.2	微见加工痕迹	车、镗、刨、铣、刮 1 ~ 2 点/cm^2、拉、磨、锉、滚压、铣齿	和其他零件连接而非配合表面,如外壳凸耳、扳手等的支承表面:要求有配合特性的固定支承表面,如轴肩、槽等的表面

续表

级别及代号 $R_a/\mu m$	表面状况	加工方法	适用范围
1.6	看不清加工痕迹	车、镗、刨、铣、铰、拉、磨、滚压、刮1~2点/cm^2、铣齿	不精确的定心及配合特性的固定支承表面，如衬套、轴承的压入孔；不要求定心及配合特性的活动支承表面，如花键、键联接、传动螺纹工作面等
0.8	可辨加工痕迹的方向	车、镗、拉、磨、立铣、刮3~10点/cm^2、滚压	要求保证定心及配合特性的表面，如安装滚动轴承的孔、滚动轴承的轴颈等；不要求保证定心及配合特性的活动支承表面，如磨削的齿轮
0.4	微辨加工痕迹的方向	铰、磨、镗、拉、刮3~10点/cm^2、滚压	要求能长期保持所规定的配合特性的轴和孔的配合表面，如精密球轴承的压入座、轴瓦的工作表面、曲轴和凸轮轴的工作表面
0.2	不可辨加工痕迹的方向	布轮磨、磨、研磨、超级加工	工作时承受反复应力的重要零件表面，保证零件的疲劳强度、防腐性和耐久性，并在工作时不破坏配合特性的表面
0.1	暗光泽面	超级加工	工作时承受较大反复应力的重要零件表面，保证零件的疲劳强度、防腐性及在活动接头工作中的耐久性表面

第5章 滚动轴承组合设计

在机械设计中，对于滚动轴承，主要是正确选择其类型、尺寸（型号）和合理地进行轴与轴承的组合设计。

5.1 滚动轴承组合设计中应考虑的内容

在选定滚动轴承的类型、尺寸（型号）后，应综合考虑轴承的固定，轴承组合的定位，间隙的调整，轴承座圈与其他零件的配合，轴承的装拆和润滑、密封等问题，正确设计轴承部件的组合结构，以保证轴系的正常工作。

5.1.1 滚动轴承的固定

滚动轴承的固向固定一般靠配合来实现。

滚动轴承内圈的轴向固定方式见表5.1。

滚动轴承外圈的轴向固定方式见表5.2。

表5.1 轴承内圈的轴向固定装置

(a) 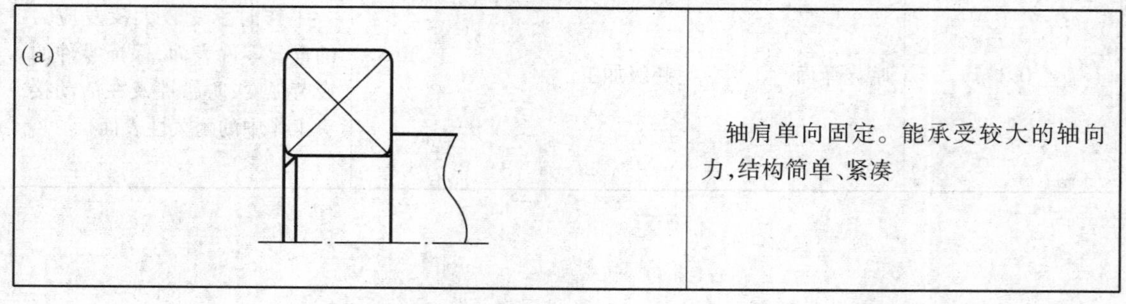	轴肩单向固定。能承受较大的轴向力，结构简单、紧凑

续表

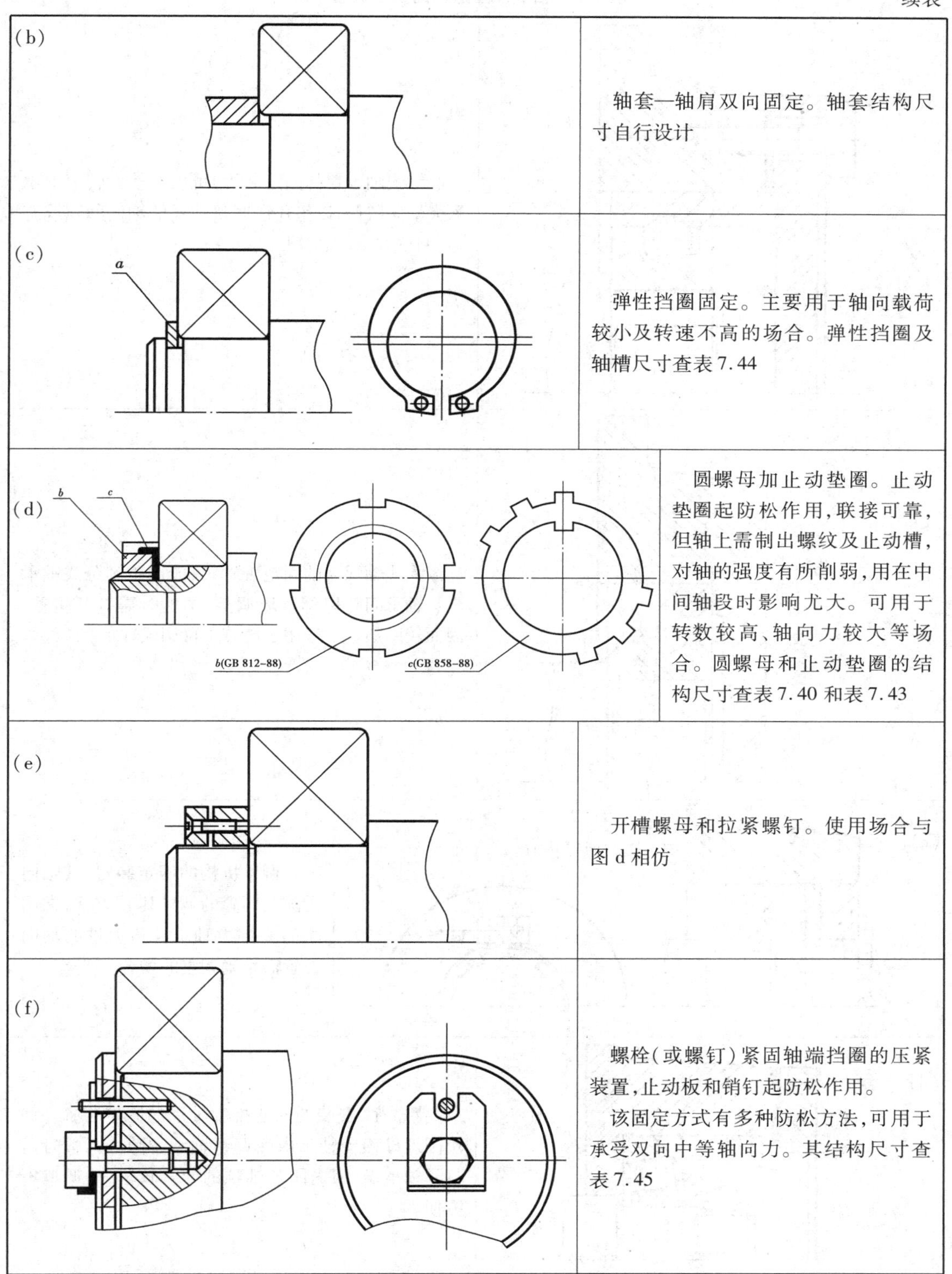

图	说明
(b)	轴套—轴肩双向固定。轴套结构尺寸自行设计
(c)	弹性挡圈固定。主要用于轴向载荷较小及转速不高的场合。弹性挡圈及轴槽尺寸查表 7.44
(d)	圆螺母加止动垫圈。止动垫圈起防松作用，联接可靠，但轴上需制出螺纹及止动槽，对轴的强度有所削弱，用在中间轴段时影响尤大。可用于转数较高、轴向力较大等场合。圆螺母和止动垫圈的结构尺寸查表 7.40 和表 7.43
(e)	开槽螺母和拉紧螺钉。使用场合与图 d 相仿
(f)	螺栓（或螺钉）紧固轴端挡圈的压紧装置，止动板和销钉起防松作用。 该固定方式有多种防松方法，可用于承受双向中等轴向力。其结构尺寸查表 7.45

表 5.2　轴承外圈的轴向固定装置

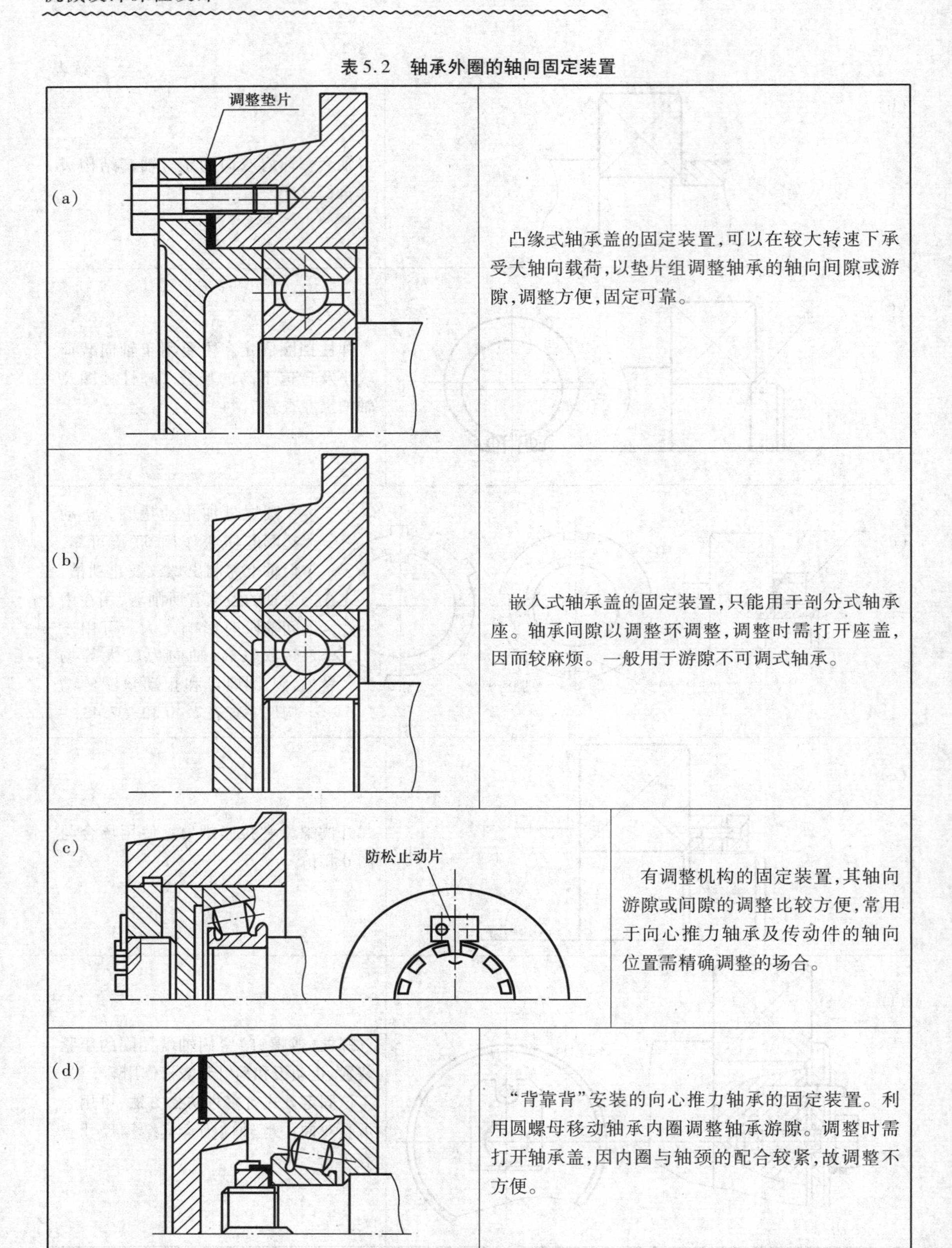

(a)	凸缘式轴承盖的固定装置，可以在较大转速下承受大轴向载荷，以垫片组调整轴承的轴向间隙或游隙，调整方便，固定可靠。
(b)	嵌入式轴承盖的固定装置，只能用于剖分式轴承座。轴承间隙以调整环调整，调整时需打开座盖，因而较麻烦。一般用于游隙不可调式轴承。
(c)	有调整机构的固定装置，其轴向游隙或间隙的调整比较方便，常用于向心推力轴承及传动件的轴向位置需精确调整的场合。
(d)	“背靠背”安装的向心推力轴承的固定装置。利用圆螺母移动轴承内圈调整轴承游隙。调整时需打开轴承盖，因内圈与轴颈的配合较紧，故调整不方便。

续表

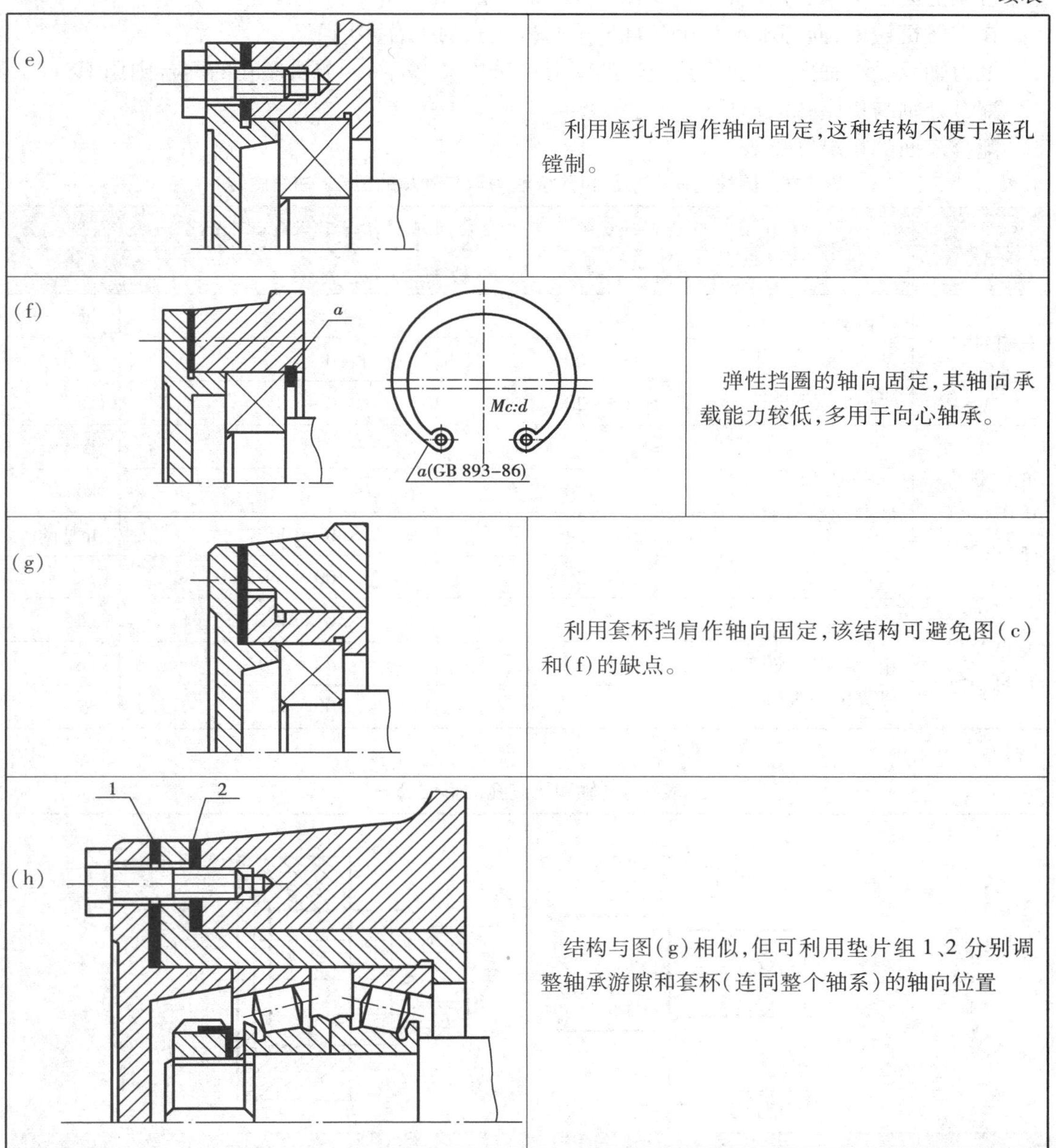

图	说明
(e)	利用座孔挡肩作轴向固定,这种结构不便于座孔镗制。
(f)	弹性挡圈的轴向固定,其轴向承载能力较低,多用于向心轴承。
(g)	利用套杯挡肩作轴向固定,该结构可避免图(c)和(f)的缺点。
(h)	结构与图(g)相似,但可利用垫片组1、2分别调整轴承游隙和套杯(连同整个轴系)的轴向位置

5.1.2　滚动轴承的配合,配合处构件的形位公差和配合表面的粗糙度

滚动轴承配合的选择与很多因素有关,但主要决定于内外圈负荷的性质。原则上,转动座圈(常为内圈)与转动零件(通常为轴)之间应采用较紧的配合;不动座圈(常为外圈)与固定零件(通常为机座)之间应采用较松的配合,以保证温度变化时轴承的轴向游动。

因滚动轴承是标准件,故配合以它为基准,即轴承内圈与轴颈是基孔制配合,外圈与机座孔是基轴制配合。

常见的向心轴承和角接触轴承内圈与轴颈的配合见表5.3。

在一般机械中，向心轴承和角接触轴承与机座孔的配合多用H7。

推力轴承受纯轴向负荷时，其与轴的配合可选用j6或js6。与机座孔的配合则用H8。

配合处轴与机座孔的形位公差见表5.4。

配合表面的粗糙度见表5.5。

表5.3 圆柱孔向心轴承和角接触轴承与轴颈的配合（轴颈旋转）

载荷大小	应用举例	向心球轴承和角接触轴承	圆柱滚子轴承和圆锥滚子轴承	配合
		轴承公称内径 mm		
轻载荷 $P \leqslant 0.07C$	电器仪表，精密机械、泵、通风机、传送带	≤18	—	h5
		>18~100	≤40	j6
		>100~200	>40~140	k6
正常载荷 $0.07C < P < 0.15C$	一般通用机械电动机、内燃机、变速箱	≤18	—	j5
		>18~100	≤40	k5，k6
		>100~140	>40~100	m5，m6
		>140~200	>100~140	m6
重载荷 $P \geqslant 0.15C$	铁路车辆轴箱，轧机、破碎机等重型机械	—	>50~100	n6
		—	>140~200	p6
		—	>200	r6

表5.4 轴和机座孔的形位公差

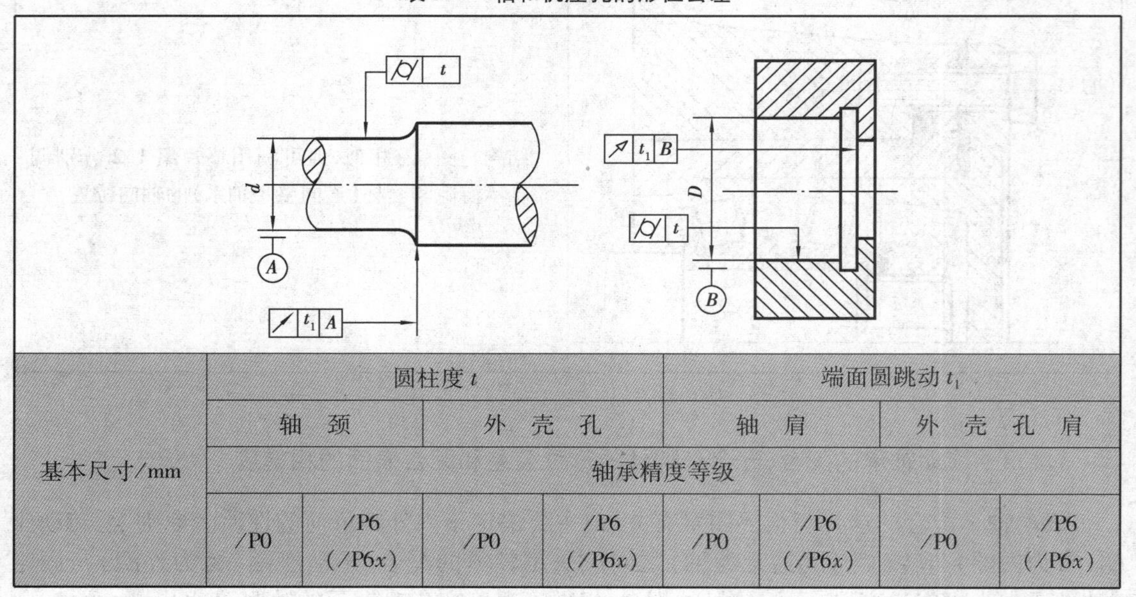

基本尺寸/mm	圆柱度 t				端面圆跳动 t_1			
	轴颈		外壳孔		轴肩		外壳孔肩	
	轴承精度等级							
	/P0	/P6 (/P6x)	/P0	/P6 (/P6x)	/P0	/P6 (/P6x)	/P0	/P6 (/P6x)

续表

大于	至	公差值/μm							
10	18	3.0	2.0	5	3.0	8	5	12	8
18	30	4.0	2.5	6	4.0	10	6	15	10
30	50	4.0	2.5	7	4.0	12	8	20	12
50	80	5.0	3.0	8	5.0	15	10	25	15
80	120	6.0	4.0	10	6.0	15	10	25	15
120	180	8.0	5.0	12	8.0	20	12	30	20
180	250	10.0	7.0	14	10.0	20	12	30	20

注：与/*P*0，*P*6（/*P*6*x*）级公差轴承配合的轴，其公差等级一般为IT6，外壳孔一般为IT7。

表5.5　配合表面粗糙度

配合表面	轴承精度等级	配合面的尺寸公差等级	轴承公称内径或外径/mm			
			至　80		大于80至500	
			表面粗糙度/μm			
			GB 1031—83R_a	GB 1031—68	GB 1031—83R_a	GB 1031—68
轴　颈	0(G)	IT6	1	▽7	1.6	▽6
	6(E)	IT5	0.63	▽8	1	▽7
外壳孔	0(G)	IT7	1.6	▽6	2.5	▽6
	6(E)	IT6	1	▽7	1.6	▽6
轴承外壳孔肩端面	0(G)		2	▽6	2.5	▽6
	6(E)		1.25	▽7	2	▽6

注：轴承装在紧定套或退卸套上时，轴颈表面的粗糙度 R_a 不应大于2.5 μm。括弧内轴承精度等级为旧标准。

5.1.3　轴承组合的定位及间隙的调整

轴承组合的定位是指从结构上保证轴系的固定，当承受轴向力时，能把轴向力传递到机座上去，而不至引起轴上零件的窜动，同时又要保证轴承能灵活运转及轴系热伸长后能有少许游动。

常用的滚动轴承组合轴向定位及间隙调整的结构形式有三类：

（1）两端固定。如表5.6中(a)～(d)图所示。用垫片组和调整环调整间隙，对游隙不可调整的轴承（如向心球轴承）可在装配轴系零件时，使固定端盖与轴承外圈端面间留有适量间隙Δ。通常取 $\Delta = 0.2 \sim 0.4$ mm。

对可调游隙的角接触轴承，则可通过调整内、外圈的相对位置得到所需的轴向间隙。

（2）一端固定，一端游动。如表5.6中(e)～(g)图所示。安排支承时，应把受径向力较小的一端作为游动端，以减小轴向游动时的摩擦力。如两支点的径向力相近，则可选轴伸出端作为游动端。

(3)两端游动。(略)

5.1.4 轴承组合中传动零件位置的调整

有些传动零件(如蜗杆传动、圆锥齿轮传动)对轴向位置的准确性要求较高,否则将影响其正确啮合。为此,必须从轴承组合结构上使传动零件的轴向位置能进行调整,例如,圆锥齿轮传动要求两个锥齿轮锥顶必须重合;蜗杆传动要求蜗杆轴向平面与蜗轮中间平面重合,这样才能获得正确啮合。但因制造与安装误差,往往使它们不能获得准确位置,故设计时,必须考虑调整环节。

如表5.7(a)、(b)、(c)图所示,小圆锥齿轮轴的两个轴承均在衬套中,可随衬套作整体移动,以获得准确位置,而衬套(环杯)的轴向位置则由垫片组3来进行调整,垫片组1则用来调整轴承游隙。(c)图为轴承反装结构,轴承间隙由圆螺母调整,衬套的轴向位置由衬套与箱体间的垫片组进行调整。

对于蜗杆传动其蜗杆轴承装配结构见表5.8,并可调整蜗轮的轴向位置来达到蜗杆轴向平面与蜗轮中间平面重合的目的。

5.1.5 轴承的装拆

设计轴承组合时,应考虑轴承的装拆。为便于滚动轴承的拆卸,其轴肩尺寸必须满足滚动轴承安装尺寸的要求(图5.1),以保证具有一定的拆卸高度 h。轴承的安装尺寸见表5.9~表5.13。

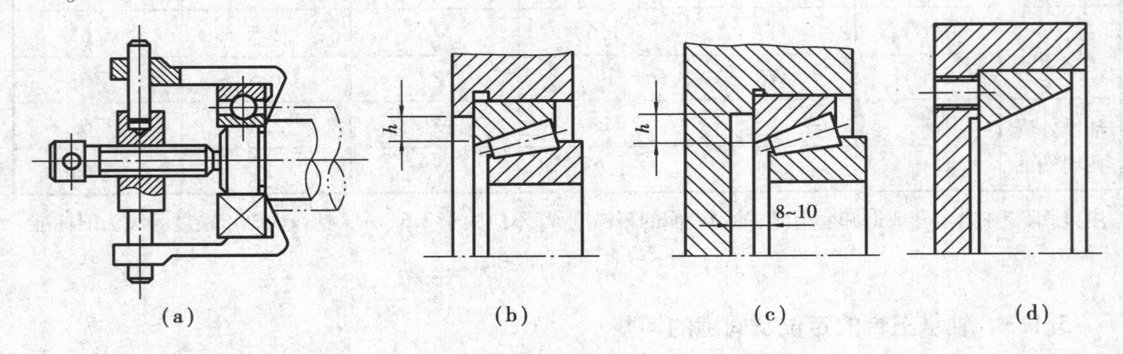

图5.1 保证轴承拆卸的措施

5.1.6 支承的刚度和轴承孔的同轴度

安装轴承的机座处刚度不足或同一轴上的轴承孔不能保证一定的同轴度,都会阻滞轴承滚动体的正常运动而导致轴承寿命降低,因此应从结构上保证轴承支承处的刚度。例如可将安装轴承处的机座壁加厚或加筋(图5.2),具体尺寸见第7章箱体设计。

为保证两轴承孔的同轴度,同一轴上的轴承孔应尽可能一次镗出。

滚动轴承的润滑与密封形式见第7章。

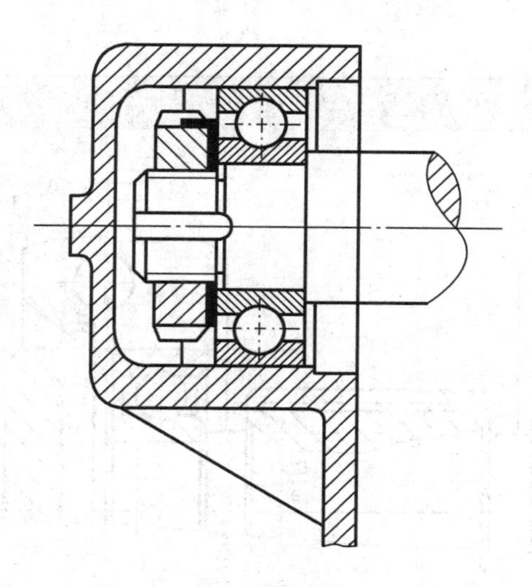

图5.2　保证支承刚度的措施

5.2　滚动轴承部件的常见结构示例

滚动轴承部件常用结构示例见表5.6～表5.8。

表5.6　圆柱齿轮减速器轴承部件的常用结构

结构型式	特　点
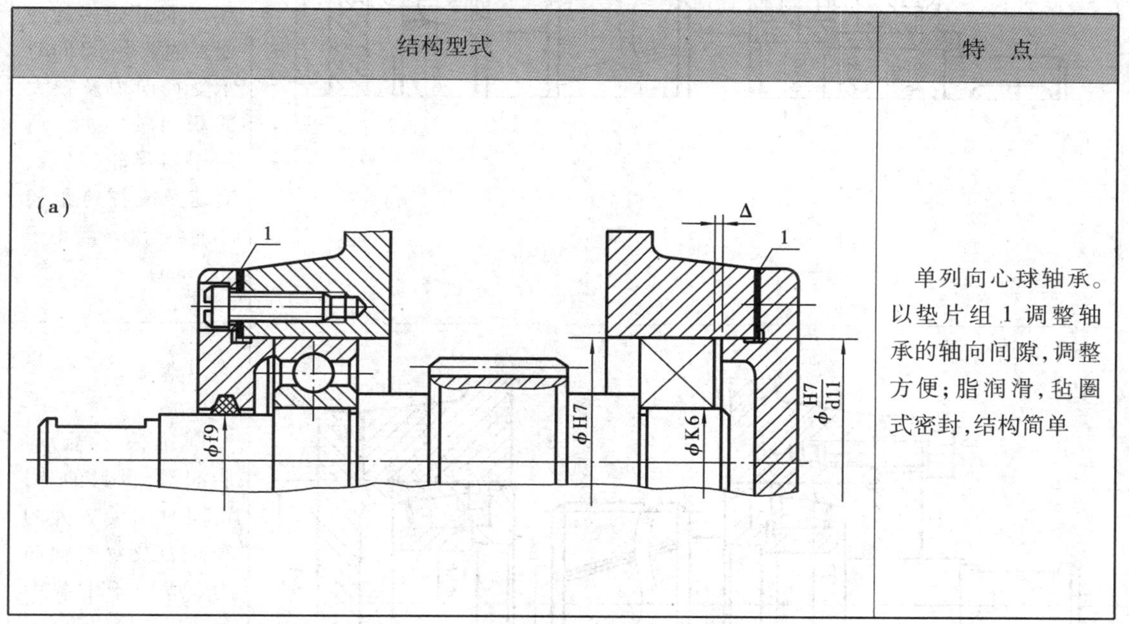	单列向心球轴承。以垫片组1调整轴承的轴向间隙，调整方便；脂润滑，毡圈式密封，结构简单

续表

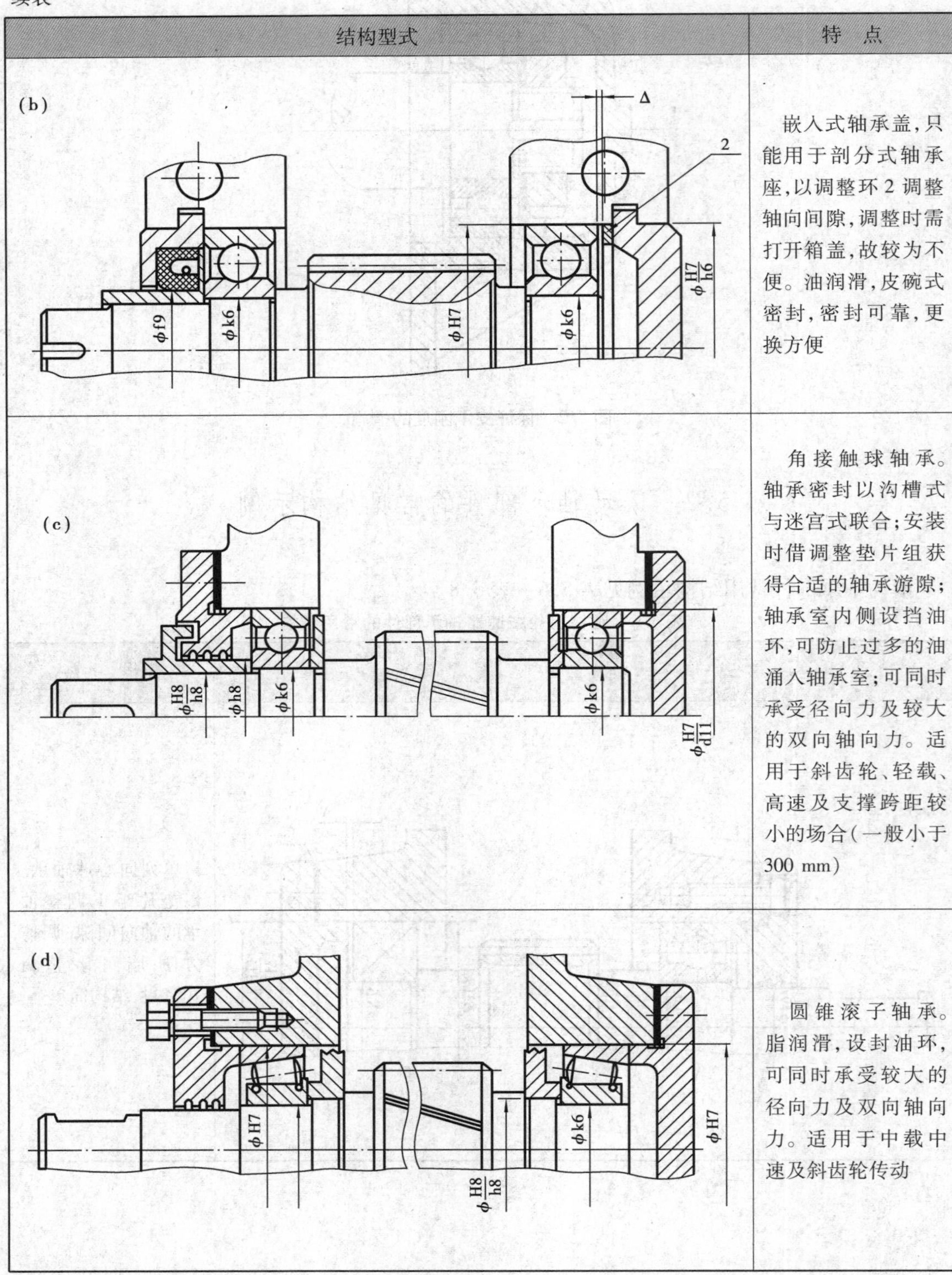

结构型式	特　点
(b)	嵌入式轴承盖,只能用于剖分式轴承座,以调整环 2 调整轴向间隙,调整时需打开箱盖,故较为不便。油润滑,皮碗式密封,密封可靠,更换方便
(c)	角接触球轴承。轴承密封以沟槽式与迷宫式联合;安装时借调整垫片组获得合适的轴承游隙;轴承室内侧设挡油环,可防止过多的油涌入轴承室;可同时承受径向力及较大的双向轴向力。适用于斜齿轮、轻载、高速及支撑跨距较小的场合(一般小于 300 mm)
(d)	圆锥滚子轴承。脂润滑,设封油环,可同时承受较大的径向力及双向轴向力。适用于中载中速及斜齿轮传动

续表

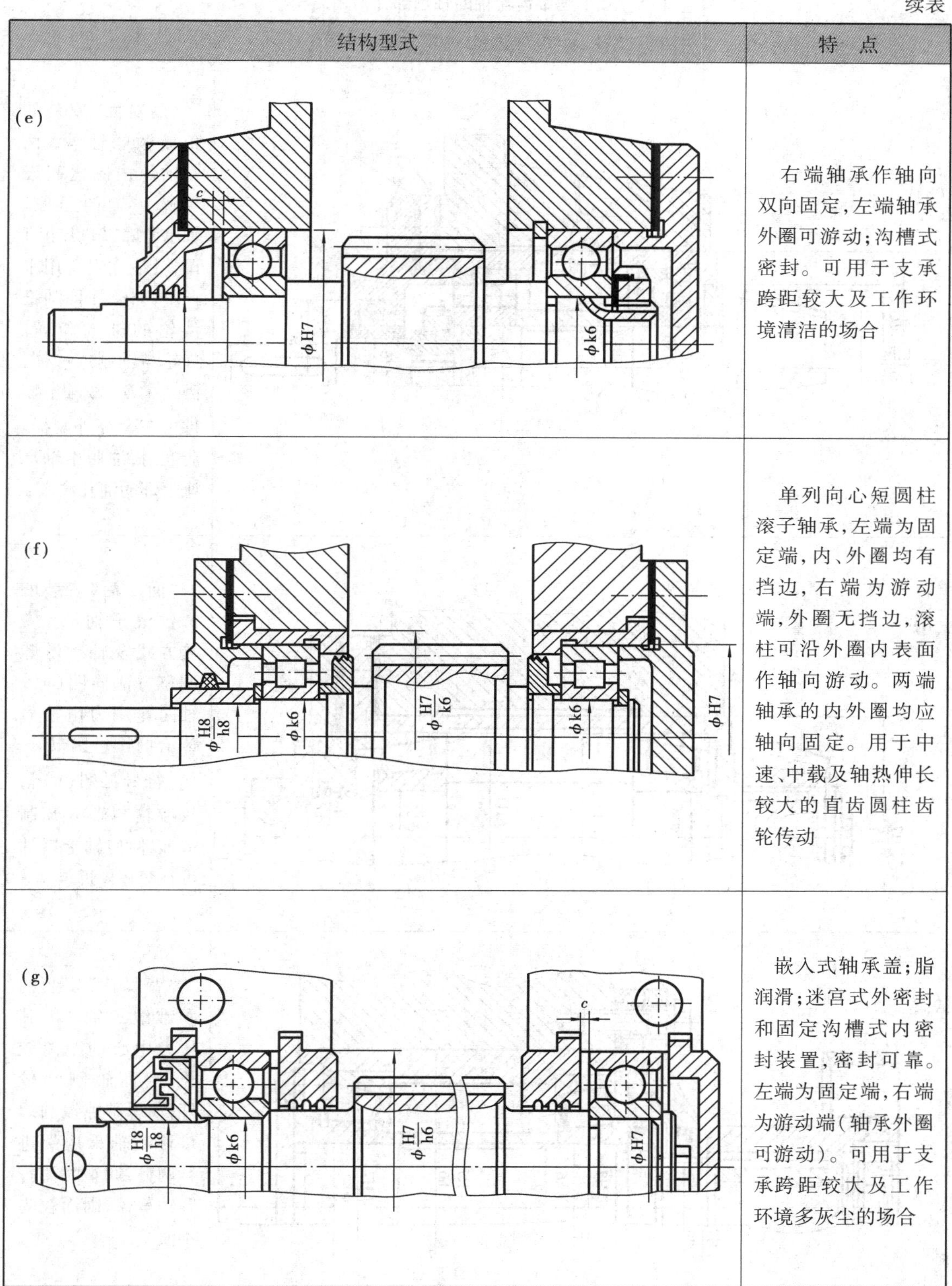

结构型式	特　点
(e)	右端轴承作轴向双向固定,左端轴承外圈可游动;沟槽式密封。可用于支承跨距较大及工作环境清洁的场合
(f)	单列向心短圆柱滚子轴承,左端为固定端,内、外圈均有挡边,右端为游动端,外圈无挡边,滚柱可沿外圈内表面作轴向游动。两端轴承的内外圈均应轴向固定。用于中速、中载及轴热伸长较大的直齿圆柱齿轮传动
(g)	嵌入式轴承盖;脂润滑;迷宫式外密封和固定沟槽式内密封装置,密封可靠。左端为固定端,右端为游动端(轴承外圈可游动)。可用于支承跨距较大及工作环境多灰尘的场合

表 5.7 小圆锥齿轮轴的轴承部件常用结构

结构型式	特　点
(a) 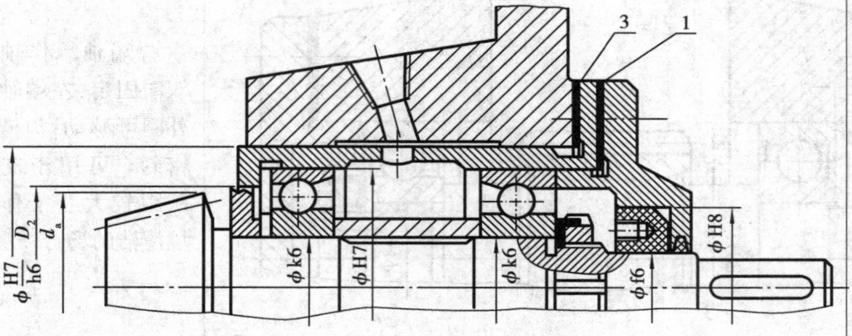	“面对面”安装的角接触球轴承。两端轴承内圈之间设套筒作轴向压紧。轴承游隙以垫片组 1 调整；垫片组 3 用来调整套杯、亦即圆锥齿轮的轴向位置。齿轮与轴制成一体，因 $d_a < D_2$，故轴上零件可在套杯外装拆。脂润滑，油脂由轴承座上部的油孔注入
(b) 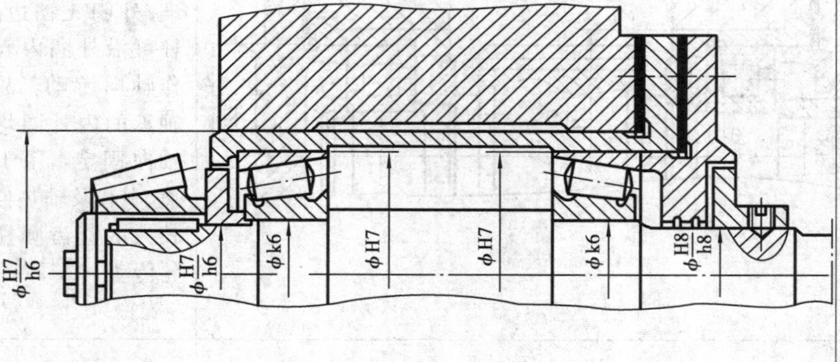	“面对面”安装的圆锥滚子轴承。安装方式及轴承游隙调整方法同图(a)。轴向作用力由轴肩传给内圈。因 $d_a > D_2$[符号见图(a)]，故齿轮与轴分开制造，以便使轴上零件可在套杯外拆装
(c) 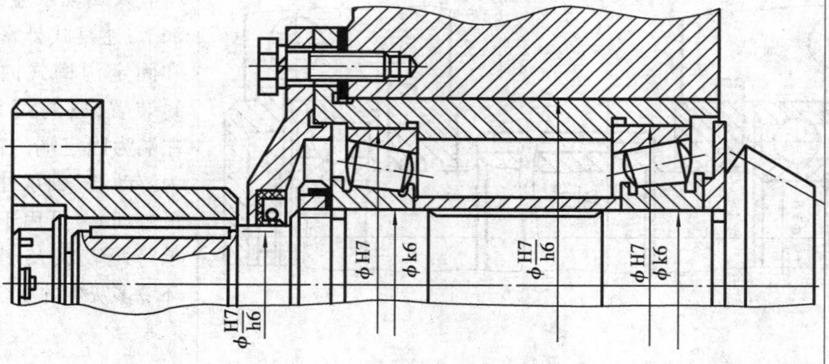	“背靠背”安装的圆锥滚子轴承。其压力中心的距离较长，因而轴刚性较好；轴承游隙以圆螺母移动轴承内圈进行调整，调整时需打开轴承盖，因而较为不便

表5.8　蜗杆轴的轴承部件常用结构

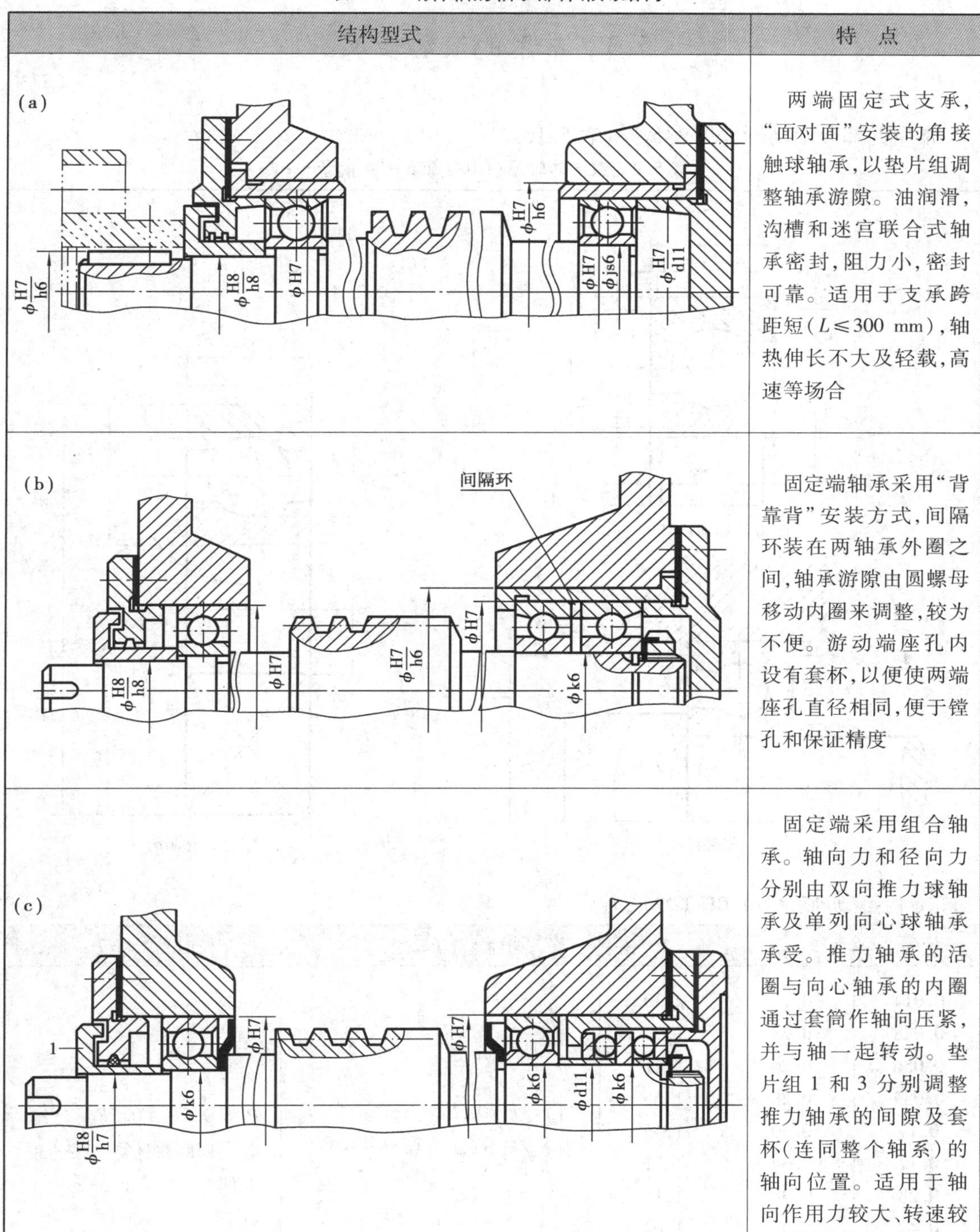

结构型式	特　点
(a)	两端固定式支承，“面对面”安装的角接触球轴承，以垫片组调整轴承游隙。油润滑，沟槽和迷宫联合式轴承密封，阻力小，密封可靠。适用于支承跨距短（$L\leqslant300$ mm），轴热伸长不大及轻载，高速等场合
(b)	固定端轴承采用“背靠背”安装方式，间隔环装在两轴承外圈之间，轴承游隙由圆螺母移动内圈来调整，较为不便。游动端座孔内设有套杯，以便使两端座孔直径相同，便于镗孔和保证精度
(c)	固定端采用组合轴承。轴向力和径向力分别由双向推力球轴承及单列向心球轴承承受。推力轴承的活圈与向心轴承的内圈通过套筒作轴向压紧，并与轴一起转动。垫片组1和3分别调整推力轴承的间隙及套杯（连同整个轴系）的轴向位置。适用于轴向作用力较大、转速较高及轴热伸长大等场合

5.3　常用的滚动轴承

常用的部分滚动轴承见表 5.9 ~ 表 5.13。

表 5.9　深沟球轴承(GB/T 276—94 摘录)

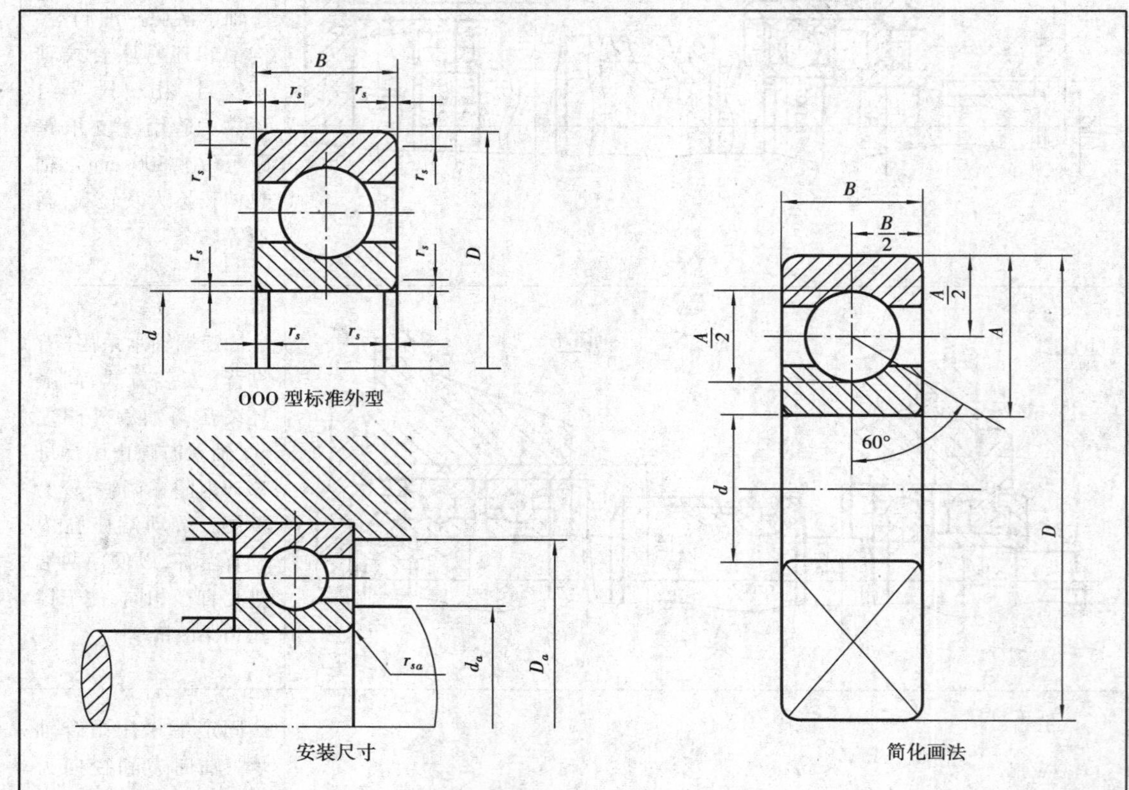

标记示例:滚动轴承 6210(GB/T 276—94)

F_aC_{0r}	e	Y	径向当量动负荷	径向当量静负荷
0.014	0.19	2.30	当 $F_a/F_r \leqslant e, P_r = F_r$ 当 $F_a/F_r > e, P_r = 0.56F_r + YF_a$	$P_{0r} = F_r$ $P_{0r} = 0.6F_r + 0.5F_a$ 取上列两式计算结果的较大值
0.028	0.22	1.99		
0.056	0.26	1.71		
0.084	0.28	1.55		
0.11	0.30	1.45		
0.17	0.34	1.31		
0.28	0.38	1.15		
0.42	0.42	1.04		
0.56	0.44	1.00		

续表

轴承型号	尺寸/mm				安装尺寸/mm			额定动负荷 C_r/kN	额定静负荷 C_{0r}/kN	极限转速/(r·min^{-1})	
	d	D	B	r_s /min	d_a /min	D_a /max	r_{sa} /max			脂润滑	油润滑
(0)2系列											
6202	15	35	11	0.6	20	30	0.6	7.65	3.72	17 000	22 000
6203	17	40	12	0.6	22	35	1	9.58	4.78	16 000	20 000
6204	20	47	14	1	26	41	1	12.8	6.65	14 000	18 000
6205	25	52	15	1	31	46	1	14.0	7.88	12 000	16 000
6206	30	62	16	1	36	56	1	19.5	11.5	9 500	13 000
6207	35	72	17	1.1	42	65	1	25.5	15.2	8 500	11 000
6208	40	80	18	1.1	47	73	1	29.5	18.0	8 000	10 000
6209	45	85	19	1.1	52	78	1	31.5	20.5	7 000	9 000
6210	50	90	20	1.1	57	83	1	35.0	23.2	6 700	8 500
6211	55	100	21	1.5	64	91	1.5	43.2	29.2	6 000	7 500
6212	60	110	22	1.5	69	101	1.5	47.8	32.8	5 600	7 000
6213	65	120	23	1.5	74	111	1.5	57.2	40.0	5 000	6 300
6214	70	125	24	1.5	79	116	1.5	60.8	45.0	4 800	6 000
6215	75	130	25	1.5	84	121	1.5	66.0	49.5	4 500	5 600
6216	80	140	26	2	90	130	2	71.5	54.2	4 300	5 300
6217	85	150	28	2	95	140	2	83.2	63.8	4 000	5 000
6218	90	160	30	2	10	150	2	95.8	71.5	3 800	4 800
6219	95	170	32	2.1	107	158	2	110	82.8	3 600	4 500
6220	100	180	34	2.1	112	168	2	122	92.8	3 400	4 300

续表

(0)3 系列											
6304	20	52	15	1.1	27	45	1	15.8	7.88	13 000	17 000
6305	25	62	17	1.1	32	55	1	22.2	11.5	10 000	14 000
6306	30	72	19	1.1	37	65	1	27.0	15.2	9 000	12 000
6307	35	80	21	1.5	44	71	1.5	33.2	19.2	8 000	10 000
6308	40	90	23	1.5	49	81	1.5	40.8	24.0	7 000	9 000
6309	45	100	25	1.5	54	91	1.5	52.8	31.8	6 300	8 000
6310	50	110	27	2	60	100	2	61.8	38.0	6 000	7 500
6311	55	120	29	2	65	110	2	71.5	44.8	5 300	6 700
6312	60	130	31	2.1	72	118	2.1	81.8	51.8	5 000	6 300
6313	65	140	33	2.1	77	128	2.1	93.8	60.5	4 500	5 600
6314	70	150	35	2.1	82	138	2.1	105	68.0	4 300	5 300
6315	75	160	37	2.1	87	148	2.1	112	76.8	4 000	5 000
6316	80	170	39	2.1	92	158	2.1	122	86.5	3 800	4 800
6317	85	180	41	3	99	166	2.5	132	96.5	3 600	4 500
6318	90	190	43	3	104	176	2.5	145	108	3 400	4 300
6319	95	200	45	3	109	186	2.5	155	122	3 200	4 000
6320	100	215	47	3	114	201	2.5	172	140	2 800	3 600
(0)4 系列											
6404	20	72	19	1.1	27	65	1	31.0	15.2	9 500	13 000
6405	25	80	21	1.5	34	71	1.5	38.2	19.2	8 500	11 000
6406	30	90	23	1.5	39	81	1.5	47.5	24.5	8 000	10 000
6407	35	100	25	1.5	44	91	1.5	56.8	29.5	6 700	85 000
6408	40	110	27	2	50	100	2	65.5	37.5	6 300	8 000
6409	45	120	29	2	55	110	2	77.5	45.5	5 600	7 000
6410	50	130	31	2.1	62	118	2	92.2	55.5	5 300	6 700
6411	55	140	33	2.1	67	128	2	100	62.5	4 800	6 000
6412	60	150	35	2.1	72	138	2	108	70.0	4 500	5 600
6413	65	160	37	2.1	77	148	2	118	78.5	4 300	5 300
6414	70	180	42	3	84	166	2.5	140	99.5	3 800	4 800
6415	75	190	45	3	89	176	2.5	155	115	3 600	4 500
6416	80	200	48	3	94	186	2.5	162	125	3 400	4 300
6417	85	210	52	3	103	192	3	175	138	3 200	4 000
6418	90	225	54	4	108	207	3	192	158	2 800	3 600
6420	100	250	58	4	118	232	3	222	195	2 400	3 200

注:1. 表中 C_r 值适用于轴承为真空脱气轴承钢材料。如为普通电炉钢,C_r 值降低:如为真空重熔或电渣重熔轴承钢,C_r 值提高[9]。

2. r_{amin} 为 r 的单向最小倒角尺寸:r_{amax} 为 r_{as} 为的单向最大倒角尺寸。

表 5.10　圆柱滚子轴承（GB/T 283—94 摘录）

外圆无挡边圆柱滚子轴承 N 型　　　　外圆单向挡边圆柱滚子轴承 NF 型

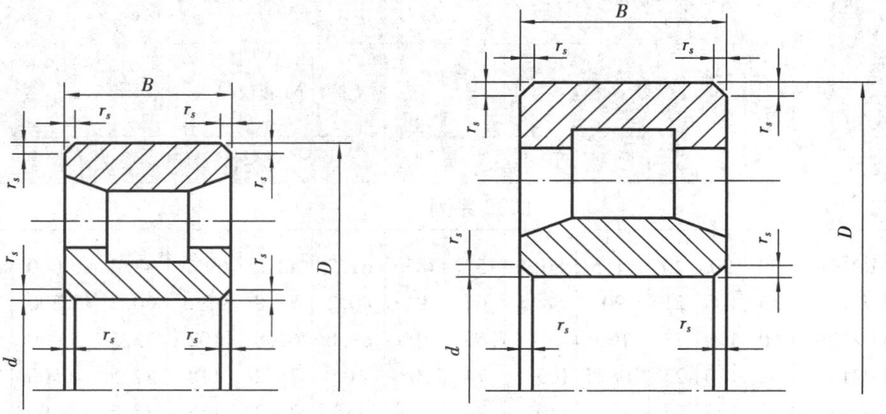

标准外型

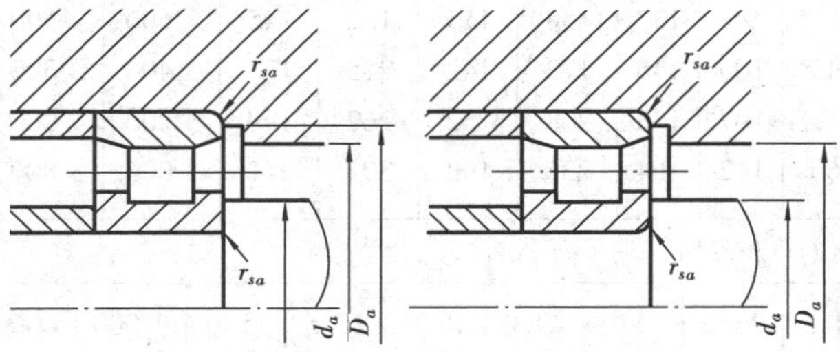

安装尺寸

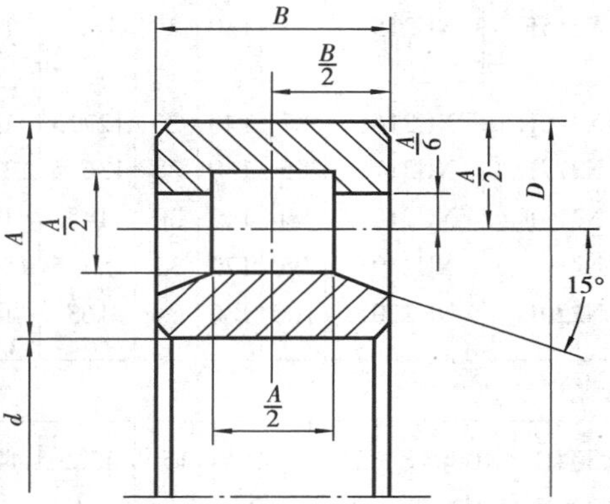

简化画法

标记示例：滚动轴承 N210E　GB/T 283—94　　　　径向当量动负荷 $P_r = F_r$ 径向当量静负荷 $P_{0r} = F_r$

轴承型号		尺寸/mm					安装尺寸/mm		额定动负荷 C_r/kN		额定动负荷 C_{0r}/kN		极限转速 /(r·m^{-1})	
		d	D	B	E_a		d_a	D_a	N 型	NF 型	N 型	NF 型	脂润滑	油润滑
					N 型	NF 型								
(0)2 系列														
N204E	NU204E	20	47	14	41.5	40	25	42	25.8	12.5	24.0	11.0	12 000	16 000
N205E	NU205E	25	52	15	46.5	45	30	47	27.5	14.2	26.8	12.8	10 000	14 000
N206E	NU206E	30	62	16	55.5	53.5	36	56	36.0	19.5	35.5	18.2	8 500	11 000
N207E	NU207E	35	72	17	64	61.8	42	64	46.5	28.5	48.0	28.0	7 500	9 500
N208E	NU208E	40	80	18	71.5	70	47	72	51.5	37.5	53.0	38.2	7 000	9 000
N209E	NU209E	45	85	19	76.5	75	52	77	58.5	39.8	63.8	41.0	6 300	8 000

续表

轴承型号		尺寸/mm					安装尺寸/mm		额定动负荷 C_r/kN		额定动负荷 C_{0r}/kN		极限转速/(r·m^{-1})	
		d	D	B	E_a		d_a	D_a	N 型	NF 型	N 型	NF 型	脂润滑	油润滑
					N 型	NF 型								
(0)2 系列														
N210E	NU210E	50	90	20	81.5	80.4	57	83	61.2	43.2	69.2	48.5	6 000	7 500
N211E	NU211E	55	100	21	90	88.5	64	91	80.2	52.8	95.5	60.2	5 300	6 700
N212E	NU212E	60	110	22	100	97	69	100	89.8	62.8	102	73.5	5 000	6 300
N213E	NU213E	66	120	23	108.5	105.5	74	108	102	73.2	118	87.5	4 500	5 600
N214E	NU214E	70	125	24	113.5	110.5	79	114	112	73.2	135	87.5	4 300	5 300
N215E	NU215E	75	130	25	18.5	118.3	84	120	125	89.0	155	110	4 000	5 000
N216E	NU216E	80	140	26	127.3	125	90	128	132	102	165	125	3 800	4 800
N217E	NU217E	85	150	28	136.5	135.5	95	137	158	115	192	145	3 600	4 500
N218E	NU218E	90	160	30	145	143	100	146	172	142	215	178	3 400	4 300
N219E	NU219E	95	170	32	154.5	151.5	107	155	208	152	262	190	3 200	4 000
N220E	NU220E	100	180	34	163	160	112	164	235	168	302	212	3 000	3 800
(0)3 系列														
N304E	NU304E	20	52	15	45.5	44.5	26.5	47	29.0	18.0	25.5	15.0	11 000	15 000
N305E	NU305E	25	62	17	54	53	31.5	55	38.5	25.5	35.8	22.5	9 000	12 000
N306E	NU306E	30	72	19	62.5	62	37	64	49.2	33.5	48.2	31.5	8 000	10 000
N307E	NU307E	35	80	21	70.2	68.2	44	71	62.0	41.0	63.2	39.2	7 000	9 000
N308E	NU308E	40	90	23	80	77.5	49	80	76.8	48.8	77.8	47.5	6 300	8 000
N309E	NU309E	45	100	25	88.5	86.5	54	89	93.0	66.8	98.0	66.8	5 600	7 000
N310E	NU310E	50	110	27	97	95	60	98	105	76.0	112	79.5	5 300	6 700
N311E	NU311E	55	120	29	106.5	104.5	65	107	128	97.8	138	105	4 800	6 000
N312E	NU312E	60	130	31	115	113	72	116	142	1 181	155	128	4 500	5 600
N313E	NU313E	65	140	33	124.5	121.5	77	125	170	125	188	135	4 000	5 000
N314E	NU314E	70	150	35	133	130	82	134	195	145	220	162	3 800	4 800
N315E	NU315E	75	160	37	143	139.5	87	143	228	165	260	188	3 600	4 500
N316E	NU316E	80	170	39	151	147	92	151	245	175	282	200	3 400	4 300
N317E	NU317E	85	180	41	160	156	99	160	280	212	332	242	3 200	4 000
N318E	NU318E	90	190	43	169.5	165	104	169	298	228	348	265	3 000	3 800
N319E	NU319E	95	200	45	177.5	173.5	109	178	315	245	380	288	2 800	3 600
N320E	NU320E	100	215	47	191.5	185.5	114	190	365	282	425	340	2 600	3 200

续表

(0)4 系列														
N406		30	90	23	73		39	—	57.2		53.0		7 000	9 000
N407		35	100	25	83		44	—	70.8		68.2		6 000	7 500
N408		40	110	27	92		50	—	90.5		89.2		5 600	7 000
N409		45	120	29	100.5		55	—	102		100		5 000	6 300
N410		50	130	31	110.8		62	—	120		120		4 800	6 000
N411		55	140	33	117.2		67	—	128		132		4 300	5 300
N412		60	150	35	127		72	—	155		162		4 000	5 000
N413		65	160	37	135.3		77	—	170		178		3 800	4 800
N414		70	180	42	152		84	—	215		232		3 400	4 300
N415		75	190	45	160.5		89	—	250		272		3 200	4 000
N416		80	200	48	170		94	—	285		315		3 000	3 800
N417		85	210	52	179.5		103	—	312		345		2 800	3 600
N418		90	225	54	191.5		108	—	352		392		2 400	3 200
N419		95	240	55	201.5		113	—	378		428		2 200	3 000
N420		100	250	58	211		118	—	418		480		2 000	2 800

注：1. 后缀带 E 为加强型圆柱滚子轴承，应优先选用。

2. 轴承内外圈圆角半径与相同公称直径的深沟球轴承相同。

表 5.11　角接触球轴承（GB/T 292—94 摘录）

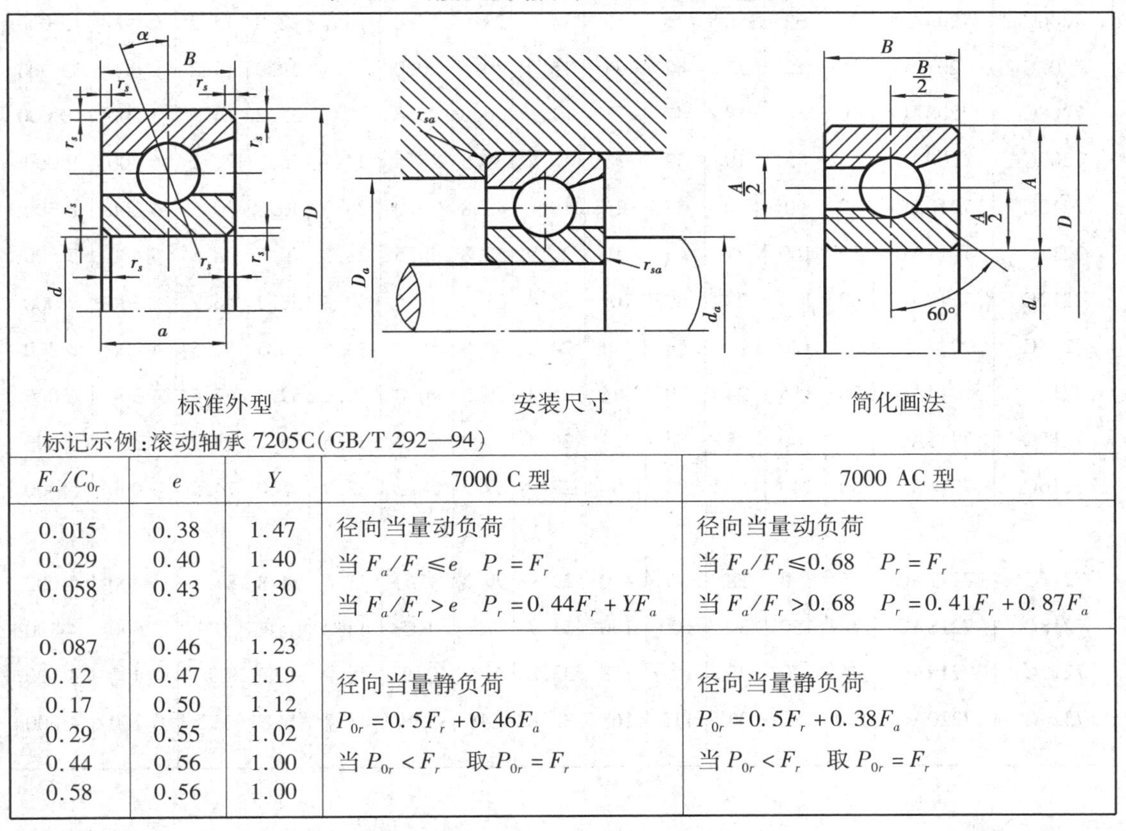

标准外型　　安装尺寸　　简化画法

标记示例：滚动轴承 7205C（GB/T 292—94）

F_a/C_{0r}	e	Y	7000 C 型	7000 AC 型
0.015 0.029 0.058	0.38 0.40 0.43	1.47 1.40 1.30	径向当量动负荷 当 $F_a/F_r \leqslant e$　$P_r = F_r$ 当 $F_a/F_r > e$　$P_r = 0.44F_r + YF_a$	径向当量动负荷 当 $F_a/F_r \leqslant 0.68$　$P_r = F_r$ 当 $F_a/F_r > 0.68$　$P_r = 0.41F_r + 0.87F_a$
0.087 0.12 0.17 0.29 0.44 0.58	0.46 0.47 0.50 0.55 0.56 0.56	1.23 1.19 1.12 1.02 1.00 1.00	径向当量静负荷 $P_{0r} = 0.5F_r + 0.46F_a$ 当 $P_{0r} < F_r$　取 $P_{0r} = F_r$	径向当量静负荷 $P_{0r} = 0.5F_r + 0.38F_a$ 当 $P_{0r} < F_r$　取 $P_{0r} = F_r$

续表

轴承型号		基本尺寸/mm			安装尺寸/mm		7000C（α=15°）			7000AC（α=25°）			极限转速/（r·min^{-1}）	
		d	D	B	d_a/min	D_a/max	a/mm	基本额定动载荷 C_r/kN	基本额定静载荷 C_{0r}/kN	a/mm	基本额定动载荷 C_r/kN	基本额定静载荷 C_{0r}/kN	脂润滑	油润滑
（0）2 系列														
7202C	7202AC	15	35	11	20	30	8.9	8.68	4.62	11.4	8.35	4.40	16 000	22 000
7203C	7203AC	17	40	12	22	35	9.9	10.8	5.95	12.8	10.5	5.65	15 000	20 000
7204C	7204AC	20	47	14	26	41	11.5	14.5	8.22	14.9	14.0	7.82	13 000	18 000
7205C	7205AC	25	52	15	31	46	12.7	16.5	10.5	16.4	15.8	9.88	11 000	16 000
7206C	7206AC	30	62	16	36	56	14.2	23.0	15.0	18.7	22.0	14.2	9 000	13 000
7207C	7207AC	35	72	17	42	65	15.7	30.5	20.0	21	29.0	19.2	8 000	11 000
7208C	7208AC	40	80	18	47	73	17	36.8	25.8	23	35.2	24.5	7 500	10 000
7209C	7209AC	45	85	19	52	78	18.2	38.5	28.5	24.7	36.8	27.2	6 700	9 000
7210C	7210AC	50	90	20	57	83	19.4	42.8	32.0	26.3	40.8	30.5	6 300	8 500
7211C	7211AC	55	100	21	64	91	20.9	52.8	40.5	28.6	50.5	38.5	5 600	7 500
7212C	7212AC	60	110	22	69	101	22.4	61.0	48.5	30.8	58.2	46.2	5 300	7 000
7213C	7213AC	65	120	23	74	111	24.2	69.8	55.2	33.5	66.5	52.5	4 800	6 300
7214C	7214AC	70	125	24	79	116	25.3	70.2	60.0	35.1	69.2	57.5	4 500	6 000
7215C	7215AC	75	130	25	84	121	26.4	79.2	65.8	36.6	75.2	63.0	4 300	5 600
7216C	7216AC	80	140	26	90	130	27.7	89.5	78.2	38.9	85.0	74.5	4 000	5 300
7217C	7217AC	85	150	28	95	140	29.9	99.8	85.0	41.6	94.8	81.5	3 800	5 000
7218C	7218AC	90	160	30	100	150	31.7	122	105	44.2	118	100	3 600	4 800
7219C	7219AC	95	170	32	107	158	33.8	135	115	46.9	128	108	3 400	4 500
7320C	7220AC	100	180	34	112	168	35.8	148	128	49.7	142	122	3 200	4 300

续表

(0)3 系列														
7304C	7304AC	20	52	15	27	45	11.3	14.2	9.68	16.8	13.8	9.10	12 000	17 000
7305C	7305AC	25	62	17	32	55	13.1	21.5	15.8	19.1	20.8	14.8	9 500	14 000
7306C	7306AC	30	72	19	37	65	15	26.5	19.8	22.2	25.2	18.5	8 500	12 000
7307C	7307AC	35	80	21	44	71	16.6	34.2	26.8	24.5	32.8	24.8	7 500	10 000
7308C	7308AC	40	90	23	49	81	18.5	40.2	32.3	27.5	38.5	30.5	6 700	9 000
7309C	7309AC	45	100	25	54	91	20.2	49.2	39.8	30.2	47.5	37.2	6 000	8 000
7310C	7310AC	50	110	27	60	100	22	53.5	47.2	33	55.5	44.5	5 600	7 500
7311C	7311AC	55	120	29	65	110	23.8	70.5	60.5	35.8	67.2	56.8	5 000	6 700
7312C	7312AC	60	130	31	72	118	25.6	80.5	70.2	38.7	77.8	65.8	4 800	6 300
7313C	7313AC	65	140	33	77	128	27.4	91.5	80.5	41.5	89.8	75.5	4 300	5 600
7314C	7314AC	70	150	35	82	138	29.2	102	91.5	44.3	98.5	86.0	4 000	5 300
7315C	7315AC	75	160	37	87	148	31	112	105	47.2	108	97.0	3 800	5 000
7316C	7316AC	80	170	39	92	158	32.8	122	118	50	118	108	3 600	4 800
7317C	7317AC	85	180	41	99	166	34.6	132	128	52.8	125	122	3 400	4 500
7318C	7318AC	90	190	43	104	176	36.4	142	142	55.6	135	135	3 200	4 300
7319C	7319AC	95	200	45	109	186	38.2	152	158	58.5	145	148	3 000	4 000
7320C	7320AC	100	215	47	114	201	40.2	162	175	61.9	165	178	2 600	3 600
(0)4 系列														
	7406AC	30	90	23	39	81				26.1	42.5	32.2	7 500	10 000
	7407AC	35	100	25	44	91				29	53.8	42.5	6 300	8 500
	7408AC	40	110	27	50	100				31.8	62.0	49.5	6 000	8 000
	7409AC	45	120	29	55	110				34.6	66.8	52.8	5 300	7 000
	7410AC	50	130	31	62	118				37.4	76.5	64.2	5 000	6 700
	7412AC	60	150	35	72	138				43.1	102	90.8	4 300	5 600
	7414AC	70	180	42	84	166				51.5	125	125	3 600	4 800
	7416AC	80	200	48	94	186				58.1	152	162	3 200	4 300

注：1. 表中 C_r 值对(1)0、(0)2 系列为真空脱气轴承钢的负荷能力，对(0)3、(0)4 系列为电炉轴承钢的负荷能力。

2. 轴承内外圈圆角半径与相同公称直径的深沟球轴承相同。

表 5.12 圆锥滚子轴承(GB/T 297—94 摘录)

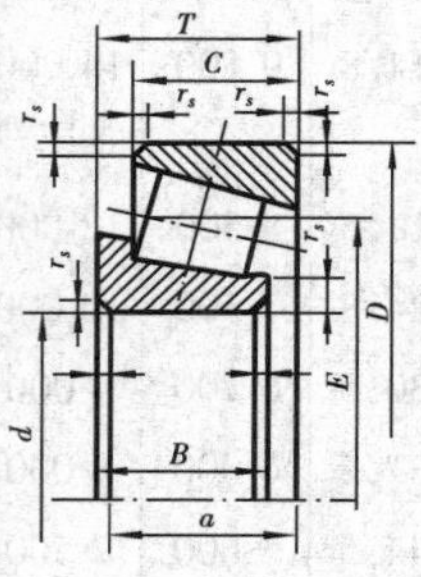

标准外形 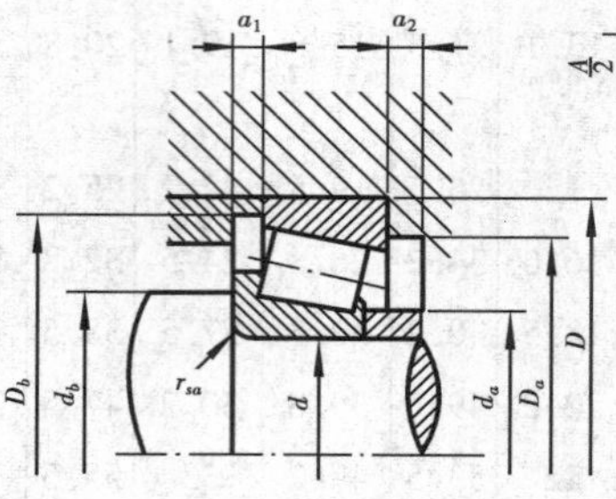　　安装尺寸 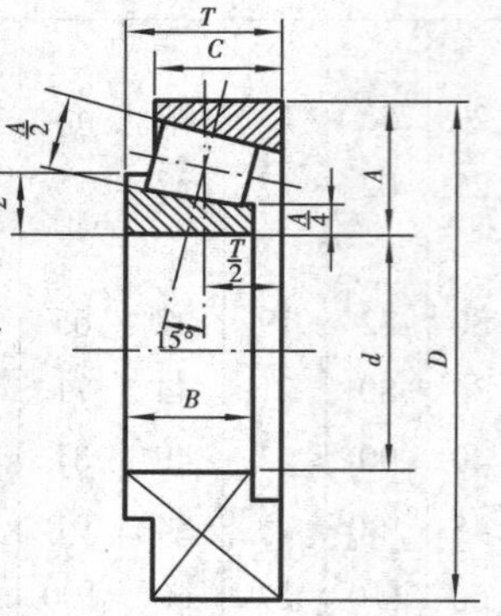　　简化画法

径向当量动负荷：当 $F_a/F_r<e$，$P_r=F_r$；当 $F_a/F_r>e$，$P_r=0.4F_r+YF_a$

径向当量静负荷：$P_{0r}=F_r$；$P_{0r}=0.5F_r+0.22\cot\alpha F_a$；取上列两式计算结果的较大值

标记示例：滚动轴承 30205 GB/T 297—94

轴承型号	基本尺寸/mm						安装尺寸/mm							计算系数			基本额定 动负荷 C_r	基本额定 静负荷 C_{0r}	极限转速/(r·min^{-1})	
	d	D	T	B	C	a r	d/min	d/max	D/min	D_a/max	D_a/min	a_1/min	a_2/min	e	Y	Y_0	kN		脂润滑	油润滑
02 系列																				
30203	17	40	13.25	12	11	9.9	23	23	34	34	37	2	2.5	0.35	1.7	1	20.8	21.8	9 000	12 000
30204	20	47	15.25	14	12	11.2	26	27	40	41	43	2	3.5	0.35	1.7	1	28.2	30.5	8 000	10 000
30205	25	52	16.25	15	13	12.5	31	31	44	46	48	2	3.5	0.37	1.6	0.9	32.2	37.0	7 000	9 000
30206	30	62	17.25	16	14	13.8	36	37	53	55	58	2	3.5	0.37	1.6	0.9	43.2	50.5	6 000	7 500
30207	35	72	18.25	17	15	15.3	42	44	62	65	67	3	3.5	0.37	1.6	0.9	54.2	63.5	5 300	6 700
30208	40	80	19.75	18	16	16.9	47	49	69	73	75	3	4	0.37	1.6	0.9	63.0	74.0	5 000	6 300
30209	45	85	20.75	19	16	18.6	52	58	74	78	80	3	5	0.4	1.5	0.8	67.8	83.5	4 500	5 600
30210	50	95	12.75	20	17	20	57	58	79	83	86	3	5	0.42	1.4	0.8	73.2	92.0	4 300	5 300
30211	55	100	22.75	21	18	21	64	64	88	91	96	4	5	0.4	1.5	0.8	90.8	115	3 600	4 800
30212	60	110	23.75	22	19	22.3	69	69	96	101	103	4	5	0.4	1.5	0.8	102	130	3 600	4 500
30213	65	120	24.75	23	20	23.8	74	77	106	111	114	4	5	0.4	1.5	0.8	120	152	3 200	4 000
30214	70	125	26.75	24	21	25.8	79	81	110	116	119	4	5.5	0.42	1.4	0.8	132	175	3 000	3 800

续表

轴承型号	基本尺寸/mm						安装尺寸/mm							计算系数			基本额定 动负荷 C_r	基本额定 静负荷 C_{0r}	极限转速/$(r\cdot min^{-1})$	
	d	D	T	B	C	a r	d/min	d/max	D/min	D_a/max	D_a/min	a_1/min	a_2/min	e	Y	Y_0	kN		脂润滑	油润滑
02系列																				
30215	75	130	27.75	25	22	27.4	84	85	115	121	125	4	5.5	0.44	1.4	0.8	138	185	2 800	3 600
30216	80	140	28.75	26	22	28.1	90	90	124	130	133	4	6	0.42	1.4	0.8	160	202	2 600	3 400
30217	85	150	30.50	28	24	30.3	95	96	132	140	142	5	6.5	0.42	1.4	0.8	178	238	2 400	3 200
30218	90	160	32.50	30	26	32.3	100	102	140	150	151	5	6.5	0.42	1.4	0.8	200	270	2 200	3 000
30219	95	170	34.50	32	27	34.2	107	108	149	158	160	5	7.5	0.42	1.4	0.8	228	308	2 000	2 800
30220	100	180	37.00	34	29	36.4	112	114	157	168	169	5	8	0.42	1.4	0.8	255	360	1 900	2 600
03系列																				
30304	20	52	16.25	15	13	11.1	27	28	44	45	48	3	3.5	0.3	2	1.1	33.0	33.2	7 500	9 600
30305	25	62	18.25	17	15	13	32	34	54	55	58	3	3.5	0.3	2	1.1	46.8	48.0	6 300	8 000
30306	30	72	20.75	19	16	15.3	37	40	62	66	65	3	5	0.31	1.9	1.1	59.0	63.0	5 600	7 000
30307	35	80	22.75	21	18	16.8	44	45	70	71	74	3	5	0.31	1.9	1.1	75.2	82.5	5 000	6 300
30308	40	90	25.25	23	20	19.5	49	52	77	81	84	3	5.5	0.35	1.7	1	90.8	108	4 500	5 600
30309	45	100	27.25	25	22	21.3	54	59	86	91	94	3	5.5	0.35	1.7	1	108	130	4 000	5 000
30310	50	110	29.25	27	23	23	60	65	95	100	108	4	6.5	0.35	1.7	1	130	158	3 800	4 800
30311	55	120	31.5	29	25	24.9	65	70	104	110	112	4	6.5	0.35	1.7	1	152	188	3 400	4 300
30312	60	130	33.5	31	26	26.6	72	76	112	118	121	5	7.5	0.35	1.7	1	170	210	3 200	4 000
30313	65	140	36	33	28	28.7	77	83	122	128	131	5	8	0.35	1.7	1	195	242	2 800	3 600
30314	70	150	38	35	30	30.7	82	89	130	138	141	5	8	0.35	1.7	1	218	272	2 600	3 400
30315	75	160	40	37	31	32	87	95	139	148	150	5	9	0.35	1.7	1	252	318	2 400	3 200
30316	80	170	42.5	39	33	34.4	92	102	148	158	160	5	9.5	0.35	1.7	1	278	362	2 200	3 000
30317	85	180	44.5	41	34	35.9	99	107	156	166	168	6	10.5	0.35	1.7	1	305	368	2 000	2 800
30318	90	190	46.5	43	36	37.5	104	113	165	176	178	6	10.5	0.35	1.7	1	342	440	1 900	2 600
30319	95	200	49.5	45	38	40.1	109	118	172	186	185	6	11.5	0.35	1.7	1	370	428	1 800	2 400
30320	100	215	51.5	47	39	42.2	114	127	184	201	199	6	12.5	0.35	1.7	1	405	525	1 600	2 000

续表

轴承型号	基本尺寸/mm						安装尺寸/mm							计算系数			基本额定		极限转速/(r·min^{-1})	
																	动负荷 C_r	静负荷 C_{0r}		
	d	D	T	B	C	a r	d/min	d/max	D/min	D_a/max	D_a/min	a_1/min	a_2/min	e	Y	Y_0	/kN		脂润滑	油润滑
22 系列																				
32206	30	62	21.25	20	17	15.6	36	36	52	56	58	3	4.5	0.37	1.6	0.9	51.8	63.8	6 000	7 500
32207	35	72	24.25	23	19	17.9	42	42	61	65	68	3	5.5	0.37	1.6	0.9	70.5	89.5	5 300	6 700
32208	40	80	24.75	23	19	18.9	47	48	68	73	75	3	6	0.37	1.6	0.9	77.8	97.2	5 000	6 300
32209	45	85	24.75	23	19	20.1	52	53	73	78	81	3	6	0.4	1.5	0.8	80.8	105	4 500	5 600
32210	50	90	24.75	23	19	21	57	57	78	83	86	3	6	0.42	1.4	0.8	82.8	108	4 300	5 300
32211	55	100	26.75	25	21	22.8	64	62	87	91	96	4	6	0.4	1.5	0.8	108	142	3 800	4 800
32212	60	110	29.75	28	24	25	69	68	96	101	105	4	6	0.4	1.5	0.8	132	180	3 600	4 500
32213	65	120	32.75	31	27	27.3	74	75	104	111	115	4	6	0.4	1.5	0.8	160	222	3 200	4 000
32214	70	125	33.25	31	27	28.8	79	79	108	116	120	4	6.5	0.42	1.4	0.8	168	238	3 000	3 800
32215	75	130	33.25	31	27	30	84	84	115	121	126	4	6.5	0.44	1.4	0.8	170	242	2 800	3 600
32216	80	140	35.25	33	28	31.4	90	89	122	130	135	5	7.5	0.42	1.4	0.8	198	278	2 600	3 400
32217	85	150	38.5	36	30	33.9	95	95	130	140	143	5	8.5	0.42	1.4	0.8	228	325	2 400	3 200
32218	90	160	42.5	40	34	36.8	100	101	138	150	153	5	8.5	0.42	1.4	0.8	270	395	2 200	3 000
32219	95	170	45.5	43	37	39.2	107	106	145	158	163	5	8.5	0.42	1.4	0.8	302	448	2 000	2 800
32220	100	180	49	46	39	41.9	112	113	154	168	172	5	10	0.42	1.4	0.8	340	512	1 900	2 600
23 系列																				
32306	30	72	28.75	27	23	18.9	37	38	59	65	66	4	6	0.31	1.9	1.1	81.5	96.5	5 600	7 000
32307	35	80	32.75	31	25	20.4	44	43	66	71	74	4	8.5	0.31	1.9	1.1	99.0	118	5 000	6 300
32308	40	90	35.25	33	27	23.3	49	49	73	81	83	4	8.5	0.35	1.7	1	115	148	4 500	5 600
32309	45	100	38.25	36	30	25.6	54	56	82	91	93	4	8.5	0.35	1.7	1	145	188	4 000	5 000
32310	50	110	42.25	40	33	28.2	60	61	90	100	102	5	9.5	0.5	1.7	1	178	235	3 800	4 800
32311	55	120	45.5	43	35	30.4	65	66	99	110	111	5	10	0.35	1.7	1	202	270	3 400	4 300
32312	60	130	48.5	46	37	32	72	72	107	118	122	6	11.5	0.35	1.7	1	228	302	3 200	4 000
32313	65	140	51	48	39	34.3	77	79	117	128	131	6	12	0.35	1.7	1	260	350	2 800	3 600
32314	70	150	54	51	42	36.5	82	84	125	138	141	6	12	0.35	1.7	1	298	408	2 600	3 400
32315	75	160	58	55	45	39.4	87	91	133	148	150	7	13	0.35	1.7	1	348	482	2 400	3 200
32316	80	170	61.5	58	48	42.1	92	97	142	158	160	7	13.5	0.35	1.7	1	388	542	2 200	3 000
32317	85	180	63.5	60	49	43.5	99	102	150	166	168	8	14.5	0.35	1.7	1	422	592	2 000	2 800
32318	90	190	67.5	64	53	46.2	104	107	157	176	178	8	14.5	0.35	1.7	1	478	682	1 900	2 600
32319	95	200	71.5	67	55	49	109	114	166	186	187	8	16.5	0.35	1.7	1	515	738	1 800	2 400
32320	100	215	77.5	73	60	52.9	114	122	177	201	201	8	17.5	0.35	1.7	1	600	872	1 600	2 000

注:1. 同表 5.10 中注 1。同表 5.11 中注 2。

2. 内外圈圆角半径等于或略大于相同公称直径的深沟球轴承的圆角半径在 1 ~ 2.5mm 之间。

表 5.13　**推力球轴承**（GB/T 301—1995 **摘录**）

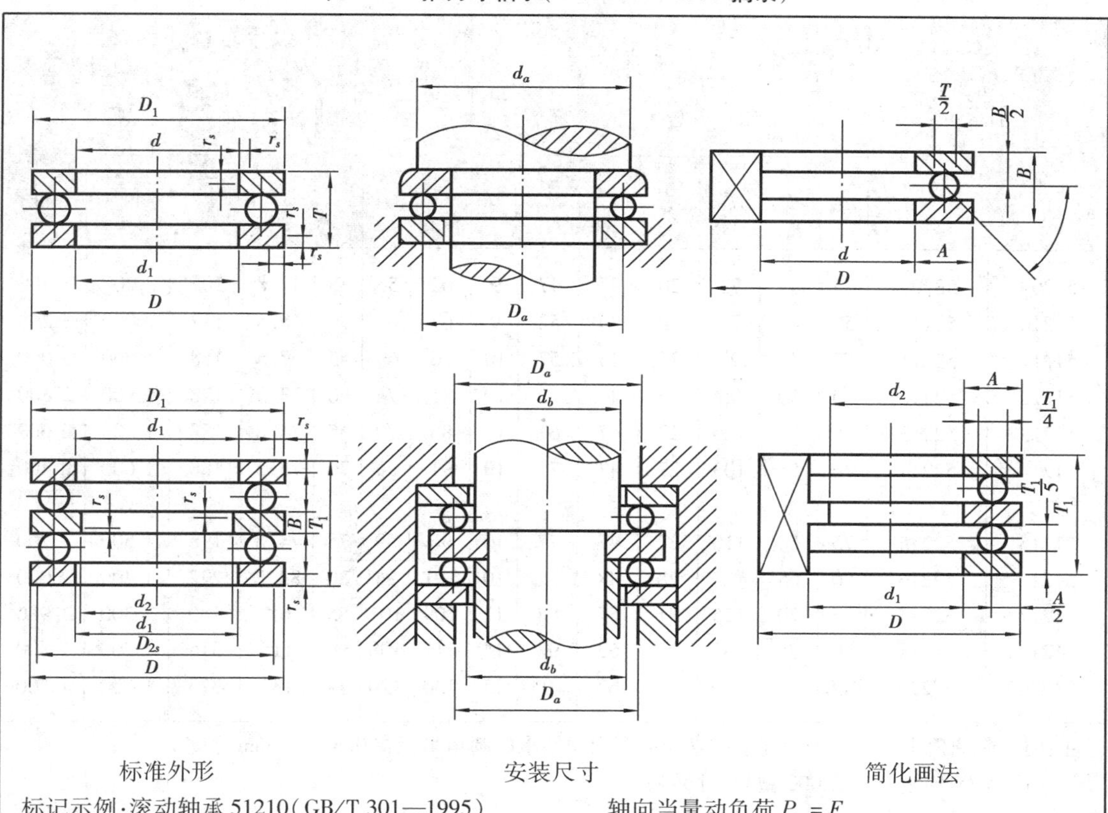

标准外形　　　　安装尺寸　　　　简化画法

标记示例：滚动轴承 51210（GB/T 301—1995）　　轴向当量动负荷 $P_r = F_r$

滚动轴承 52210（GB/T301—1995）　　轴向当量动负荷 $P_r = F_{0r}$

轴承型号		尺寸/mm							安装尺寸/mm			基本额定动负荷 C_a	基本额定静负荷 C_{0a}	极限转速/(r·min^{-1})	
		d	d_2	D	T	T_1	d_1 /min	B	d_a /min	D_a	d_b /max	kN		脂润滑	油润滑
12（51000 型）、22（52000 型）尺寸系列															
51202	52202	15	10	32	12	22	17	5	25	22	15	16.5	24.8	4 800	6 700
51203		17		35	12		19		28	24		17.0	27.2	4 500	6 300
51204	52204	20	15	40	14	26	22	6	32	28	20	22.2	37.5	3 800	5 300
51205	52205	25	20	47	15	28	27	7	38	34	25	27.8	50.5	3 400	4 800
51206	52206	30	25	52	16	29	32	7	43	39	30	28.0	54.2	3 200	4 500
51207	52207	35	30	62	18	34	37	8	51	46	35	39.2	78.2	2 800	4 000
51208	52208	40	30	68	19	36	42	9	57	51	40	47.0	98.2	2 400	3 600

续表

轴承型号		尺寸/mm							安装尺寸/mm			基本额定		极限转速/(r·min^{-1})	
												动负荷 C_a	静负荷 C_{0a}		
		d	d_2	D	T	T_1	d_1/min	B	d_a/min	D_a	d_b/max	kN		脂润滑	油润滑
51209	52209	45	35	73	20	37	47	9	62	56	45	47.8	105	2 200	3 400
51210	52210	50	40	78	22	39	52	9	67	61	50	48.5	112	2 000	3 200
51211	52211	55	45	90	25	45	57	10	76	69	55	67.5	158	1 900	3 000
51212	52212	60	50	95	26	46	62	10	81	74	60	73.5	178	1 800	2 800
51213	52213	65	55	100	27	47	67	10	86	79	65	74.8	188	1 700	2 600
51214	52214	70	55	105	27	47	72	10	91	84	70	73.5	188	1 600	2 400
51215	52215	75	60	110	27	47	77	10	96	89	75	74.8	198	1 500	2 200
51216	52216	80	65	115	28	48	82	10	101	94	80	83.8	222	1 400	2 000
51217	52217	85	70	125	31	55	88	12	109	101	85	102	280	1 300	1 900
51218	52218	90	75	135	35	62	93	14	117	108	90	115	315	1 200	1 800
51220	52220	100	85	150	38	67	103	15	130	120	100	132	375	1 100	1 700
注:内外圈圆角半径略小于相同公称直径的深沟球轴承的圆角半径在0.3~2.1mm之间。 13(51000型)、23(52000型)尺寸系列															
51304		20		47	18		22		36	31		35.0	55.8	3 600	4 500
51305	52305	25	20	52	18	34	27	8	41	36	25	35.5	61.5	3 000	4 300
51306	52306	30	25	60	21	38	32	9	48	42	30	42.8	78.5	2 400	3 600
51307	52307	35	30	68	24	44	37	10	55	48	35	55.2	105	2 000	3 200
51308	52308	40	30	78	26	49	42	12	63	55	40	69.2	135	1 900	3 000
51309	52309	45	35	85	28	52	47	12	69	61	45	75.8	150	1 700	2 600
51310	52310	50	40	95	31	58	52	14	77	68	50	96.5	202	1 600	2 400
51311	52311	55	45	105	35	64	57	15	85	75	55	115	242	1 500	2 200
51312	52312	60	50	110	35	64	62	15	90	80	60	118	262	1 400	2 000
51313	52313	65	55	115	36	65	67	15	95	85	65	115	262	1 300	1 900
51314	52314	70	55	125	40	72	72	16	103	92	70	148	340	1 200	1 800
51315	52315	75	60	135	44	79	77	18	111	99	75	162	380	1 100	1 700
51316	52316	80	65	140	44	79	82	18	116	104	80	160	380	1 000	1 600
51317	52317	85	70	150	49	87	88	19	124	111	85	208	495	950	1 500
51318	52318	90	75	155	50	88	93	19	129	116	90	205	495	900	1 400
51320	52320	100	80	170	55	97	103	21	142	128	100	235	595	800	1 200

注:表中未列入轴承倒角尺寸。

第6章 键和联轴器的选择

6.1 键的选择及键联接强度校核

键是标准件,在机械设计中,对于键联接,首先是选择键的类型,决定键及键槽的剖面尺寸,然后校核键联接的强度。

6.1.1 键的类型的选择

选择键的类型时主要考虑:所传递扭矩的大小,轴上零件是否需要沿轴向移动,零件的对中要求,是否要求键作轴上零件的轴向固定,键在轴上的位置等条件。减速器轴上零件与轴多采用平键联接。

6.1.2 键及键槽尺寸的选取

键及键槽剖面尺寸按联接处轴径 d,由表6.1及表6.3来选取,键的长度 L 应略小于轮毂长度并按表6.2中的 L 系列圆整。

表 6.1　普通平键联接剖面和键槽的尺寸和公差(摘自 GB/T 1095—79,1990 年确认)单位:mm

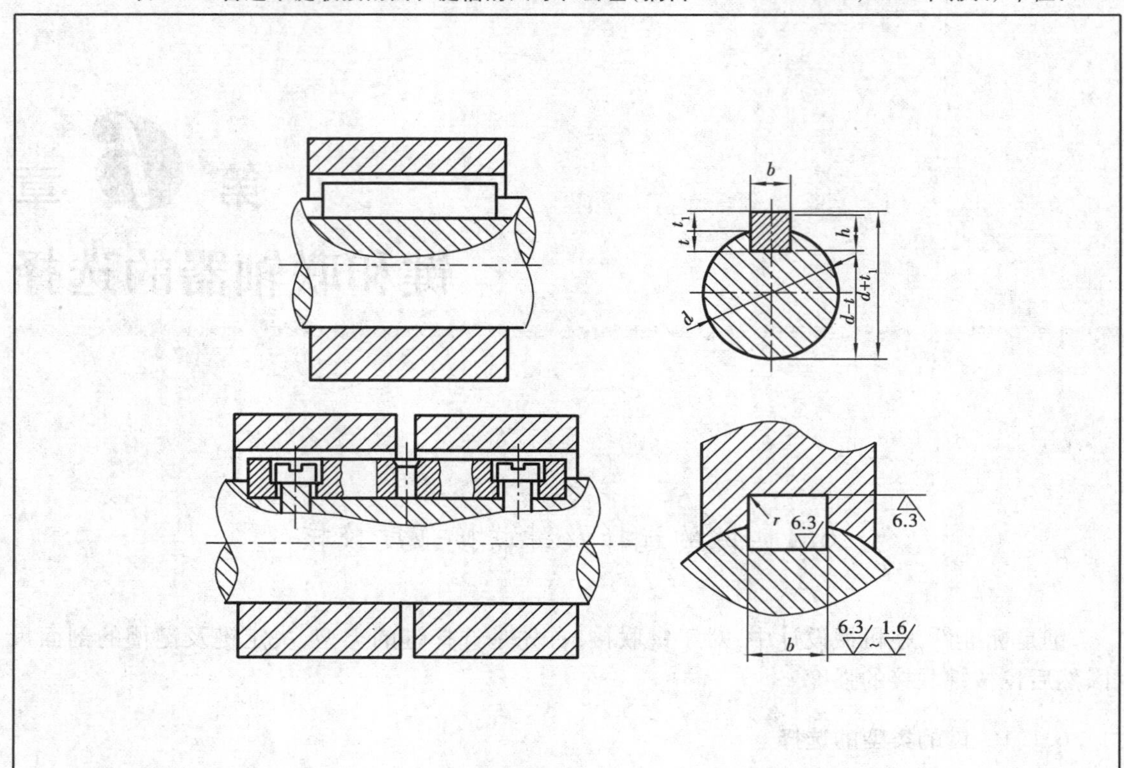

轴	键	键槽										
公称直径 *d*	公称尺寸 *b*×*h*	宽度 *b*					深度				半径 *r*	
		极限偏差					轴 *t*		毂 t_1			
		较松键联接		一般键联接		较紧键联接	公称尺寸	极限偏差	公称尺寸	极限偏差	最小	最大
		轴 H9	毂 D10	轴 N9	毂 Js9	轴和毂 P9						
>17~22	6×6	+0.030 0	+0.078 0	0 −0.030	±0.015	−0.012 −0.042	3.5	+0.1 0	2.8	+0.1 0	0.16	0.25
>22~30	8×7	+0.036	+0.098 +0.040	0 −0.036	±0.018	−0.015 −0.051	4.0		3.3			
>30~38	10×8						5.0		3.3		0.25	0.40

续表

轴	键	键槽										
		宽度 b					深度				半径 r	
		极限偏差					轴 t		毂 t_1			
公称直径 d	公称尺寸 $b\times h$	较松键联接		一般键联接		较紧键联接	公称尺寸	极限偏差	公称尺寸	极限偏差	最小	最大
		轴 H9	毂 D10	轴 N9	毂 Js9	轴和毂 P9						
>38～44	12×8	+0.043 0	+0.120 +0.050	0 -0.043	±0.022	-0.018 -0.061	5.0	+0.2 0	3.3	+0.2 0	0.25	0.40
>44～50	14×9						5.5		3.8			
>50～58	16×11						6.0		4.3			
>58～65	18×11						7.0		4.4			
>65～75	20×12	+0.052 0	+0.149 +0.065	0 -0.052	±0.026	-0.022 -0.074	7.5		4.9		0.40	0.60
>75～85	22×12						9.0		5.4			
>85～95	25×14						9.0		5.4			
>95～110	28×16						10.0		6.4			
>110～130	32×18	+0.062 0	+0.180 +0.080	0 -0.062	±0.031	-0.026 -0.088	11.0		7.4			
>130～150	36×20						12.0	+0.3 0	8.4	+0.3 0	0.7	1.0

注：1. 在工作图中，轴槽采用（$d-t$）或 t 标注，轮毂槽深用（$d+t_1$）标注。
2. （$d-t$）和（$d+t_1$）两组组合尺寸的极限偏差按相应的 t 和 t_1 的极限偏差选取，但（$d-t$）极限偏差值应取负号（－）。
3. 键侧与键槽及轮毂接触高度各为 $h/2$。
4. 表中“较松键联接”的极限偏差值适用于导向平键联接。

表6.2　普通平键形式尺寸（摘自 GB 1096—79）　　单位：mm

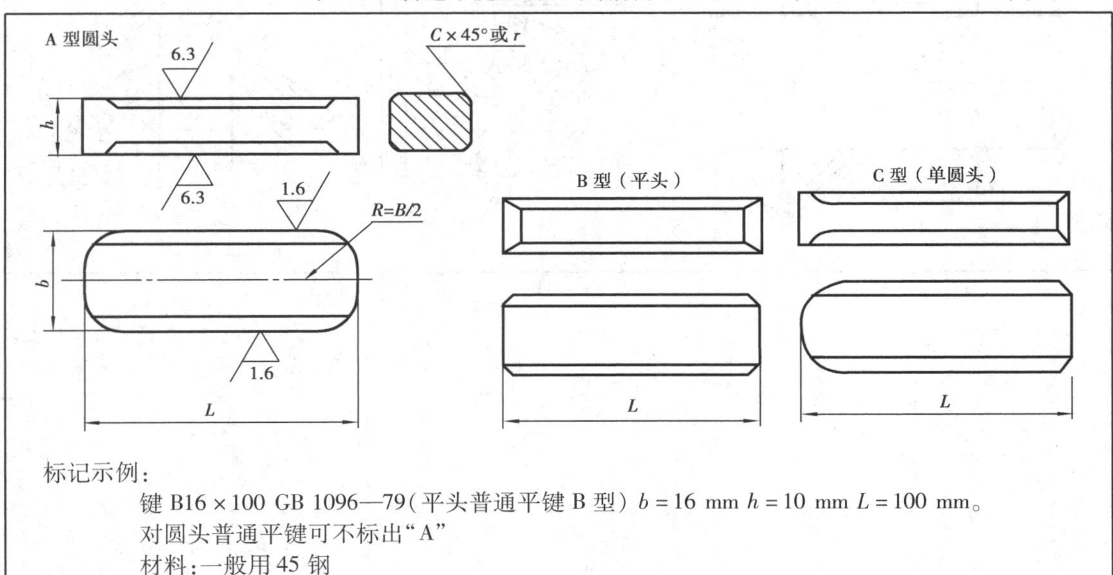

标记示例：

键 B16×100 GB 1096—79（平头普通平键 B 型）$b=16$ mm $h=10$ mm $L=100$ mm。

对圆头普通平键可不标出“A”

材料：一般用 45 钢

续表

b		h		C或r	L	b		h		C或r	L
公称尺寸	偏差(h9)	公称尺寸	偏差(h11)			公称尺寸	偏差(h9)	公称尺寸	偏差(h11)		
6	0 −0.030	6	0(注) −0.075	0.25～0.4	14～17	20	0 −0.052	12	0 −0.110	0.6～0.8	56～220
8	0 −0.036	7	0 −0.090		18～90	22		14			63～250
10		8		0.4～0.6	22～110	25		14			70～280
12	0 −0.043	8			28～140	28		16			80～320
14		9			36～160	32	0 −0.062	18			90～360
16		10			45～180	36		20	0 −0.130	1.0～1.2	100～400
18		11	0 −0.110		50～200	40		22			100～400
L系列 (偏差h14)	14,16,18,20,22,25,28,32,36,40,45,50,56,63,70,80,100,110,125,140,160,180,200,220,250,280,320,360,400,450,500										

注:对B型键用(h9)。

表6.3　半圆键和键槽的剖面尺寸及公差(摘自GB 1098—79)　单位:mm

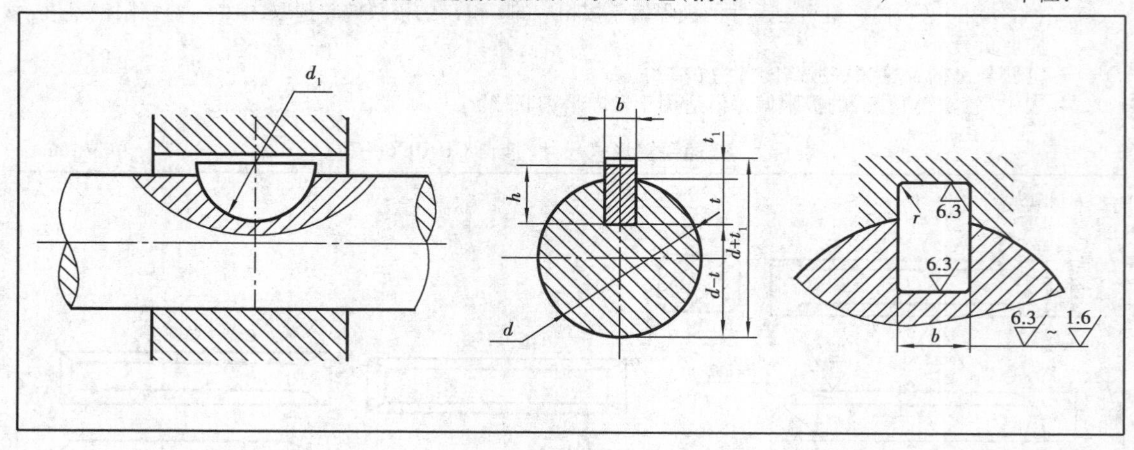

续表

轴径 d		键	键槽									
键传递扭矩用	键定位用	公称尺寸 $b \times h \times d_1$	宽度				深度				半径 r	
			公称尺寸	偏差			轴 t		毂 t_1			
				一般键联接		较紧联接						
				轴 N6	毂 J_S9	轴和毂 P9	尺寸	偏差	尺寸	偏差	最小	最大
>10~12	>15~18	3.0×6.5×16	3.0	−0.004 −0.029	±0.012	−0.006 −0.031	5.3	+0.2 0	1.4	+0.1 0	0.16	0.25
>12~14	>18~20	4.0×6.5×16	4.0	0 −0.030	±0.015	−0.012 −0.042	5.0		1.8			
>14~16	>20~22	4.0×7.5×19	4.0				6.0		1.8			
>16~18	>22~25	5.0×6.5×16	5.0				4.5		2.3			
>18~20	>25~28	5.0×7.5×19	5.0				5.5		2.3			
>20~22	>28~32	5.0×9.0×22	5.0				7.0		2.3			
>22~25	>32~36	6.0×9.0×22	6.0				6.5	+0.3 0	2.8	+0.2 0		
>25~28	>36~40	6.0×10.0×25	6.0				7.5		2.8			
>28~32	40	8.0×11.0×28	8.0	0 −0.036	±0.018	−0.015 −0.051	8.0		3.3		0.25	0.40
>32~38	—	10.0×13.0×32	10.0				10.0		3.3			

注:1. 在工作图中,轴槽采用$(d-t)$或t标注。

2. $(d-t)$和$(d+t_1)$两组组合尺寸的极限偏差按相应的t和t_1的极限偏差选取,但$(d-t)$极限偏差值应取负号(−)。

6.1.3　键联接的强度校核

普通平键、半圆键联接应校核其相应工作面的比压和键的抗剪强度,校核时应使用键的接触长度进行计算(键的有效长度)。键的接触长度见表6.4。

表6.4　键的接触长度l'及接触高度h'

名称	普通平键			导向平键	半圆键
	A型	B型	C型		
键的接触长度	$l'=L-b$	$l'=L$	$l'=L-b/2$	l'=键与轮毂的实际接触长度	$l' \approx d_1$
键的接触高度	$h'=h/2$				$h' \approx h-t+d/2-\sqrt{(d/2)^2-(b/2)^2}$

6.1.4　键的位置公差

普通平键、半圆键联接的轴槽及轮毂槽(主参数为宽度b)对轴线的对称度公差值,按公差等级7~9(一般按8级)由表4.16查取。

6.2　联轴器的选择

常用联轴器已标准化或规范化。在机械设计中,主要是根据使用条件及所传递的扭矩大小来选择确定其类型和尺寸。

6.2.1　联轴器类型的选择

联轴器类型可参照如下原则进行选择:

(1)轴的转速较低、刚性较大、能保证严格对中或轴的长度不大时,可选用刚性联轴器(例如凸缘联轴器)。

(2)轴的转速较低、刚性较小、不能保证严格对中或轴的长度较长时,一般选用无弹性元件挠性联轴器(例如滑块联轴器);传递扭矩较大时,应选用齿式联轴器。

(3)轴的转速较高或有冲击振动时,应选用弹性元件联轴器(例如弹性套柱销联轴器)。

6.2.2　联轴器尺寸(型号)的确定

联轴器的尺寸(型号)可根据配合处轴径 d 及计算扭矩 T_C 进行选择,选择时应满足如下强度条件:

$$T_C = KT \leqslant T_n \qquad \mathrm{N \cdot m}$$

式中　K 为载荷系数,见表6.5;T 为联轴器传递的工作扭矩(即轴的扭矩);T_n 为公称扭矩,它决定于联轴器的型号,见表6.6~表6.12。

表6.5　载荷系数 K

工作机		K			
		原动机			
转矩变化情况分类	类　型	电动机 汽轮机	内燃机 ≥4缸	双　缸 内燃机	单　缸 内燃机
变化很小	传动轴,照明用发电机,通风机,离心泵,回转鼓风机	1.3	1.5	1.8	2.2
变化小	提升机,抽风机和大型通风机,透平压缩机,不均匀度为1/200~1/100的活塞泵,一般金属切削机床,纺织机械,轻型运输机与起重机	1.5	1.7	2.0	2.4

续表

工作机		K			
		原动机			
转矩变化情况分类	类　型	电动机汽轮机	内燃机≥4缸	双　缸内燃机	单　缸内燃机
变化中等	洗涤机，搅拌机，打浆机，压力唧筒，运输鼓轮，冲床，不均匀度为1/200～1/100的压气机磨床，木工刨床和锯床，插床	1.7	1.9	2.2	2.6
变化中等有冲击	织布机，精纺机，离心式粉碎机，水泥搅拌机，离心机，清理机，刨床，矿用通风机	1.9	2.1	2.4	2.8
变化较大有较大冲击	双辊挤压机，大功率冲床和造纸工业压延机，锻压机，带小飞轮的活塞泵，挖泥机，起重机，胶片压延机，破碎机，碎石机，拉丝机与碾砂机	2.3	2.5	2.8	3.2
变化大有强烈冲击	制水泥用球磨机，橡胶滚轧机，无飞轮的活塞泵，水平式多锯片锯木机，重型轧钢机	3.1	3.3	3.6	4.0

表6.6　凸缘联轴器（GB 5843—86 摘录）　　单位：mm

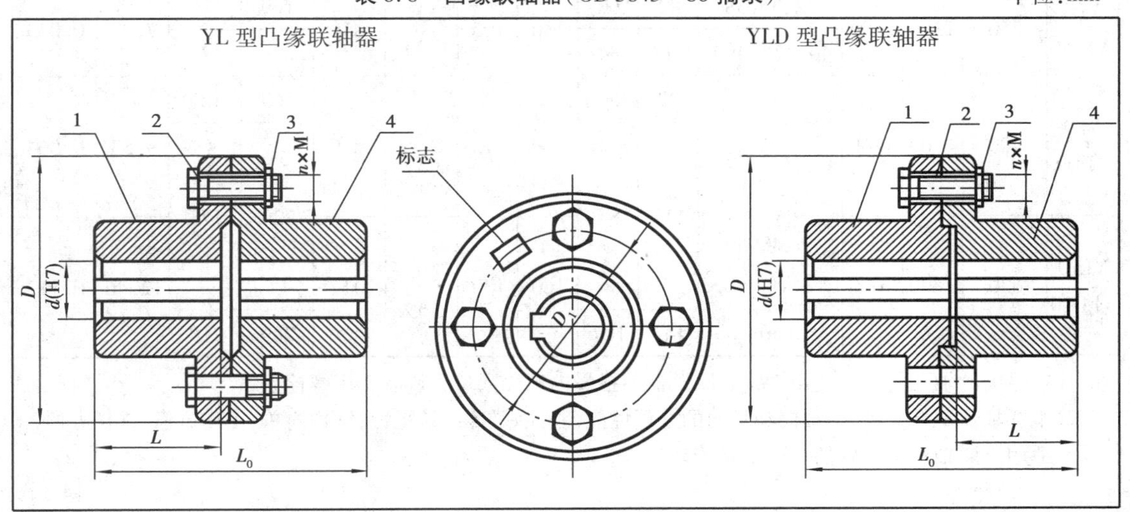

续表

标记示例：

YL5 联轴器 J30×60/J_1B28×44 GB 5843—86

主动端：J 型轴孔，A 型键槽，$d=30$ mm，$L=60$ mm

从动端：J_1型轴孔，B 型键槽，$d=28$ mm，$L=44$ mm

1，4—半联轴器

2—螺栓

3—尼龙锁紧螺母

<table>
<tr><th rowspan="2">型号</th><th rowspan="2">公称扭矩 T_n /(N·m)</th><th colspan="2">许用转矩 n /(r·min^{-1})</th><th rowspan="2">轴孔直径 * d[H7]</th><th colspan="2">轴孔长度 L</th><th rowspan="2">D</th><th rowspan="2">D_1</th><th colspan="2">螺栓</th><th colspan="2">L_0</th><th rowspan="2">质量 /kg</th><th rowspan="2">转动惯量 /(kg·m^2)</th></tr>
<tr><th>铁</th><th>钢</th><th>Y 型</th><th>J，J_1型</th><th>数量</th><th>直径</th><th>Y 型</th><th>J，J_1型</th></tr>
<tr><td rowspan="3">YL4
YLD4</td><td rowspan="3">40</td><td rowspan="3">5 700</td><td rowspan="3">9 500</td><td>18，19</td><td>42</td><td>30</td><td rowspan="3">100</td><td rowspan="3">80</td><td rowspan="3">3
（3）</td><td rowspan="3">M8</td><td>88</td><td>61</td><td rowspan="3">2.47</td><td rowspan="3">0.009</td></tr>
<tr><td>20，22，24</td><td>52</td><td>38</td><td>108</td><td>80</td></tr>
<tr><td>25，(28)</td><td>62</td><td>44</td><td>128</td><td>92</td></tr>
<tr><td rowspan="3">YL5
YLD5</td><td rowspan="3">63</td><td rowspan="3">5 500</td><td rowspan="3">9 000</td><td>22，24</td><td>52</td><td>38</td><td rowspan="3">105</td><td rowspan="3">85</td><td rowspan="3">4
（4）</td><td rowspan="3">M8</td><td>108</td><td>80</td><td rowspan="3">3.19</td><td rowspan="3">0.013</td></tr>
<tr><td>25，28</td><td>62</td><td>44</td><td>128</td><td>92</td></tr>
<tr><td>30，(32)</td><td>82</td><td>60</td><td>168</td><td>124</td></tr>
<tr><td rowspan="3">YL6
YLD6</td><td rowspan="3">100</td><td rowspan="3">5 200</td><td rowspan="3">8 000</td><td>24</td><td>52</td><td>38</td><td rowspan="3">110</td><td rowspan="3">90</td><td rowspan="3">5
（4）</td><td rowspan="3">M8</td><td>108</td><td>80</td><td rowspan="3">3.99</td><td rowspan="3">0.017</td></tr>
<tr><td>25，28</td><td>62</td><td>44</td><td>128</td><td>92</td></tr>
<tr><td>30，32，(35)</td><td>82</td><td>60</td><td>168</td><td>124</td></tr>
<tr><td rowspan="3">YL7
YLD7</td><td rowspan="3">160</td><td rowspan="3">4 800</td><td rowspan="3">7 600</td><td>28</td><td>62</td><td>44</td><td rowspan="3">120</td><td rowspan="3">95</td><td rowspan="3">4
（3）</td><td rowspan="3">M10</td><td>128</td><td>92</td><td rowspan="3">5.66</td><td rowspan="3">0.029</td></tr>
<tr><td>30，32，35，38</td><td>82</td><td>60</td><td>168</td><td>124</td></tr>
<tr><td>(40)</td><td>112</td><td>82</td><td>228</td><td>172</td></tr>
<tr><td rowspan="2">YL8
YLD8</td><td rowspan="2">250</td><td rowspan="2">4 300</td><td rowspan="2">7 000</td><td>32，35，38</td><td>82</td><td>60</td><td rowspan="2">130</td><td rowspan="2">105</td><td rowspan="2">4
（3）</td><td rowspan="2">M10</td><td>169</td><td>125</td><td rowspan="2">7.29</td><td rowspan="2">0.043</td></tr>
<tr><td>40，42，(45)</td><td>112</td><td>84</td><td>229</td><td>173</td></tr>
<tr><td rowspan="2">YL9
YLD9</td><td rowspan="2">400</td><td rowspan="2">4 100</td><td rowspan="2">6 800</td><td>38</td><td>82</td><td>60</td><td rowspan="2">140</td><td rowspan="2">115</td><td rowspan="2">6
（3）</td><td rowspan="2">M10</td><td>169</td><td>125</td><td rowspan="2">9.53</td><td rowspan="2">0.064</td></tr>
<tr><td>40，42，45
48，(50)</td><td rowspan="2">112</td><td rowspan="2">84</td><td rowspan="2">229</td><td rowspan="2">173</td></tr>
<tr><td rowspan="2">YL10
YLD10</td><td rowspan="2">630</td><td rowspan="2">3 600</td><td rowspan="2">6 000</td><td>45，48，50
55，(56)</td><td rowspan="2">160</td><td rowspan="2">130</td><td rowspan="2">6
（4）</td><td rowspan="2">M12</td><td rowspan="2">12.46</td><td rowspan="2">0.112</td></tr>
<tr><td>(60)</td><td>142</td><td>107</td><td>289</td><td>219</td></tr>
</table>

注：1. 括号内的轴孔直径仅适用于钢制联轴器。括号内螺栓数量为铰制孔用螺栓数量。

2. 本联轴器不具备径向、轴向和角向的补偿性能，刚性好，传递转矩大，结构简单，工作可靠，维护方便，适用于两轴对中良好的一般轴系传动。

表 6.7　金属滑块联轴器　　单位：mm

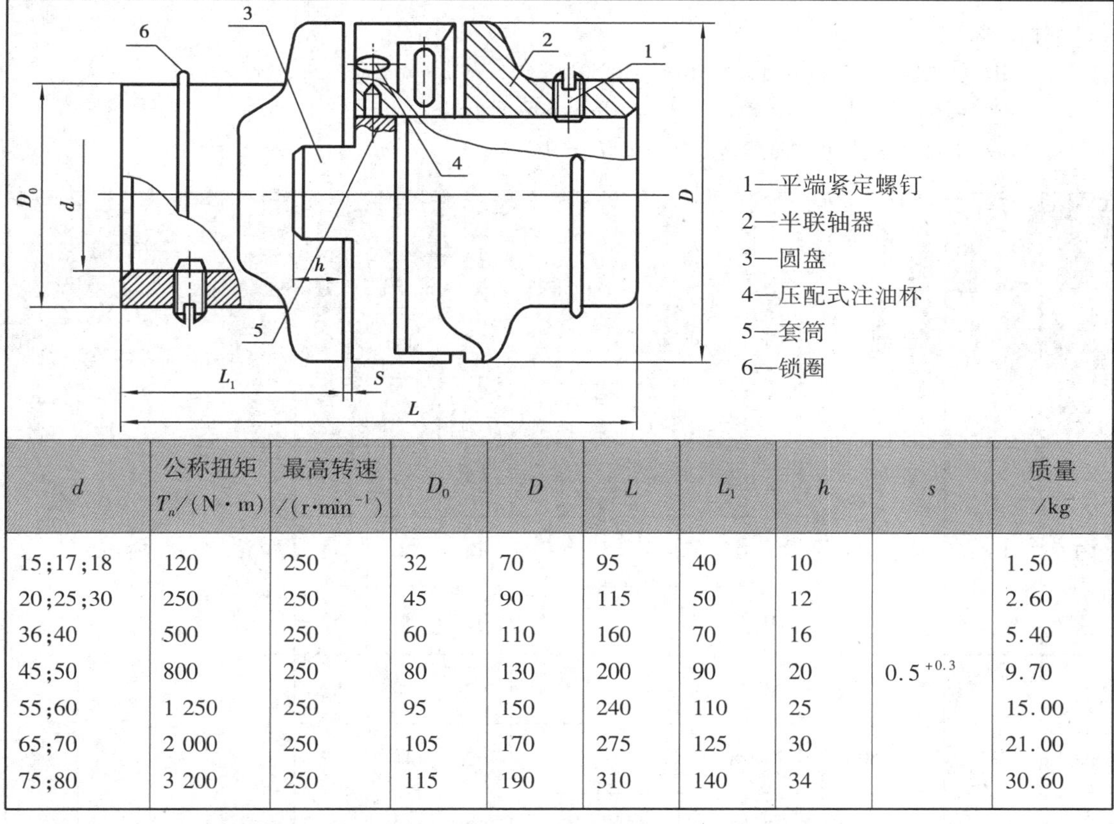

d	公称扭矩 T_n/(N·m)	最高转速 /(r·min^{-1})	D_0	D	L	L_1	h	s	质量 /kg
15;17;18	120	250	32	70	95	40	10		1.50
20;25;30	250	250	45	90	115	50	12		2.60
36;40	500	250	60	110	160	70	16		5.40
45;50	800	250	80	130	200	90	20	$0.5^{+0.3}$	9.70
55;60	1 250	250	95	150	240	110	25		15.00
65;70	2 000	250	105	170	275	125	30		21.00
75;80	3 200	250	115	190	310	140	34		30.60

注：1. 特性：用于低转速，并能适应两轴同轴度误差较大的情况，允许径向位移 $\Delta y \leqslant 1.04d$，$\Delta\alpha' \leqslant 30'$。

2. 配合：半联轴器与轴的配合常用 H7/k6。

3. 材料：半联轴器材料为 ZG45；中间盘材料为 45 钢；凹槽与滑块工作面须经淬火，淬火深度为2 ~ 3 mm，硬度 HRC45 ~ 50。

表 6.8　弹性柱销联轴器（GB/T 5014—85 摘录）　　单位：mm

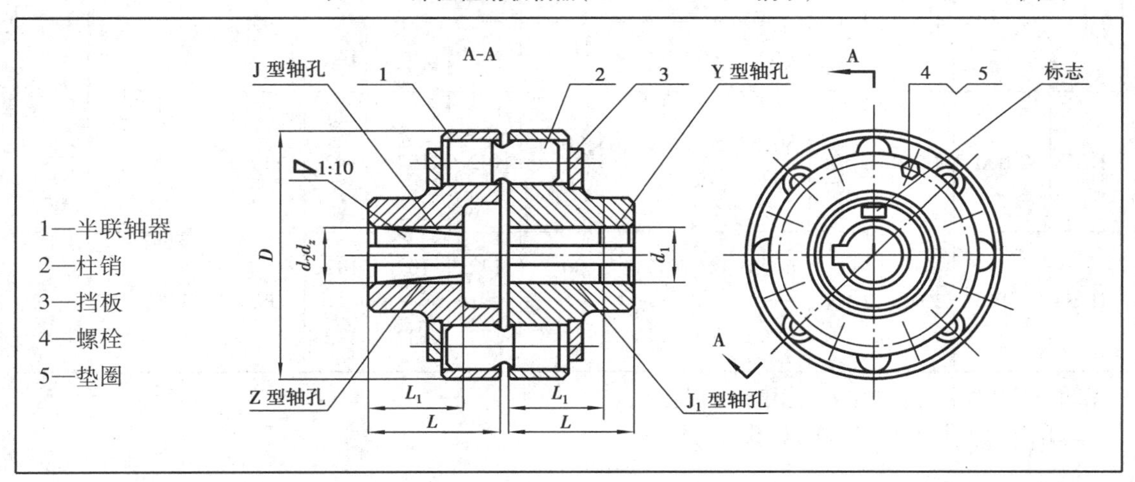

续表

标记示例：

HL6 联轴器 ZC75×107/JB70×107　GB 5014—85

主动端：Z 型轴孔，C 型键槽，$d_2=75$ mm，$L_1=107$ mm

从动端：J 型轴孔，B 型键槽，$d_2=70$ mm，$L_1=107$ mm

型号	公称扭矩 T_n /(N·m)	许用转速 $n/(\mathrm{r\cdot min^{-1}})$		轴孔直径* d_1,d_2,d_z	轴孔长度			D	许用补偿量		
		钢	铁		Y 型	J,J_1,Z 型			径向 Δy	轴向 Δx	角向 $\Delta\alpha$
					L	L_1	L				
HL1	160	7 100		12,14	32	27	32	90	0.15	±0.5	<30′
				15,18,19	42	30	42				
				20,22,(24)	52	38	52				
HL2	315	5 600		20,22,24	52	38	52	120		±1	
				25,28	62	44	62				
				30,32,(35)	82	60	82				
HL3	630	5 000		30,32,35,38	82	60	82	160			
				40,42,(45),(48)	112	84	112				
HL4	1 250	4 000	2 800	40,42,45,48,50,55,56	112	84	112	195		±1.5	
				(60),(63)	142	107	142				
HL5	2 000	3 550	2 500	50,55,56,60,63,65,70,(71),(75)	142	107	142	220			
HL6	3 150	2 800	2 100	60,63,65,70,71,75,80	142	107	142	280	0.2	±2	
				(85)	172	132	172				

注：1. * 号栏内带（ ）的值仅适用于钢制联轴器。

2. J_1 型为不带沉孔的短圆柱轴孔。

表6.9　弹性套柱销联轴器(GB/T 4323—84 摘录)　　单位:mm

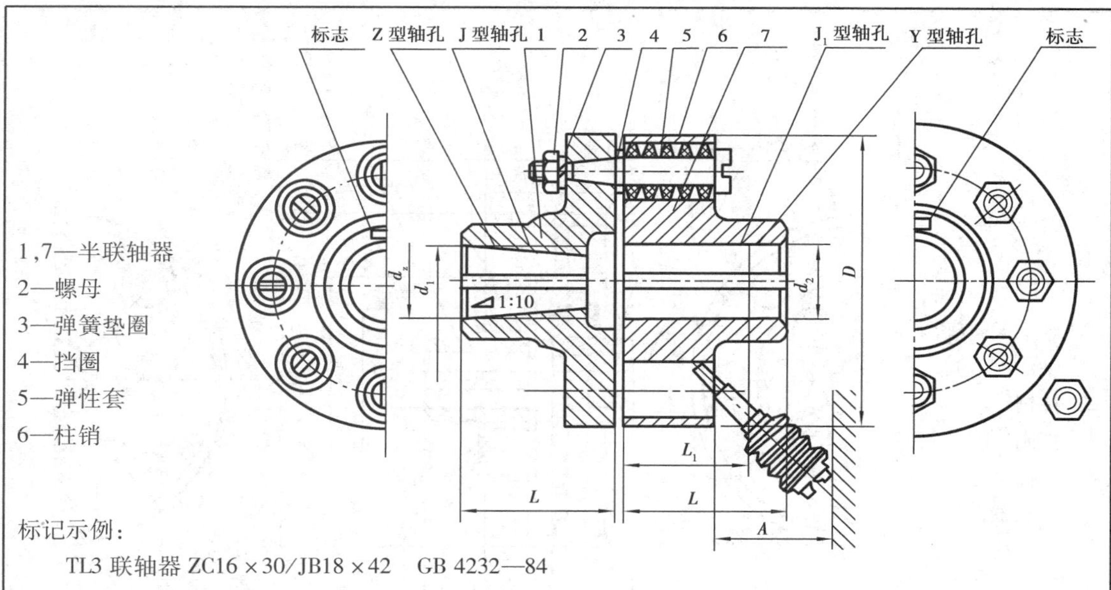

标记示例:

TL3 联轴器 ZC16×30/JB18×42　GB 4232—84

主动端:Z型轴孔,C型键槽,d_z = 16 mm,L = 30 mm

从动端:J型轴孔,B型键槽,d_2 = 18 mm,L = 30 mm

型号	公称扭矩 T_n/(N·m)	许用转速 n/(r·min^{-1})		轴孔直径* d_1,d_2,d_z	轴孔长度			D	A	许用补偿量	
		钢	铁		Y型	J,J_1,Z型				径向 Δy	角向 Δα
					L	L_1	L				
TL3	31.5	6 300	4 700	16,18,19	42	30	42	95	35	0.2	1°30′
				20,(22)	52	38	52				
TL4	63	5 700	4 200	20,22,24	52	38	52	106			
				(25),(28)	62	44	62				
TL5	125	4 600	3 600	25,28	62	44	62	130	45	0.3	
				30,32,(35)	82	60	82				
TL6	250	3 800	3 300	32,35,38	82	60	82	160			
				40,(42)	112	84	112				
TL7	500	3 600	2 800	40,42,45,(48)	112	84	112	190			
TL8	710	3 000	2 400	45,48,50,55,(56)	112	84	112	224	65	0.4	1°00′
				(60),(63)	142	107	142				
TL9	1 000	2 850	2 100	50,55,56	112	107	112	250			
				60,63,(65),(70),(71)	142	107	142				

注:*栏内带( )的值仅适用于钢制联轴器。

表 6.10　TLL 型带制动轮弹性柱销联轴器的主要尺寸和特性参数(GB 4323—84 摘录)　　单位:mm

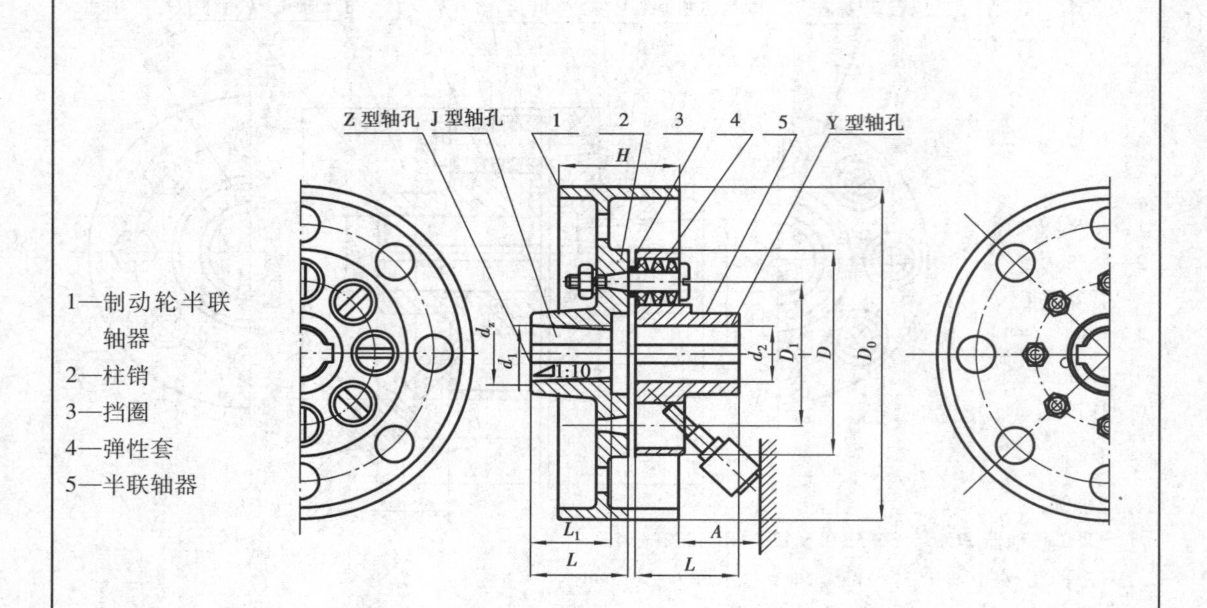

标记示例:

TLL4 联轴器 JB45×142/JB50×107　GB 4323—84

主动端:J 型轴孔,B 型键槽,$d_1=45$ mm,$L=142$ mm

从动端:J 型轴孔,B 型键槽,$d_2=50$ mm,$L=107$ mm

<table>
<tr><th rowspan="3">型号</th><th rowspan="3">公称扭矩 T_n /(N·m)</th><th rowspan="3">许用转速 n/ (r·min⁻¹)</th><th rowspan="3">轴孔直径 d_1,d_2,d_z</th><th colspan="3">轴孔长度</th><th rowspan="3">D_0</th><th rowspan="3">D</th><th rowspan="3">B</th><th rowspan="3">A</th><th colspan="2">许用位移</th></tr>
<tr><th>Y 型</th><th colspan="2">J,J₁,Z 型</th><th rowspan="2">径向 Δy</th><th rowspan="2">角向 Δα</th></tr>
<tr><th>L</th><th>L_1</th><th>L</th></tr>
<tr><td rowspan="2">TLL1</td><td rowspan="2">125</td><td rowspan="2">3 800</td><td>25,28</td><td>62</td><td>44</td><td>62</td><td rowspan="2">200</td><td rowspan="2">130</td><td rowspan="2">85</td><td rowspan="5">45</td><td rowspan="5">0.3</td><td rowspan="2">1°30′</td></tr>
<tr><td>30,32,35</td><td rowspan="2">82</td><td rowspan="2">60</td><td rowspan="2">82</td></tr>
<tr><td rowspan="2">TLL2</td><td rowspan="2">250</td><td rowspan="2">3 000</td><td>32,35,38</td><td rowspan="2">250</td><td rowspan="2">160</td><td rowspan="2">105</td><td rowspan="7">1°00′</td></tr>
<tr><td>40,42</td><td rowspan="3">112</td><td rowspan="3">84</td><td rowspan="3">112</td></tr>
<tr><td>TLL3</td><td>500</td><td rowspan="3">2 400</td><td>40,42,45,48</td><td rowspan="5">315</td><td>190</td><td rowspan="3">132</td></tr>
<tr><td rowspan="2">TLL4</td><td rowspan="2">710</td><td>45,48,50,55,56</td><td rowspan="2">334</td><td rowspan="4"></td><td rowspan="4">0.4</td></tr>
<tr><td>60,63</td><td>142</td><td>107</td><td>142</td></tr>
<tr><td rowspan="2">TLL5</td><td rowspan="2">1 000</td><td rowspan="2">1 900</td><td>50,55,56</td><td>112</td><td>84</td><td>112</td><td rowspan="2">250</td><td rowspan="2">168</td></tr>
<tr><td>60,63,65,70</td><td>142</td><td>107</td><td>142</td></tr>
</table>

注：1. 半联轴器材料 ZG270—500 Ⅱ，35 或 HT200，带制动轮半联轴器材料 ZG 270—500 Ⅱ，外圆表面淬火硬度 $R45 \sim 55$，深度 2 ~ 3 mm。

2. 短时过载不得超过公称扭矩 T_n 的 2 倍。

3. 轴孔型式及长度 L, L_1 可根据需要选取。

表 6.11　梅花形弹性联轴器（GB/T 5272—85 摘录）

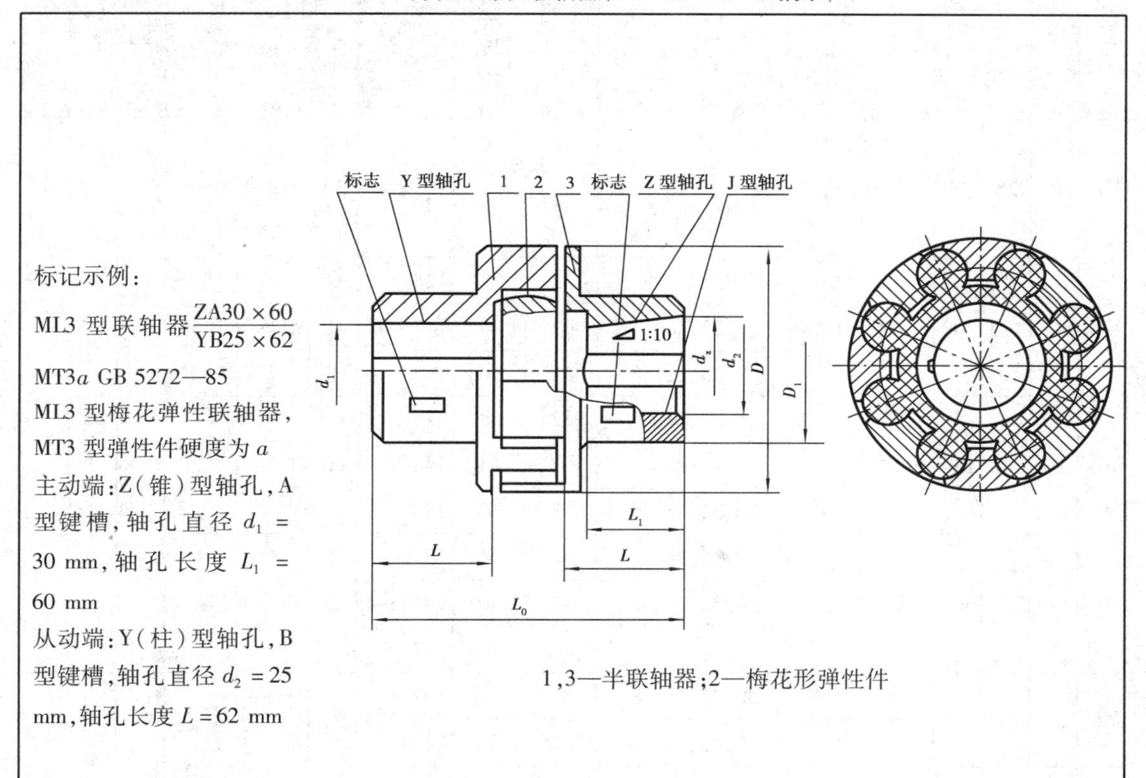

标记示例：

ML3 型联轴器 $\dfrac{ZA30 \times 60}{YB25 \times 62}$ MT3a GB 5272—85

ML3 型梅花弹性联轴器，MT3 型弹性件硬度为 a

主动端：Z（锥）型轴孔，A 型键槽，轴孔直径 $d_1 = 30$ mm，轴孔长度 $L_1 = 60$ mm

从动端：Y（柱）型轴孔，B 型键槽，轴孔直径 $d_2 = 25$ mm，轴孔长度 $L = 62$ mm

1，3—半联轴器；2—梅花形弹性件

续表

型号	公称扭矩 T_n/(N·m)			许用转速 n /(r·min^{-1})		轴孔直径 d_1,d_2,d_z	轴孔长度		L_0	D	D_1	弹性件型号	质量/kg	许用补偿量		
	弹性件硬度 HA						Y 型	Z,J 型								
	a	b	c													
	≥75	≥85	≥94	铁	钢		L	L_1						径向 Δx	轴向 Δx	角向 Δα
ML_1	16	25	45	11 500	15 300	16,18,19	42	30	100	50	30	MT1 -a -b -c	0.66	0.5	1.2	2°
						20,22,24	52	38	127							
ML_2	63	100	200	8 200	10 900	20,22,24	52	38	127	70	48	MT2 -a -b -c	1.55	0.8	1.5	
						25,28	62	44	147							
						30,32	82	60	187							
ML_3	90	140	280	6 700	9 000	22,24	52	38	128	85	60	MT3 -a -b -c	2.5		2	
						25,28	62	44	148							
						30,32,35,38	82	60	188							
ML_4	140	250	400	5 500	7 300	25,28	62	44	151	106	72	MT4 -a -b -c	4.3		2.5	
						30,32,35,38	82	60	191							
						40,42	112	84	257							
ML_5	250	400	700	4 600	6 100	30,32,35,38	82	60	197	125	90	MT5 -a -b, -c	6.2	1.0	3	1.5°
						40,42,45,48	112	84	257							
ML_6	400	630	1120	4 000	5 300	36*,38*	82	60	203	145	104	MT6 -a -b, -c	8.6			
						40*,42*,45,48,50,55	112	84	263							
ML_7	710	1120	2240	3 400	4 500	45*,48*,50,55	112	84	265	170	130	MT7 -a -b, -c	14		3.5	
						60,63,65	142	107	325							

注:1. 带 * 号者轴孔直径可用于 Z 型轴孔。

2. 表中 a,b,c 为弹性件硬度代号。

3. 本联轴器补偿两轴的位移量较大,有一定弹性和缓冲性,常用于中小功率、中高速、启动频繁、正反转变化和要求工作可靠的部位,由于安装时需轴向移动两半联轴器,不适用于大型、重型设备上,工作温度为 35 ~ 80 ℃。

表 6.12　CL 型齿式联轴器的主要尺寸和特性参数（JB/AQ 4218—86 摘录）

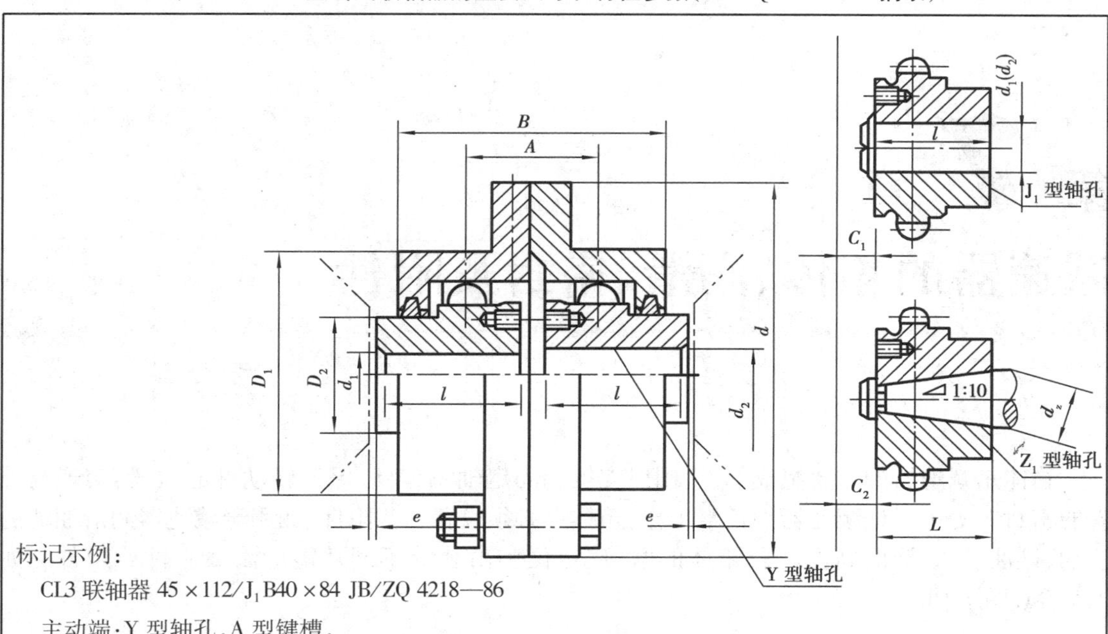

标记示例：

CL3 联轴器 45×112/J_1B40×84 JB/ZQ 4218—86

主动端：Y 型轴孔，A 型键槽，

d_1 = 45 mm，L = 112 mm

从动端：J_1 型轴孔，B 型键槽，

d_2 = 40 mm，L = 84 mm

型号	公称扭矩 T_n	许用转速 n	轴孔直径 d_1,d_2,d_z	轴孔长度 Y	轴孔长度 J,Z_1	A	B	D	D_1	D_2	C	C_1	C_2	e
				L										
	/(N·m)	/(r·min⁻¹)	/ mm											
CL2	1 400	3 000	30,32,35,38	82	60	75	134	185	125	70	2.5	13	22	12
			40,42,45	112	84								28	
			48,50											
CL3	3 150	2 400	40,42,45	112	84	92	170	220	150	90	2.5	15	28	18
			48,50,55,56											
			60	142	107								36	
CL4	5 600	2 000	45,48,50	112	84	125	200	250	175	110	2.5	21	28	18
			55,56											
			60,63,65,70	142	107							17	36	
			71,75											
CL5	8 000	1 680	50,55,56	112	84	145	220	290	200	130	2.5	30	40	25
			60,63,65,70	142	107									

第 7 章

减速器的箱体、润滑、密封及附件

箱体是减速器的重要组成部件,用以支持和固定轴系零件,保证转动件的润滑,实现与外界的密封。为了保证减速器能正常工作,箱体上必须设置一些附件,如用于减速器润滑油池的注油、排油、检查油面高度以及箱体的联接、定位和吊装等不同功能的附属零件或组件。如图 7.0a,图 7.0b 所示。

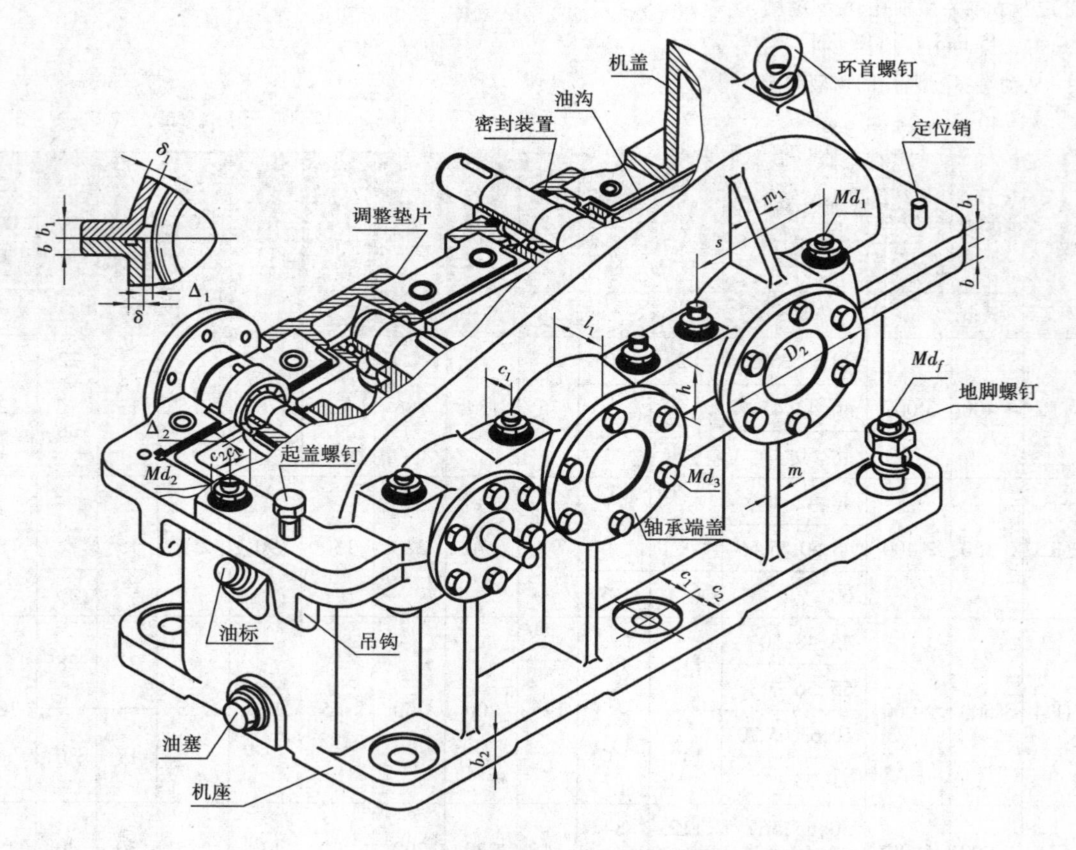

图 7.0a　两级圆柱齿轮减速器

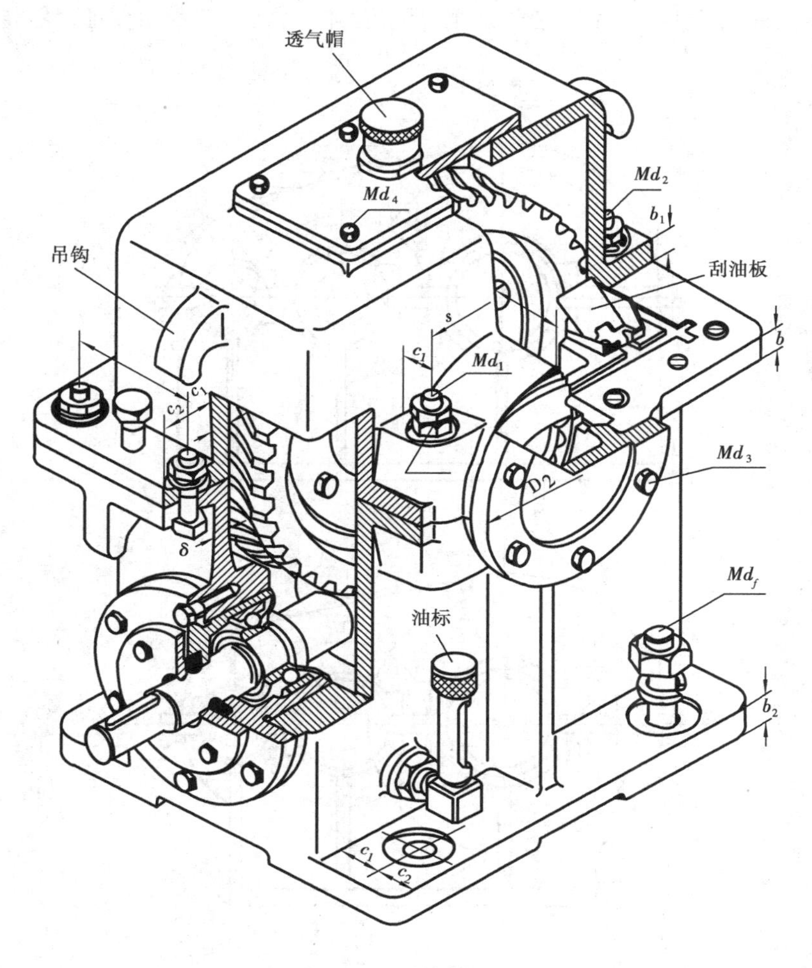

图7.0b　蜗杆减速器

7.1　箱体的结构及尺寸

箱体约占减速器总重量的50%，是减速器中结构和受力最复杂的零件。因此，箱体结构对减速器的工作性能、加工工艺、材料消耗、重量及成本等有很大的影响。但目前尚无完整的、简便的理论设计方法，通常是在满足强度、刚度的前提下，同时考虑结构紧凑、制造安装方便、重量轻及使用要求等来进行经验设计。

箱体一般采用灰铸铁（HT150或HT200）来制造，它具有良好的铸造性能和减振性能。在重型减速器中为了提高箱体强度，也有用铸钢（ZG15或ZC25）铸造的。除此之外，还有使用钢板焊接成的箱体。焊接箱体比铸造箱体轻1/4~1/2，生产周期短，适于单件生产，但焊接时易发生材料变形，故要求较高的技术，并应在焊后作退火处理。

常用减速器箱体由箱座和箱盖两部分组成。箱座可做成直壁如图7.1(a)和曲壁如图7.1(b)，两者比较，直壁箱座的结构简单，但重量大。箱座和箱盖的分箱面可做成水平的如图

7.1(a)或倾斜的如图7.1(c),前者易于加工,后者虽不便加工,却利于保证多级传动齿轮的合理浸油深度。

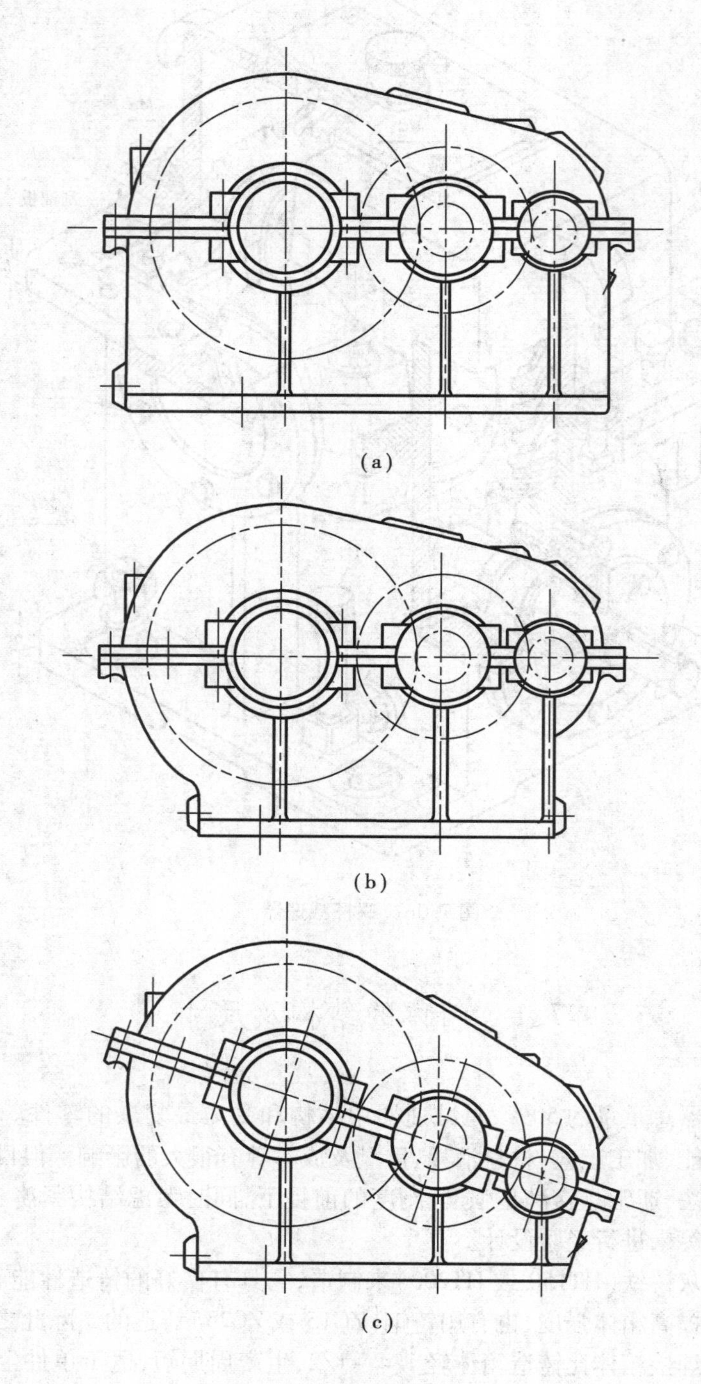

(a)

(b)

(c)

图7.1　箱体结构

减速器箱体尺寸可按图7.2、图7.3和表7.1进行计算。

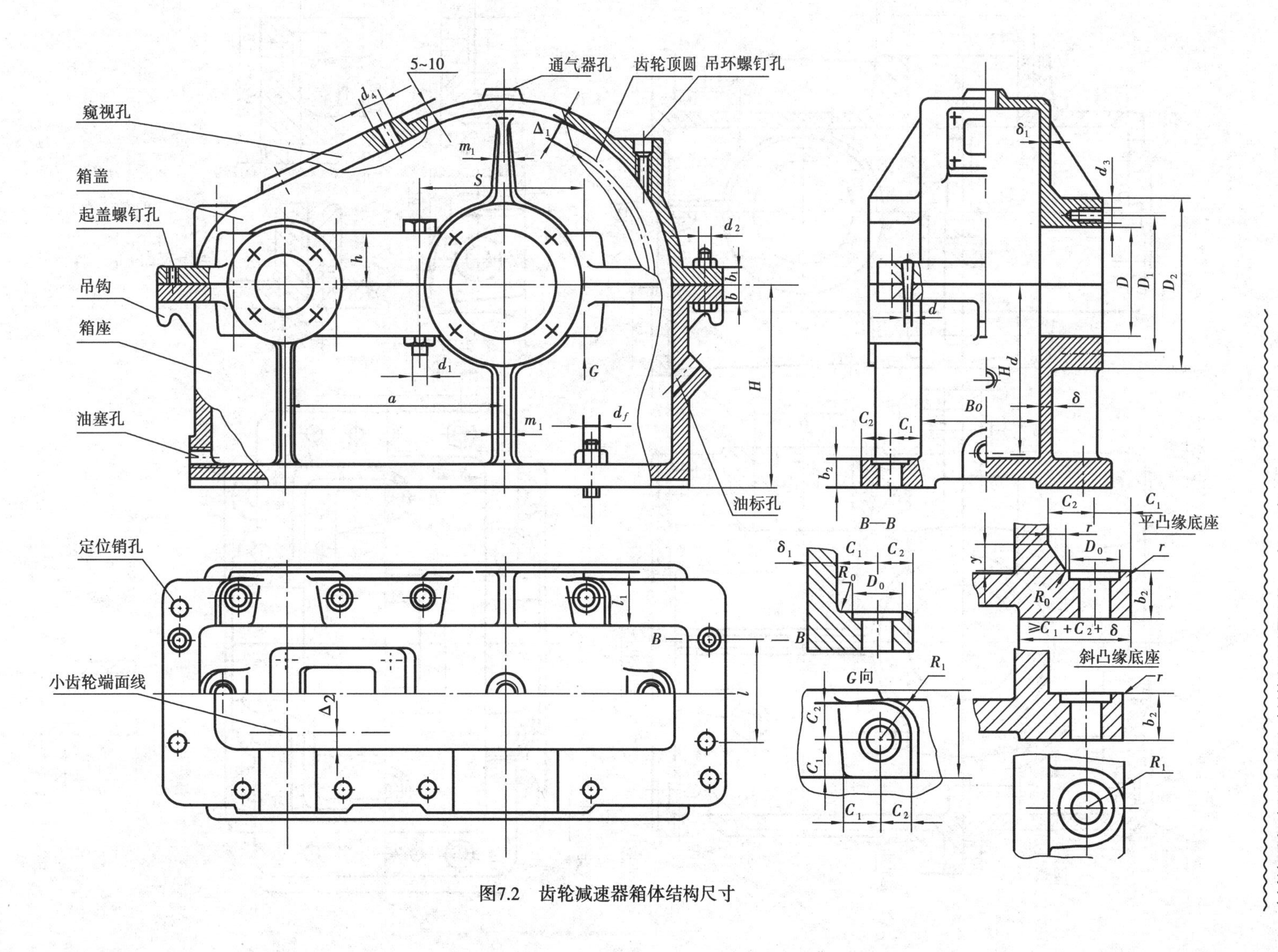

图7.2　齿轮减速器箱体结构尺寸

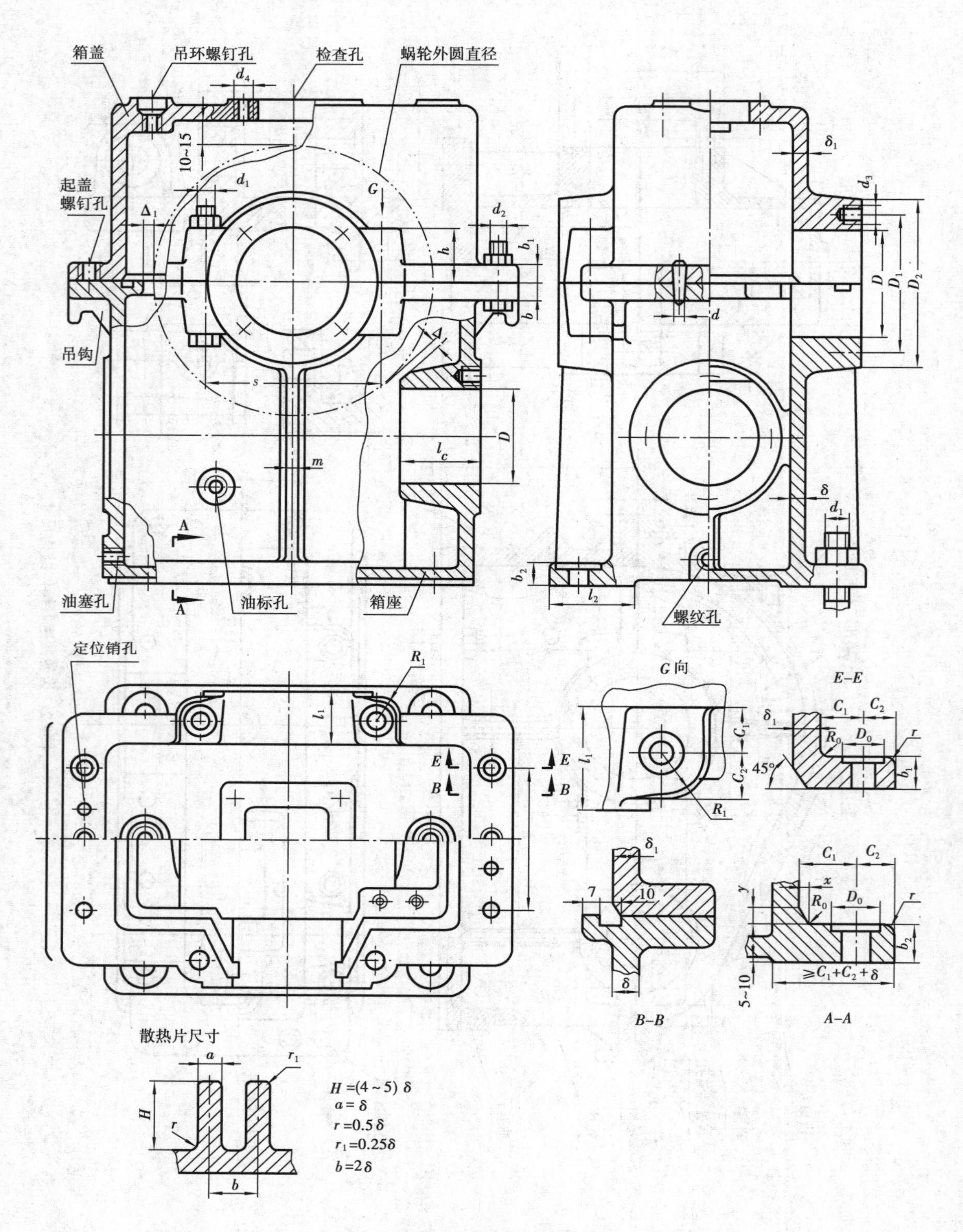

图 7.3 蜗杆减速器箱体结构尺寸

在箱体的结构尺寸设计中应考虑箱体要具有足够的刚度和箱体结构要有良好的工艺性。

表7.1 铸铁减速器箱体主要结构尺寸(见图7.2、图7.3)

<table>
<tr><th rowspan="2">名 称</th><th rowspan="2">符号</th><th colspan="4">减速器形式及尺寸关系/mm</th></tr>
<tr><th colspan="2">齿轮减速器</th><th>圆锥齿轮减速器</th><th>蜗杆减速器</th></tr>
<tr><td rowspan="2">箱座壁厚</td><td rowspan="2">δ</td><td>一级</td><td>$0.025a+1\geqslant 8$</td><td rowspan="4">$0.01(d_1+d_2)+\Delta\geqslant 8$
d_1,d_2 小大圆锥齿轮的大端直径
单级:$\Delta=1$;两级:$\Delta=3$</td><td rowspan="2">$0.04a+3\geqslant 8$</td></tr>
<tr><td>二级</td><td>$0.025a+3\geqslant 8$</td></tr>
<tr><td rowspan="2">箱盖壁厚</td><td rowspan="2">δ_1</td><td>一级</td><td>$0.02a+1\geqslant 8$</td><td rowspan="2">蜗杆在上:$=\delta$
蜗杆在下:$=0.85\delta\geqslant 8$</td></tr>
<tr><td>二级</td><td>$0.02a+3\geqslant 8$</td></tr>
<tr><td>箱盖凸缘厚度</td><td>b_1</td><td colspan="4">$1.5\delta_1$</td></tr>
<tr><td>箱座凸缘厚度</td><td>b</td><td colspan="4">1.5δ</td></tr>
<tr><td>箱座底凸缘厚度</td><td>b_2</td><td colspan="4">2.5δ</td></tr>
<tr><td>地脚螺钉直径</td><td>d_f</td><td colspan="2">$0.036a+12$
多级传动中 a 为低速级中心距</td><td>$0.015(d_1+d_2)+12$</td><td>$0.036a+12$</td></tr>
<tr><td>地脚螺钉数目</td><td>n</td><td colspan="2">$a\leqslant 250$ 时,$n=4$
$a>250\sim500$ 时,$n=6$
$a>500$ 时,$n=8$</td><td>$d_1+d_2\leqslant 250$ 时,$n=4$
$d_1+d_2>250$ 时,$n=6$</td><td>$n=(L+B)/(200\sim300)\geqslant 5$ L,B 为箱座下部的长度和宽度</td></tr>
<tr><td>轴承旁联接螺栓直径</td><td>d_1</td><td colspan="4">$0.75d_f$</td></tr>
<tr><td>盖与座联接螺栓直径</td><td>d_2</td><td colspan="4">$(0.5\sim0.6)d_f$</td></tr>
<tr><td>联接螺栓 d_2 的间距</td><td>l</td><td colspan="4">$125\sim200$</td></tr>
<tr><td>轴承端盖螺钉直径</td><td>d_3</td><td colspan="4">按选用的轴承端盖确定或$(0.4\sim0.5)d_f$</td></tr>
<tr><td>检查孔盖螺钉直径</td><td>d_4</td><td colspan="4">$(0.3\sim0.4)d_f$</td></tr>
<tr><td>定位销直径</td><td>d</td><td colspan="4">$(0.7\sim0.8)d_2$</td></tr>
<tr><td>d_f,d_1,d_2 至外箱壁距离</td><td>C_1</td><td colspan="4">见表7.2</td></tr>
<tr><td>d_f,d_1,d_2 至凸缘边距离</td><td>C_2</td><td colspan="4">见表7.2</td></tr>
<tr><td>轴承旁凸台半径</td><td>R_1</td><td colspan="4">C_2</td></tr>
<tr><td>凸台高度</td><td>h</td><td colspan="4">根据低速级轴承座外径确定,以便于扳手操作为准</td></tr>
<tr><td>外箱壁至轴承座端面距离</td><td>l_1</td><td colspan="4">$C_1+C_2+(5\sim10)$</td></tr>
<tr><td>箱座底部凸缘宽度</td><td>l_2</td><td colspan="4">$l_2=\delta+C_1+C_2+(5\sim10)$</td></tr>
<tr><td>蜗杆箱体轴承座孔的轴向长度</td><td>l_c</td><td colspan="4">$l_c\approx(1\sim1.2)D$,D 为轴承孔或套杯外直径</td></tr>
<tr><td>齿轮顶圆(蜗轮外圆)与内箱壁距离</td><td>Δ_1</td><td colspan="4">$>1.2\delta$</td></tr>
<tr><td>齿轮(圆锥齿轮或蜗轮轮毂)端面与内箱壁距离</td><td>Δ_2</td><td colspan="4">$>\delta$</td></tr>
<tr><td>箱盖、箱座筋厚</td><td>m_1,m</td><td colspan="4">$m_1=0.85\delta_1$ $m=0.85\delta$</td></tr>
</table>

续表

名　称	符号	减速器形式及尺寸关系/mm		
		齿轮减速器	圆锥齿轮减速器	蜗杆减速器
轴承端盖外径	D_2	见表7.17(注意:有套杯时,端盖尺寸相应增大)		
轴承旁联接螺栓距离	S	尽量靠近,以与端盖螺栓互不干涉为准,一般取 $S=D+(2\sim2.5)d_1$,D 为轴承直径		
箱座深度	H_d	$d_s/2+(30\sim50)$　d_s—大齿轮顶圆直径		
箱座高度	H	$H_d+\delta+(5\sim10)$		
箱座宽度	B_a	由内部传动件位置结构及壁厚确定;蜗杆传动箱体内腔宽度≥蜗杆轴承端盖直径		

注:多级传动时,a 取低速级中心距。对圆锥-圆柱齿轮减速器,按圆柱齿轮传动中心距取值。

表7.2　凸台及凸缘的结构尺寸　　　　单位:mm

螺栓直径	M6	M8	M10	M12	M14	M16	M18	M20	M22
$C_{1\min}$	12	14	16	18	20	22	24	26	30
$C_{2\min}$	10	12	14	16	18	20	22	24	26
螺栓鱼眼坑孔直径 D_0	15	20	24	28	32	34	38	42	44
螺栓托面与箱体立面处圆角半径 $R_{0\max}$	5					8			
凸缘边处的圆角 $r_{\max}$	3								5

7.1.1　箱体要具有足够的刚度

箱体刚度不足,会在加工和工作过程中产生过量变形,引起轴承座孔中心线歪斜,在传动中产生偏载,影响减速器的正常工作。因此,在设计箱体时,首先应保证轴承座的刚度。为此,应使轴承座有足够的壁厚,并在附近加支撑筋,见图7.4。当轴承座是剖分式结构时,还要保证它的联接刚度。

箱体的加强筋有外筋和内筋两种,如图7.4。内筋刚度大,外表光滑美观,但阻碍润滑油流动,工艺也比较复杂,所以多用外筋。

为了提高轴承座处的联接刚度,座孔两侧的联接螺栓应尽量靠近(以不与端盖螺钉孔和轴承孔干涉为原则),为此轴承座孔附近应做出凸台如图7.5,其高度要保证安装时有足够的扳手空间,有关凸台的尺寸参看表7.2。箱座底凸缘的宽度 B 如图7.6(a)应超过箱体内壁。

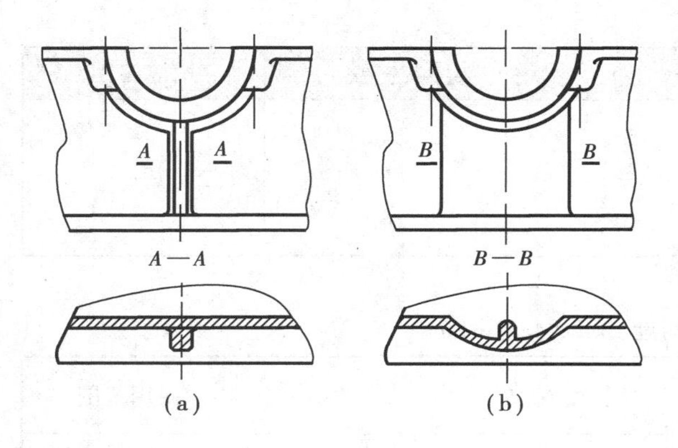

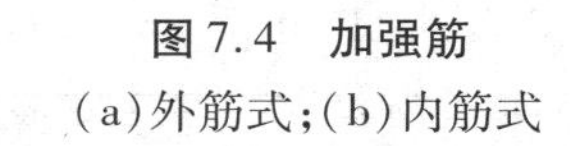

图7.4　加强筋

(a)外筋式;(b)内筋式

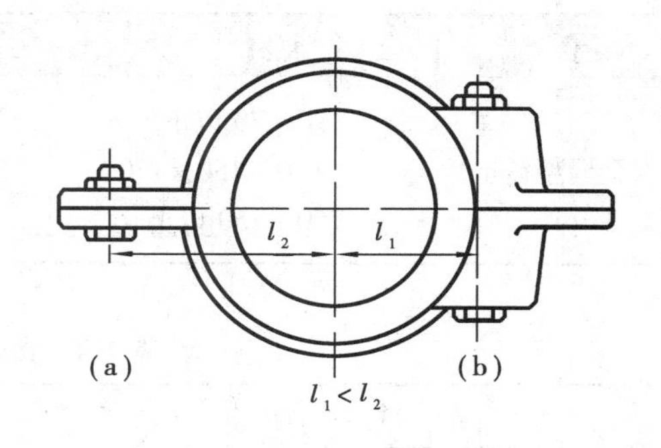

图7.5　箱体座孔联接螺栓的位置

(a)刚度差;(b)刚度好

7.1.2　箱体结构要有良好的工艺性

箱体结构工艺性的好坏,对提高加工精度和装配质量、提高劳动生产率和便于检修维护等方面有直接的影响,故应特别注意。

1. 铸造工艺的要求

在设计铸造箱体时,应考虑到铸造工艺特点,力求形状简单、壁厚均匀、过渡平缓、金属不要局部积聚。因此,箱体壁厚δ应满足表7.3的要求,铸造过渡交接尺寸见表7.5,铸造成外圆角半径R的值见表7.6,铸造成内圆角半径R的值见表7.7。不宜采用形成锐角的倾斜筋和壁,如图7.7所示。

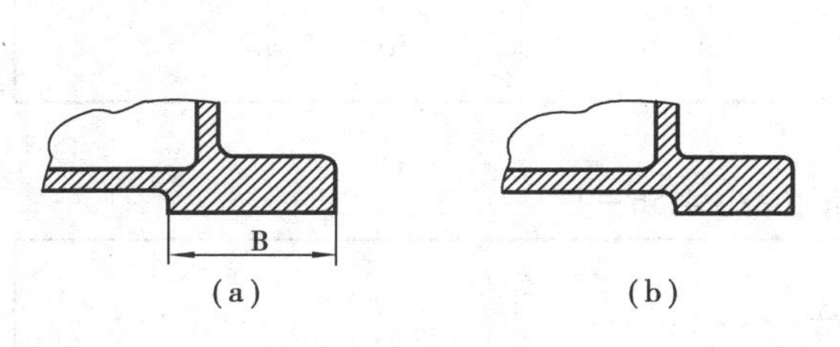

图7.6　箱座底凸缘

(a)正确;(b)不好

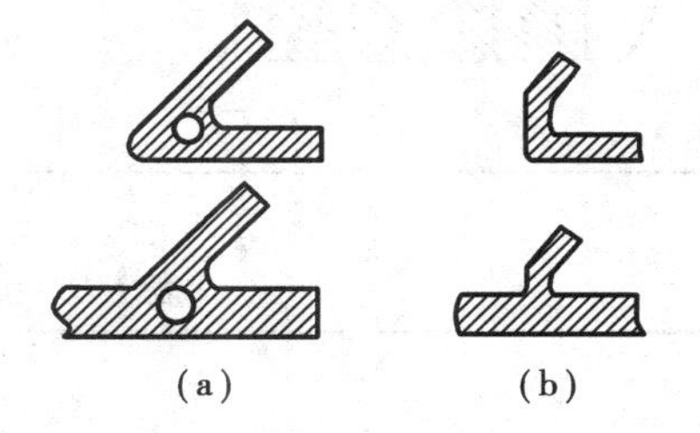

图7.7　形成锐角的斜筋和壁

(a)不正确(有缩孔);(b)正确

表7.3　铸铁件最小壁厚　　单位:mm

铸件方法	铸件尺寸	铸钢	灰铸铁	球墨铸铁
砂型铸造	200×200以下	8	6	6
	>200×200~500×500	10~12	6~10	12

续表

铸件方法	铸件尺寸	铸钢	灰铸铁	球墨铸铁
金属型铸造	70×70 以下 70×70~150×150 150×150 以上	5 — 10	4 5 6	— — —

表 7.4　铸件斜度 JB/ZQ 4257—86

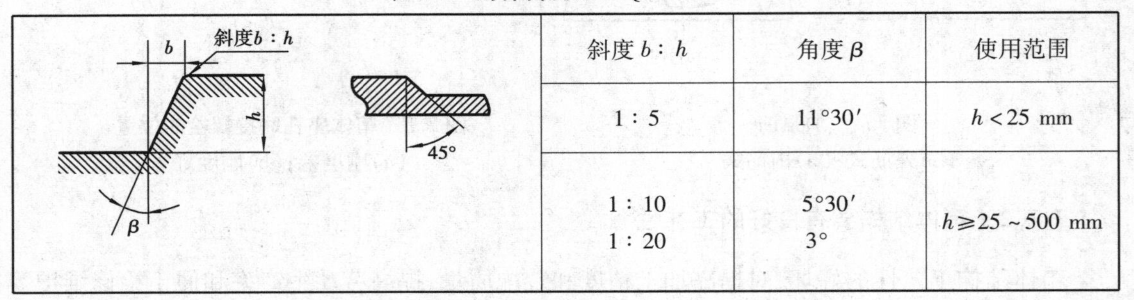

斜度 $b:h$	角度 β	使用范围
1 : 5	11°30′	$h<25$ mm
1 : 10 1 : 20	5°30′ 3°	$h \geqslant 25 \sim 500$ mm

表 7.5　铸件过渡斜度 JB/ZQ 4254—97　　单位:mm

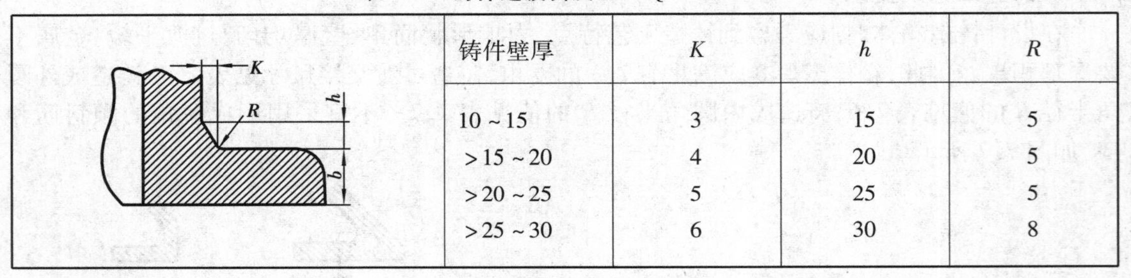

铸件壁厚	K	h	R
10~15	3	15	5
>15~20	4	20	5
>20~25	5	25	5
>25~30	6	30	8

表 7.6　铸造外圆角 JB/ZQ 4256—97

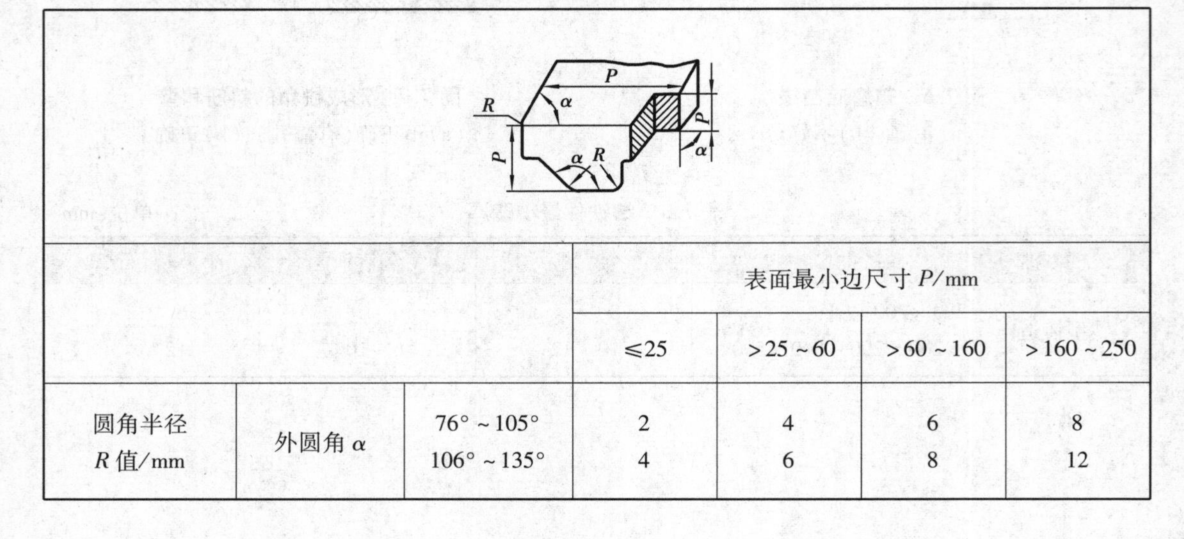

			表面最小边尺寸 P/mm			
			≤25	>25~60	>60~160	>160~250
圆角半径 R 值/mm	外圆角 α	76°~105° 106°~135°	2 4	4 6	6 8	8 12

表 7.7　铸造内圆角 JB/ZQ 4255—97

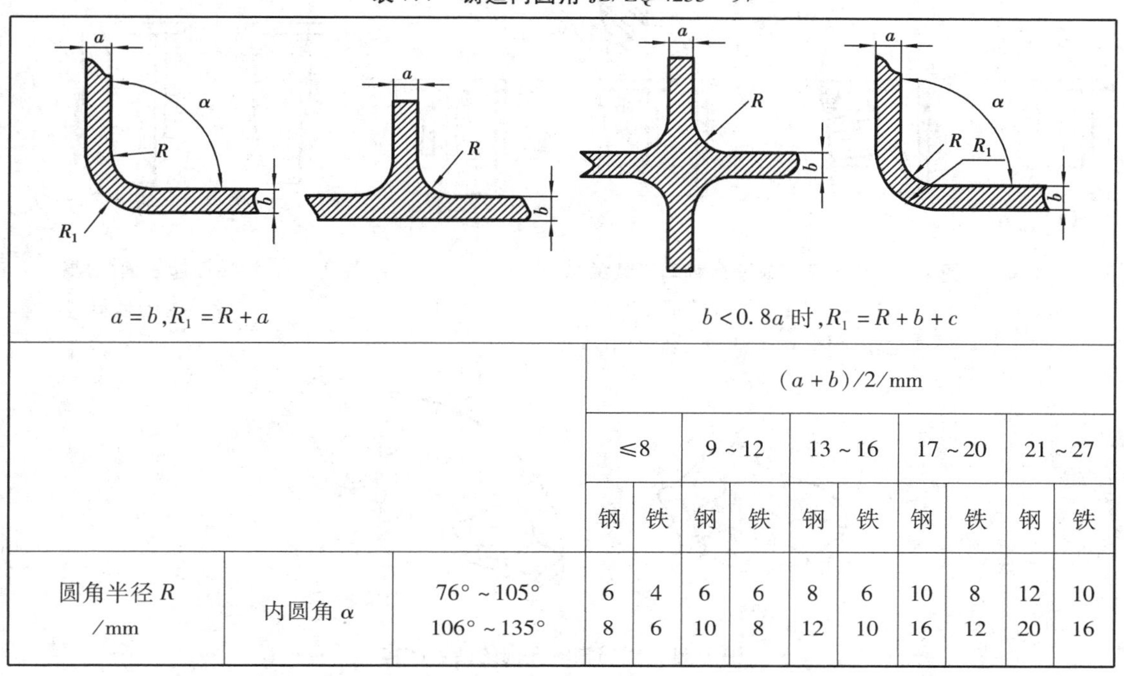

$a=b,R_1=R+a$			$b<0.8a$ 时,$R_1=R+b+c$									
			$(a+b)/2/\text{mm}$									
			≤8		9～12		13～16		17～20		21～27	
			钢	铁	钢	铁	钢	铁	钢	铁	钢	铁
圆角半径 R /mm	内圆角 α	76°～105°	6	4	6	6	8	6	10	8	12	10
		106°～135°	8	6	10	8	12	10	16	12	20	16

为了便于拔模,铸件沿拔模方向应有拔模斜度(见表7.4)。例如图7.8(a)中,窥视孔凸台的形状Ⅰ将不利拔模,若改为(b)中Ⅱ的形状,则可顺利拔模;又如铸件表面有凸起结构,在造型时就要增加活块如图7.9,所以在沿拔模方向的表面上,应尽量减少凸起结构,当铸件表

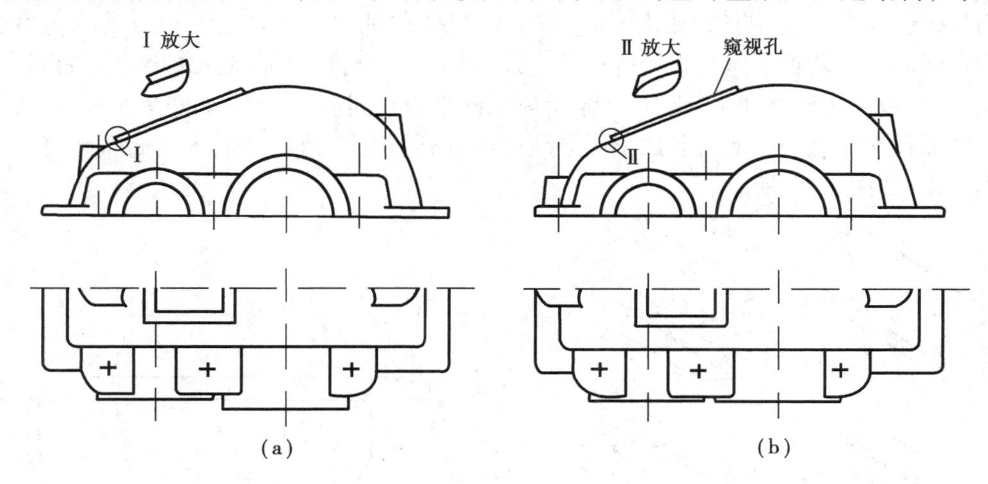

图7.8　铸造箱盖结构

(a)不正确;(b)正确

面有几个凸起结构时,应尽量将其连成一体,便于木模的制造和造型,如图7.10所示。

在设计铸件时,应尽量避免出现狭缝,这时砂型强度很差,如图7.11所示,(b)图中两台距离太近,应将其连在一起,如(a)图那样。

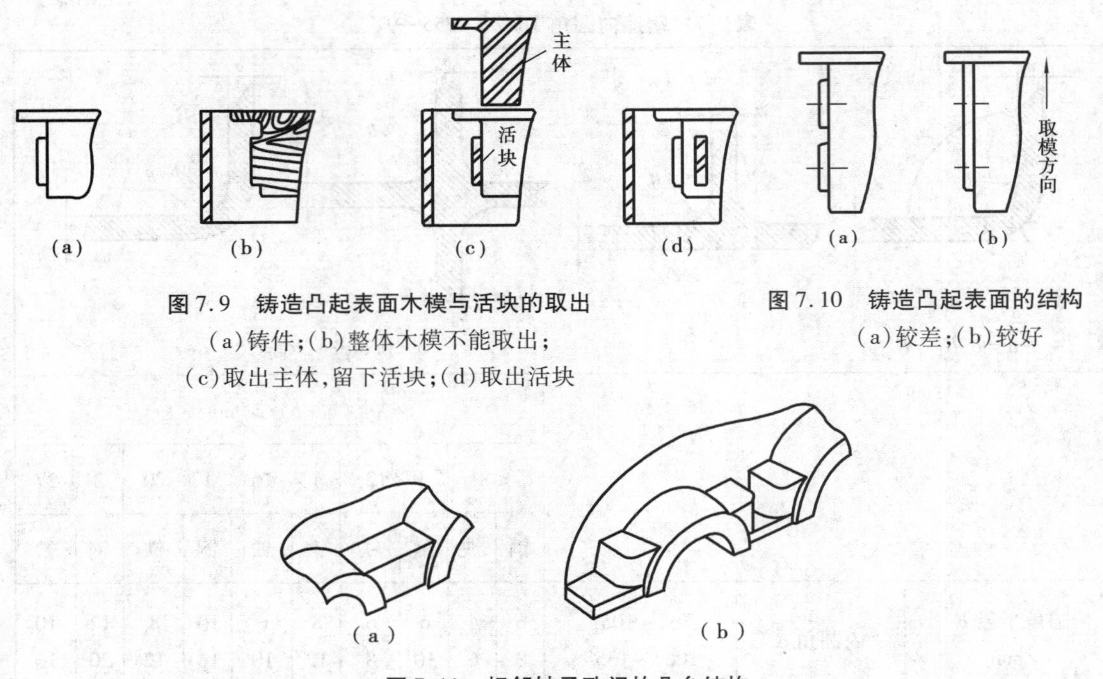

图 7.9　铸造凸起表面木模与活块的取出

(a)铸件;(b)整体木模不能取出;

(c)取出主体,留下活块;(d)取出活块

图 7.10　铸造凸起表面的结构

(a)较差;(b)较好

图 7.11　相邻轴承孔间的凸台结构

(a)正确;(b)较差

2. 机械加工的要求

设计结构形状时,应尽可能减少机械加工面积,以提高劳动生产率,并减少刀具磨损,在图 7.12所示机座底中,图(b)、(c)为较好的结构,小型箱体则多采用图(b)所示的结构。

为了保证加工精度并缩短加工工时,应尽量减少在机械加工时工件和刀具的调整次数。例如同一轴心线的两轴承座孔直径应尽量一致,以便于镗孔和保证镗孔精度。又如同一方向的平面,应尽量一次调整加工,所以,各轴承座端面都应在同一平面上,如图 7.8(b)所示。

机体的任何一处加工面与非加工面必须严格分开,例如,箱盖的轴承座端面需要加工,因而应当凸出,如图 7.13 所示。

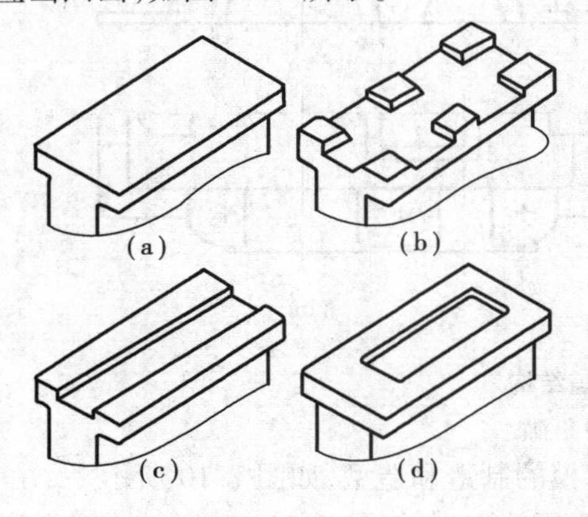

图 7.12　箱座底面结构

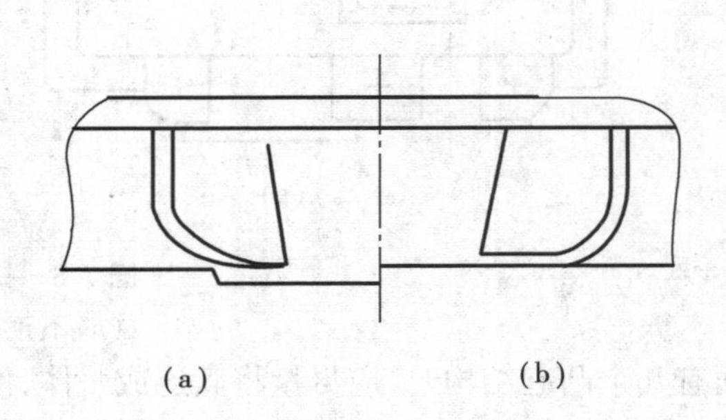

图 7.13　箱盖轴承座端面结构

(a)正确;(b)不正确

7.2　减速器的润滑

减速器中转动零件的润滑直接影响到它的寿命、效率及工作性能，因此应认真对待。

常用润滑油和润滑脂见表 7.8 和表 7.9，可根据转动零件的材料、转速和工作条件来选用。对于传动件和支承件，润滑方式可作如下的考虑。

7.2.1　齿轮、蜗杆的润滑

减速器中齿轮、蜗杆的传动大都用油润滑。当齿轮的圆周速度 $v \leqslant 12$ m/s 时，蜗杆的圆周速度 $v \leqslant 10$ m/s 时，可采用浸油润滑方式。传动件浸在油中的深度 H_1，对于圆柱齿轮、蜗杆和蜗轮，最少应为 1 个齿高，对于锥齿轮，则最少为(0.7 ~ 1)个齿宽，但不得小于 10 mm，见图 7.14。为避免搅油损失过大，传动件的 H_1 不能太深，对于多级传动，若低速级大齿轮的圆周速度 $v \leqslant 0.5 \sim 0.8$ m/s，H_1 可适当大一些，可达 1/6 ~ 1/3 分度圆半径。

在多级传动中，若低速级大齿轮的圆周速度较高，高速级的大齿轮浸油深度为 1 齿时，为避免低速级大齿轮的浸油深度过大，可制成倾斜式箱体剖分面，或只将低速级大齿轮按合适的深度浸在油池中，不浸入油池中的高速级齿轮用溅油轮来润滑，如图 7.15 所示。

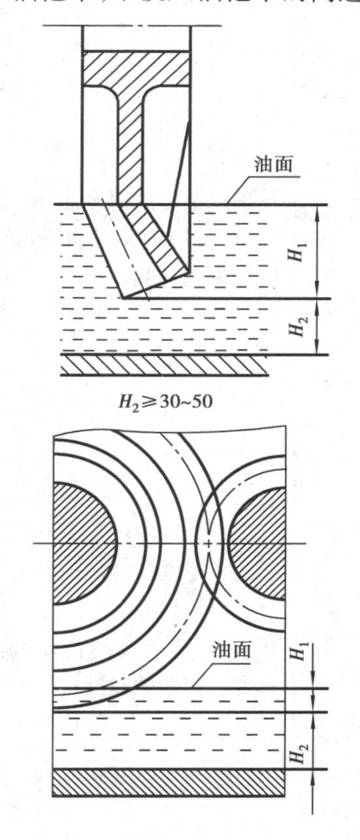

图 7.14　油池深度与浸油深度

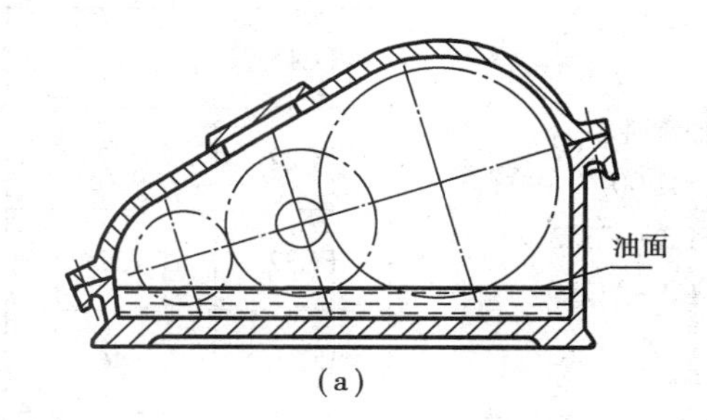

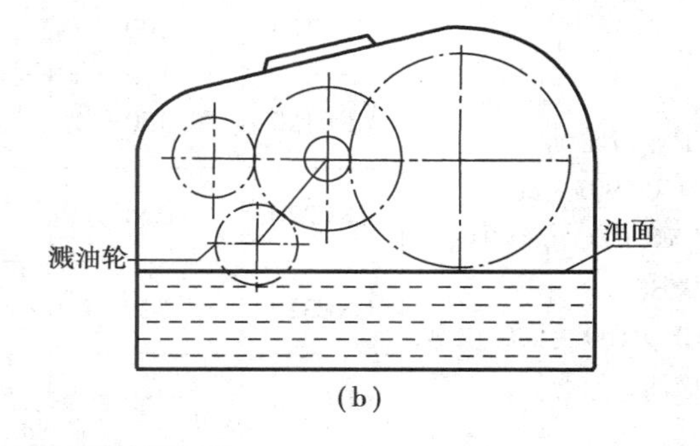

图 7.15　保持浸油深度均一的结构

表 7.8　常用润滑油的主要性质及用途

<table>
<tr><th>名　称</th><th>代　号</th><th>运动粘度
中心值/40 ℃</th><th>凝点/℃</th><th>闪点/℃</th><th>主要用途</th></tr>
<tr><td rowspan="8">机械油
(GB 443—89)
AN5 ~ AN150</td><td>AN5</td><td>4.6</td><td rowspan="3">-10</td><td>110</td><td rowspan="2">用于高速低载的机械</td></tr>
<tr><td>AN7</td><td>6.8</td><td>110</td></tr>
<tr><td>AN10</td><td>10</td><td>125</td><td></td></tr>
<tr><td>AN15</td><td>15</td><td rowspan="3">-15</td><td>165</td><td rowspan="4">用于一般要求的齿轮、滚滑动轴承及液压油,通用性较广</td></tr>
<tr><td>AN22</td><td>22</td><td>170</td></tr>
<tr><td>AN32</td><td>32</td><td>170</td></tr>
<tr><td>AN46</td><td>46</td><td rowspan="2">-10</td><td>180</td></tr>
<tr><td>AN68</td><td>68</td><td>190</td><td>AN68 以上牌号用于重型机械</td></tr>
<tr><td rowspan="6">轴承油
(SH 0017—90)
FD2 ~ FD22
FC2 ~ FC68</td><td>FC10</td><td>10</td><td></td><td></td><td rowspan="6">用于较重要的滑动轴承。FC 为抗氧化、防锈轴承油;FD 为抗氧化、防锈、耐磨轴承油</td></tr>
<tr><td>FC15</td><td>15</td><td></td><td></td></tr>
<tr><td>FC22</td><td>22</td><td></td><td></td></tr>
<tr><td>FC32</td><td>32</td><td></td><td></td></tr>
<tr><td>FC46</td><td>46</td><td></td><td></td></tr>
<tr><td>FC68</td><td>68</td><td></td><td></td></tr>
<tr><td rowspan="6">工业齿轮油
(GB 5903 ~ 86)
CKC 100 ~ 680 中载、极压
CKD 100 ~ 680 重载极压</td><td>CKC100</td><td>100</td><td></td><td></td><td rowspan="6">用于中、重载荷的齿轮润滑,如汽车变速齿轮的润滑</td></tr>
<tr><td>CKC150</td><td>150</td><td></td><td></td></tr>
<tr><td>CKC220</td><td>220</td><td></td><td></td></tr>
<tr><td>CKC320</td><td>320</td><td></td><td></td></tr>
<tr><td>CKC460</td><td>460</td><td></td><td></td></tr>
<tr><td>CKC680</td><td>680</td><td></td><td></td></tr>
</table>

表7.9　常用润滑脂的主要性质及用途

名　称	代　号	滴点/℃	工作锥入度(25 ℃,150 g)/0.1 mm	主要用途
钙基润滑脂 GB 491—87	1号	80	310~340	有耐水性,用于工作温度低于55~60 ℃的各种机械设备的轴承润滑,特别是有水分处
	2号	85	265~295	
	3号	90	220~250	
	4号	95	175~205	
钠基润滑脂 GB 442—89	2号	160	265~295	不耐潮;耐温性好,用于工作温度低于-10~110 ℃一般负荷轴承的润滑
	3号	169	220~250	
钙钠基润滑脂 ZBE 36001—88	ZGN-1	120	250~290	耐水性优于钠基脂,差于钙基脂;耐热性在二者之间80~100 ℃
	ZGN-2	135	200~240	
滚珠轴承脂(SY 1514—82)		120	259~290	用于机车、汽车和电机及其他机械的滚动轴承的润滑
通用锂基润滑脂 GB 7324—87	1号	170	310~340	通用性极佳,适于-20~120 ℃范围各种机械滚、滑动轴承及其他摩擦部位的润滑
	2号	175	265~295	
	3号	180	220~250	
钡基润滑脂(SY 1406—74)	ZB-3	150	200~260	用于工作温度低于135 ℃的高压机械、中小内燃机轴承润滑,耐水
高低温润滑脂	7014	55~75	230	用于高速、高负荷的滚动轴承,工作温度为-60~200 ℃

对于蜗杆下置式的减速器,当蜗杆外径小于轴承滚动体中心分布圆直径时,应避免油面超过轴承的最低滚动体中心。可采用溅油轮将油溅到蜗杆处实现润滑如图7.16所示。

另外,为避免油搅动时沉渣泛起,齿顶到油池底面的距离 H_2 不应小于30~50 mm(见图7.14);为了保证润滑油的散热作用,箱座应能容纳一定量的润滑油,对于单级传动,每传递1 kW的功率,需油量为0.35~0.7 L,对于多级传动,应按级数成比例增加。

7.2.2　滚动轴承的润滑

减速器中的滚动轴承常采用脂润滑或油润滑。当轴颈径 d/mm 和转速 n/rpm 之积 $dn<(1.5\sim2)\times10^5$ 时,可采用脂润滑,但若轴承附近已有润滑油源,也可采用油润滑;超过这一范围时,就宜采用油润滑。

1.脂润滑

润滑脂因不易流失,故便于密封和维护,且一次充填润滑脂可运转较长时间,但润滑脂粘性大,高速时摩擦阻力大、散热效果差,且在高温时易变稀而流失。

采用脂润滑时,为防止箱体内润滑油飞溅到轴承内,稀释润滑脂而变质,同时防止油脂泄入箱内,轴承面向箱体内壁一侧应加挡油环如图7.17所示。

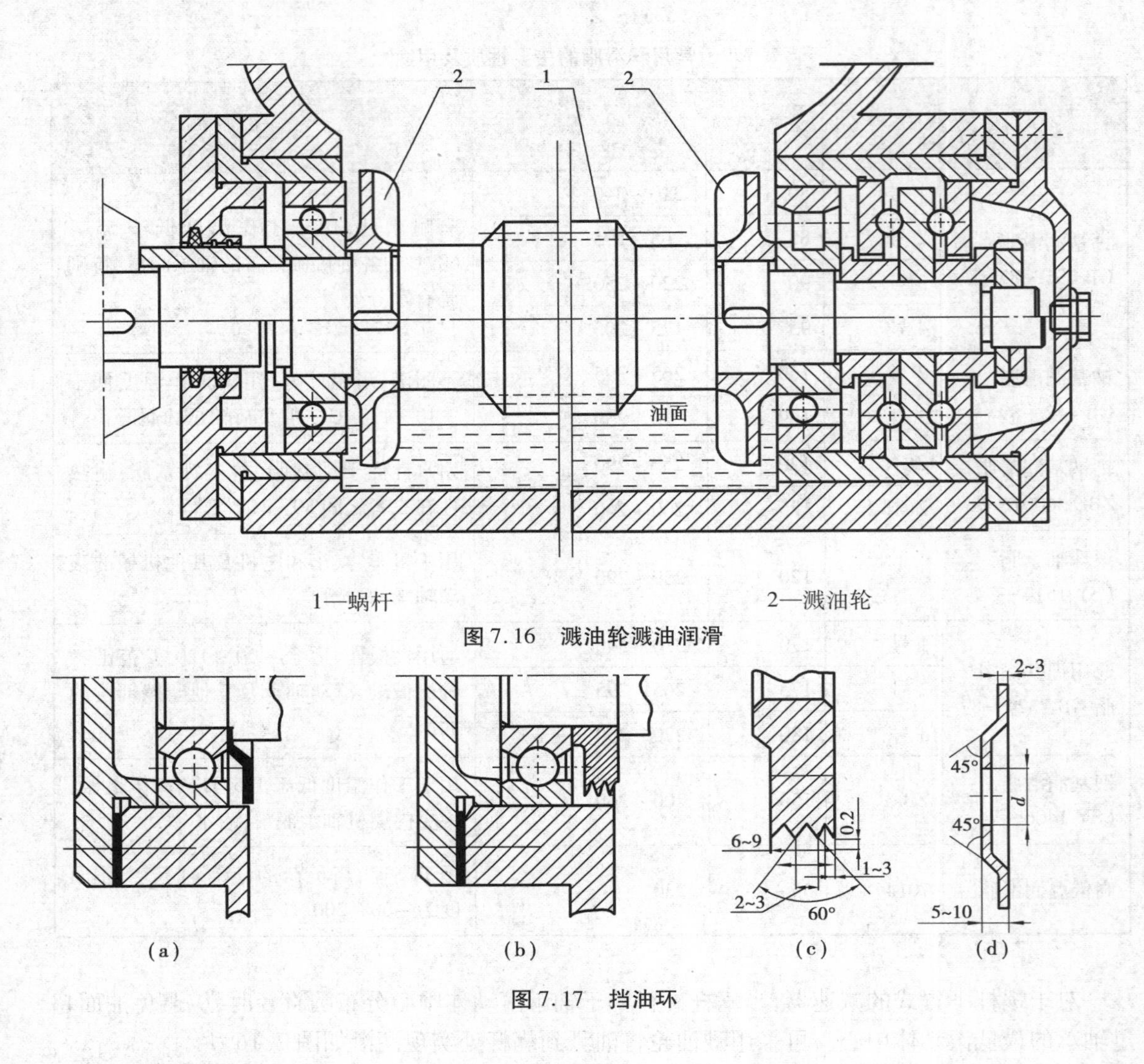

图 7.16 溅油轮溅油润滑

图 7.17 挡油环

2.油润滑

油润滑的优点是比脂润滑摩擦阻力小,并能散热,但要解决轴承的供油方式,相应结构要复杂一些。

滚动轴承常用的油润滑方式有下列几种:

(1)油浴润滑。当轴承位置较低(如蜗杆下置式的减速器)或机器结构许可时,可使轴承局部浸入油中进行润滑如图 7.16 所示。这时油面不应高于最低一个滚动体的中心,而且为防止润滑油被轮齿沿轴向推动,造成其中一个轴承的润油被吸出,而另一个轴承进油过多,应在轴承面向箱体内壁一侧加装挡油环如图 7.18(a)所示。

(2)飞溅润滑。当减速器内有一个浸入油池中零件,它的圆周速度 $v>2$ m/s 时,可利用该零件的旋转将油甩到箱体内壁上,然后使油顺着箱体上特制的输油沟流入轴承内进行润滑如图 7.19 所示。油沟常布置在箱座和箱盖的结合面上,油沟结构与尺寸如图 7.20 所示。

对于两级同轴式减速器,其中间轴承的润滑比较困难,可在箱盖上铸出引油道进行润滑如图 7.19(b)所示。

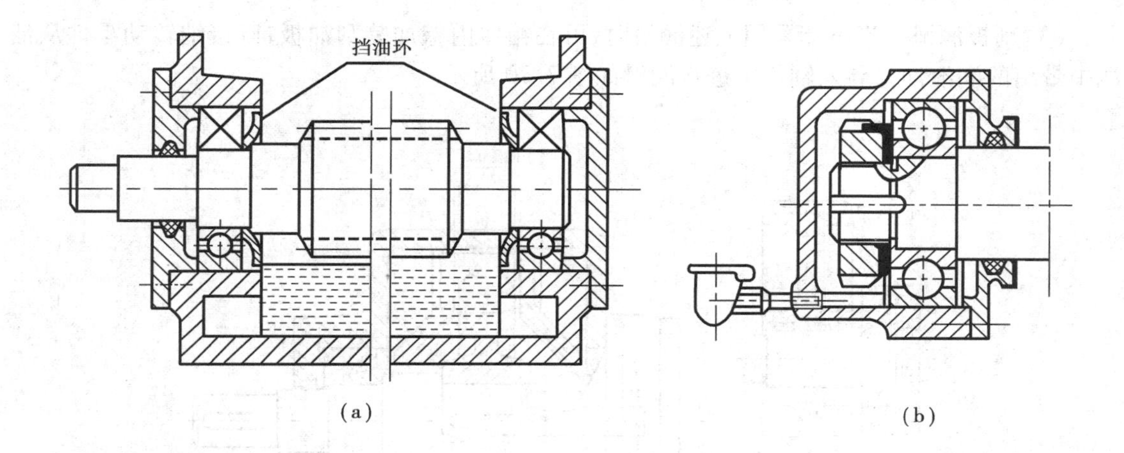

图7.18　滚动轴承的浸油润滑

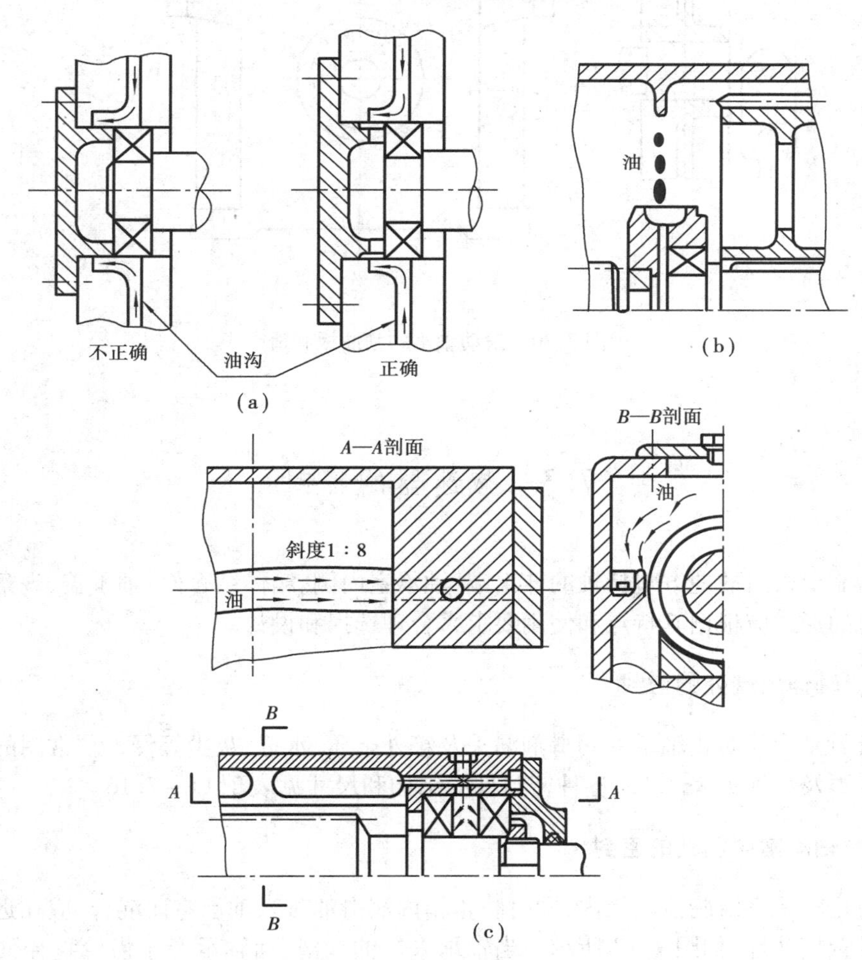

图7.19　轴承的飞溅润滑

对于蜗杆上置式的减速器，蜗杆轴承的润滑也比较困难，通常可以靠蜗轮转动将油甩到箱壁上预先铸出的油沟中，再沿油沟流进轴承进行润滑如图7.19(c)所示。

(3)刮板润滑。当不能采用上述润滑时,可在箱体内壁加装刮油板,以接纳转动零件从油池中带出的润滑油并导入轴承中进行润滑如图7.20所示。

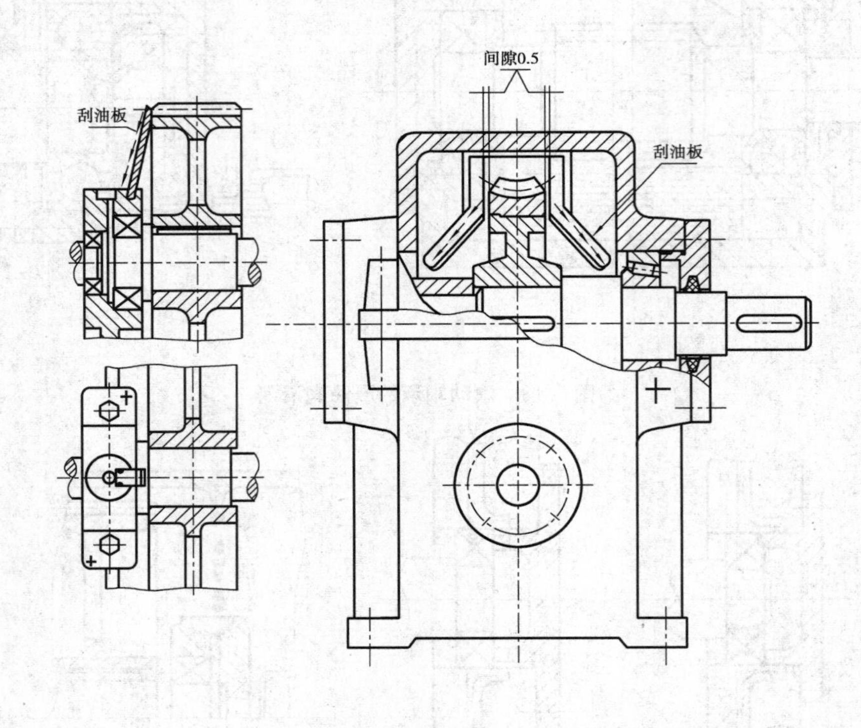

图7.20 滚动轴承的刮油板润滑

7.3 减速器的密封

减速器需要密封的地方包括轴的伸出端、轴承室内侧、箱体结合面、轴承盖、观察孔和放油孔等。密封的形式应根据其特点和使用要求来合理选择和设计。

7.3.1 轴伸出端处的密封

此处密封是为了防止轴承的润滑剂漏失及箱外杂质、水分、灰尘等侵入。常用的各种旋转动密封的种类及特性见表7.10,各种密封件的结构和尺寸见表7.11~7.16。

7.3.2 轴承室内侧处的密封

为了防止轴承润滑脂泄入箱内,同时防止箱内润滑油溅入轴承室而混合,应在近箱体内壁的轴承旁设置挡油环,如图7.17所示。当轴承采用油润滑,而轴承旁小齿轮直径又小于座孔直径时,为了防止过多的经啮合处挤压出来的可能带有金属屑等杂物的油涌入轴承室,也应加挡油环。

7.3.3　箱体结合面的密封

为了保证箱座箱盖联接处的密封，联接凸缘应有足够的宽度，接合表面要经过精刨或刮研，联接螺栓间距不应过大（小于 150～200 mm），以保证足够的压紧力。为了保证轴承孔的精度，剖分结合面间不得加垫片，只允许在剖分结合面间涂以密封胶。有时在箱座凸缘面上铣出回油沟，使渗入凸缘联接缝隙面上的油重新回箱体内，以防向外渗漏。回油沟的形状及尺寸见图 7.21。

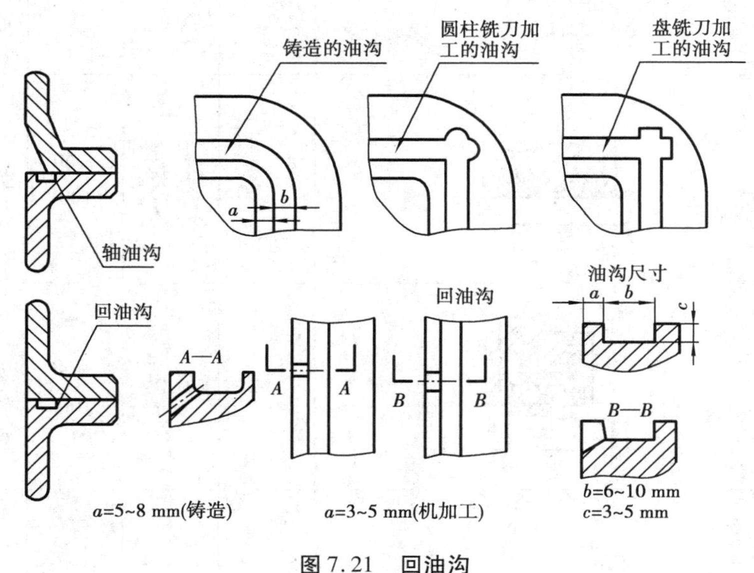

图 7.21　回油沟

7.3.4　其他处的密封

轴承盖、观察孔和放油孔等与箱盖、箱座接缝面间均需加装封油垫或封油圈。

表 7.10　常用旋转轴动密封的种类

种类			速度/(m·s⁻¹)	压力/MPa	温度/℃	说明
接触式	毡圈密封	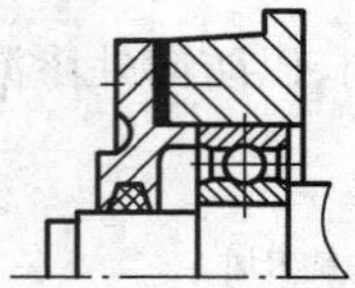	≤5	≤0.1	≤80	结构简单、价格低廉，适于脂润滑。轴表面应抛光。
	O型橡胶圈密封	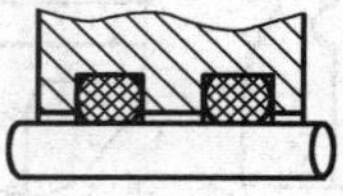	≤3	≤35	≤-60~100	密封能力强，为标准件，可直接使用。
	J,U型橡胶圈密封	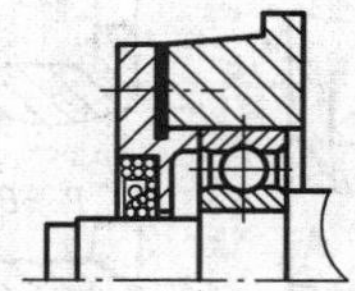	≤7	0.3	≤-60~100	结构简单、尺寸紧凑并具有较好的追随补偿性。
非接触式	沟槽密封	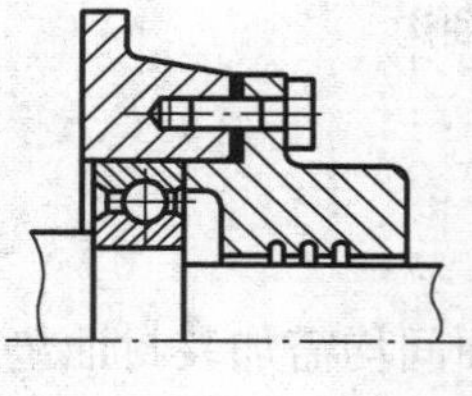	≤30			用于脂润滑。沟槽数常为三个，槽内填脂。适于高速和环境恶劣的场合。
	迷宫密封	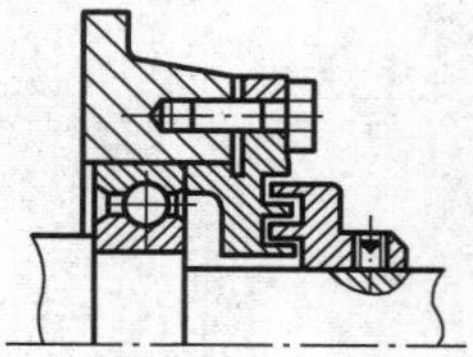	≤30			用于脂和油润滑。间隙内添充脂，适于高速和环境差的场合。但对于轴的轴向、径向变动量应严格控制。

表 7.11 毡圈油封及槽（JB/ZQ 4606—86） 单位：mm

毡圈 装毡圈的沟槽尺寸

标记示例：毡圈 40JB/ZQ 4606—86
d = 40 mm 的毡圈油封

轴径 d	毡封油圈			槽				
	D	d_1	B_1	D_0	d_0	b	B_{max} 钢	B_{max} 铁
15	29	14	6	28	16	5	10	12
20	33	19		32	21		12	15
25	39	24	7	38	26	6		
30	45	29		44	31			
35	49	34		48	36			
40	53	39		52	41			
45	61	44	8	60	46	7		
50	69	49		68	51			
55	74	53		72	56			
60	80	58		78	61			
65	84	63		82	66			
70	90	73		88	71			
75	94	73		92	77			

表 7.12 O 型橡胶密封圈的尺寸与公差（摘自 GB/T 3452.1—92） 单位：mm

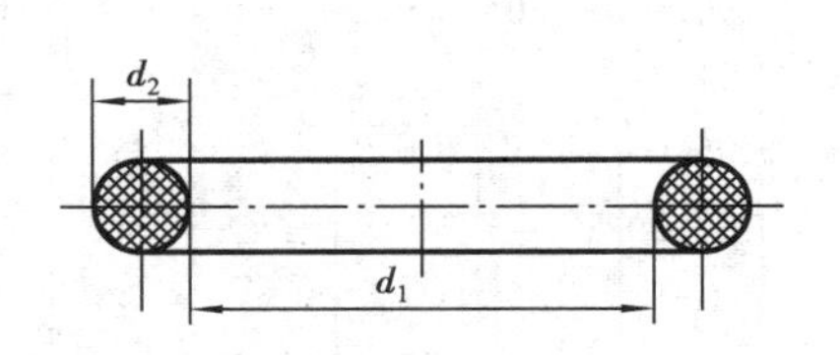

标记：O 型器 40 × 355GB 34521—82（O 型圈内径 d_1 = 40.0 mm 截面直径 d_2 = 355 mm

内径		截面直径 d_2			内径		截面直径 d_2			内径		截面直径 d_2		
d_1	极限偏差	1.8 ± 0.08	2.65 ± 0.09	3.55 ± 0.10	d_1	极限偏差	2.65 ± 0.09	3.55 ± 0.10	5.3 ± 0.13	d_1	极限偏差	3.55 ± 0.10	5.3 ± 0.13	7.0 ± 0.15

续表

20.0		*	*	*	51.5		*	*	*	103		*	*	
21.2		*	*	*	53.0		*	*	*	106		*	*	
22.4		*	*	*	54.5		*	*	*	109	±0.65	*	*	*
23.6	±0.22	*	*	*	56.0		*	*	*	112		*	*	*
25.0		*	*	*	58.0	±0.44	*	*	*	115		*	*	*
25.8		*	*	*	60.0		*	*	*	118		*	*	*
26.5		*	*	*	61.5		*	*	*					
28.0		*	*	*	63.0		*	*	*					
30.0		*	*	*										
31.5			*	*	65.0			*	*	122		*	*	*
32.5		*	*	*	67.0		*	*	*	125		*	*	*
33.5			*	*	69.0			*	*	128		*	*	*
34.5	±0.30	*	*	*	71.0	±0.53	*	*	*	132	±0.90	*	*	*
35.5			*	*	73.0			*	*	136		*	*	*
36.5		*	*	*	75.0		*	*	*	140		*	*	*
37.5			*	*	77.5			*	*	145		*	*	*
38.7		*	*	*	80.0		*	*	*	150		*	*	*
40.0			*	*										
41.2			*	*	82.5			*	*	155		*	*	*
42.5		*	*	*	85.0		*	*	*	160		*	*	*
43.7			*	*	87.5			*	*	165		*	*	*
45.0		*	*	*	90.0	±0.65	*	*	*	170		*	*	*
46.2	±0.36		*	*	92.5			*	*	175	±0.90	*	*	*
47.5		*	*	*	95.0		*	*	*	180		*	*	*
48.7			*	*	97.5			*	*					
50.0		*	*	*	100		*	*	*					

沟槽尺寸(GB/T 34523—88)/mm

	O 型圆截面直径		1.80	2.65	3.55	5.30	7.00
径向密封	动静密封	沟槽宽 b	2.4	3.6	4.8	7.1	9.5
		沟槽深 h	1.42	2.16	2.96	4.48	5.95
		槽底圆角半径 r_1	0.2 - 0.4		0.4 - 0.8		0.8 - 1.2
		槽棱圆角半径 r_2	0.1 - 0.3				

注:“＊”表示有该规格的产品。

表 7.13　J,U 型无骨架橡胶油封(HG 4—338—66),(HG—339—66)　　单位:mm

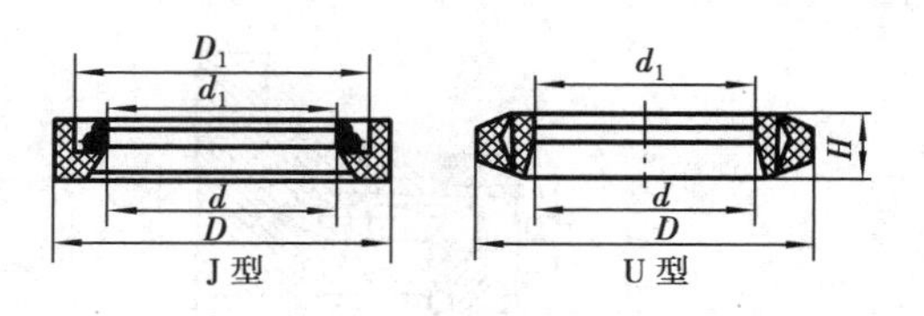

标记:J 型油封 50×75×12 橡胶 I-1HG 4—338—66
　　(d = 50 mm, D = 75 mm, H = 12 mm,材料为耐油橡胶 I-1 的 J 型无骨架橡胶油封)
　　U 型油封 50×75×12.5 橡胶 I-1HG 4—339—66

轴径 d		30	35	40	45	50	55	60	65	70	75	80
D		55	60	65	70	75	80	85	90	95	100	105
H	J 型	12									16	
	U 型	12.5									14	
d_1		29	34	39	44	49	54	59	64	69	74	79
D_1		46	51	56	61	66	71	75	81	86	91	96

表 7.14　J,U 型无骨架橡胶油封槽的尺寸　　单位:mm

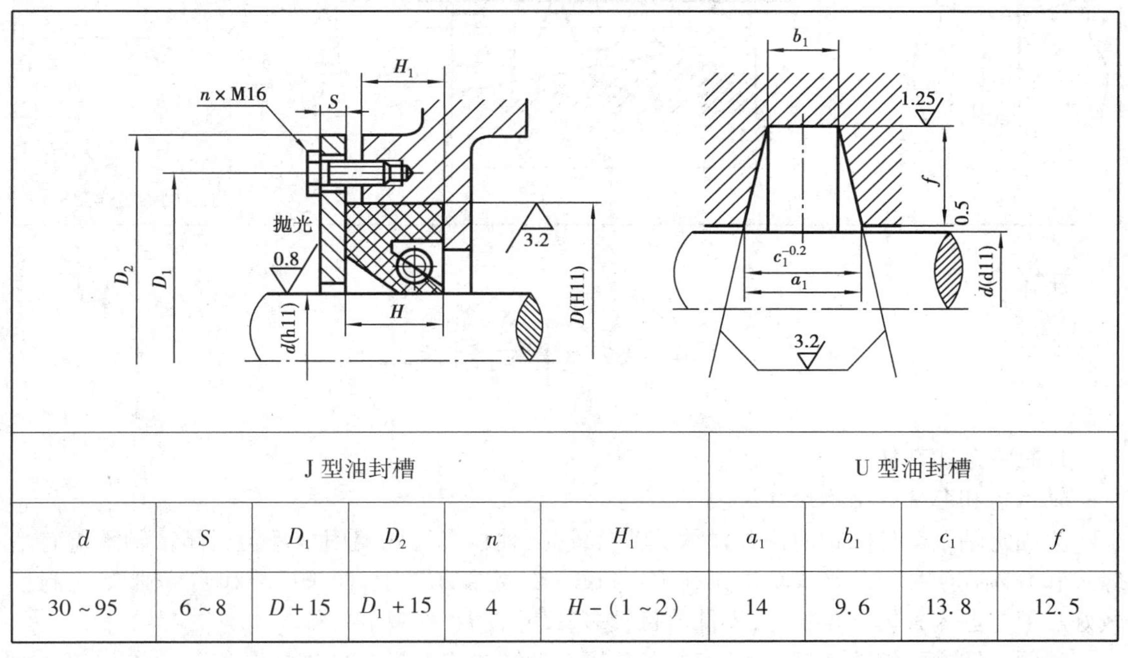

J 型油封槽						U 型油封槽			
d	S	D_1	D_2	n	H_1	a_1	b_1	c_1	f
30~95	6~8	$D+15$	D_1+15	4	$H-(1\sim2)$	14	9.6	13.8	12.5

表 7.15　迷宫式密封槽　　单位:mm

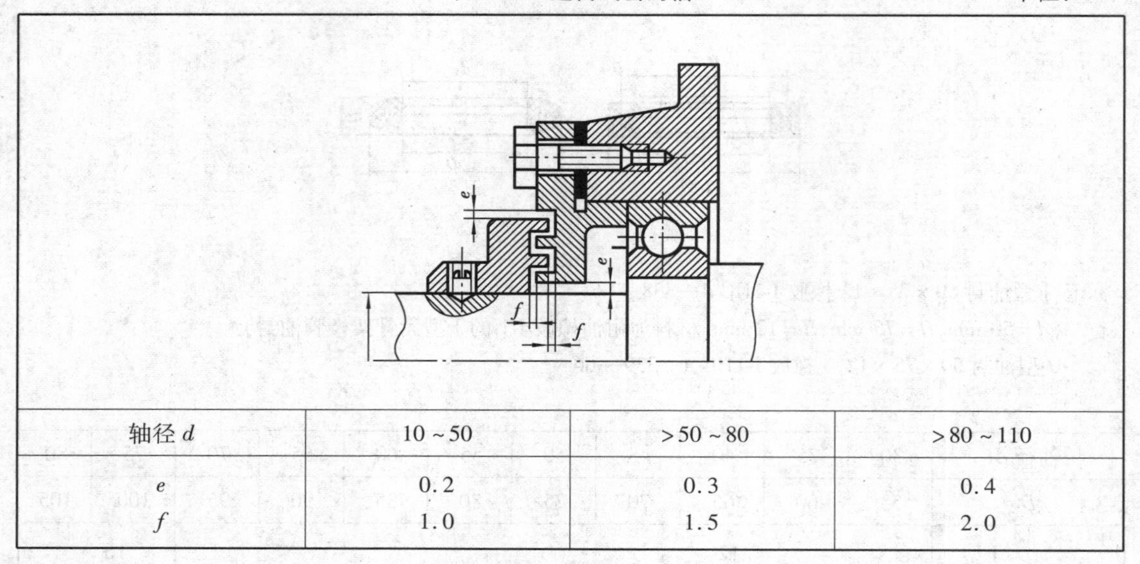

轴径 d	10～50	>50～80	>80～110
e	0.2	0.3	0.4
f	1.0	1.5	2.0

表 7.16　油沟式密封槽(JB/ZQ 4245—86)　　单位:mm

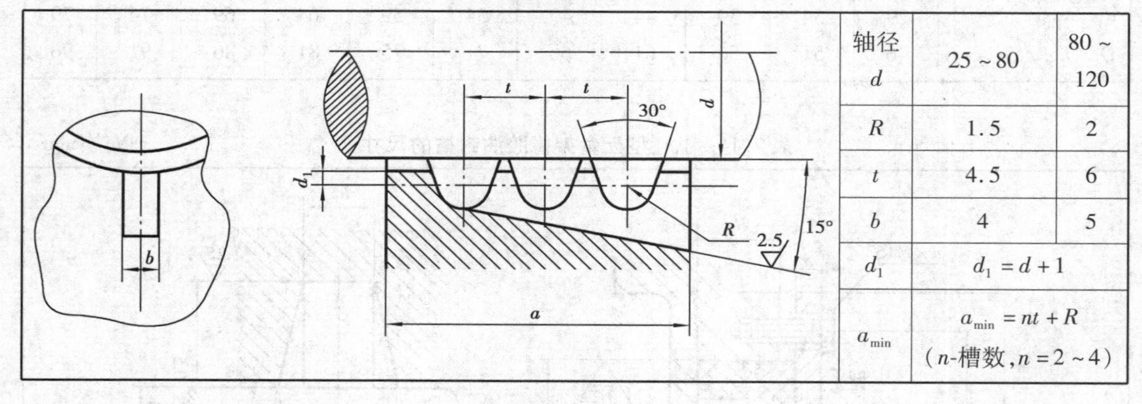

轴径 d	25～80	80～120
R	1.5	2
t	4.5	6
b	4	5
d_1	$d_1=d+1$	
$a_{\min}$	$a_{\min}=nt+R$ (n-槽数,$n=2\sim4$)	

7.4　减速器的附件

1. 轴承盖和套杯

轴承盖和套杯的结构尺寸见表 7.17。

为固定轴系部件的轴向位置并承受轴向载荷,轴承座孔两端用轴承盖封闭。轴承盖有凸缘式和嵌入式两种。凸缘式轴承盖利用六角螺栓固定在箱体上,便于拆装和调整轴承,密封性较好。但与嵌入式轴承盖相比,零件数目较多、尺寸较大、外观不平整。

当同一转轴两端轴承型号不同时,可利用套杯结构使箱体上的轴承孔直径一致,以便一次镗出,保证加工精度;也可利用套杯固定轴承轴向位置,使轴承的固定、装拆更为方便,还可调整支承(包括整个轴系)的轴向位置。

2. 观察孔盖板

为检查传动零件的啮合情况，并向箱内注入润滑油，应在箱体的适当位置设置观察孔。平时，观察孔盖板用螺钉固定在箱盖上。观察孔盖板结构尺寸见表 7.18。

3. 通气器

减速器工作时，箱体内温度升高，气体膨胀，压力增大，为使箱体内热胀空气能自由排出，以保持箱内外压力平衡，不致使润滑油沿分箱面、轴伸密封处或其他缝隙渗漏，通常在箱体顶部装通气器。通气器结构尺寸见表 7.19 ~ 表 7.20。

4. 油面指示器

为检查减速器内油池油面的高度及油的颜色是否正常，经常保持油池内有适量的能使用的油，一般在箱体便于观察、油面较稳定的部位，装设油面指示器。最低油面为传动件正常运转时的油面，最高油面由传动件浸油的要求来决定。

常用的油面指示器为油标尺，结构及安装方式如图 7.22 所示。设计时应注意其安置高度和倾斜度，若太低或倾斜度太大，箱内油易溢出。若太高或倾斜度太小，油标难以拔出，插孔也难于加工。油标尺的倾斜位置如图 7.23 所示，其结构尺寸见表 7.21。

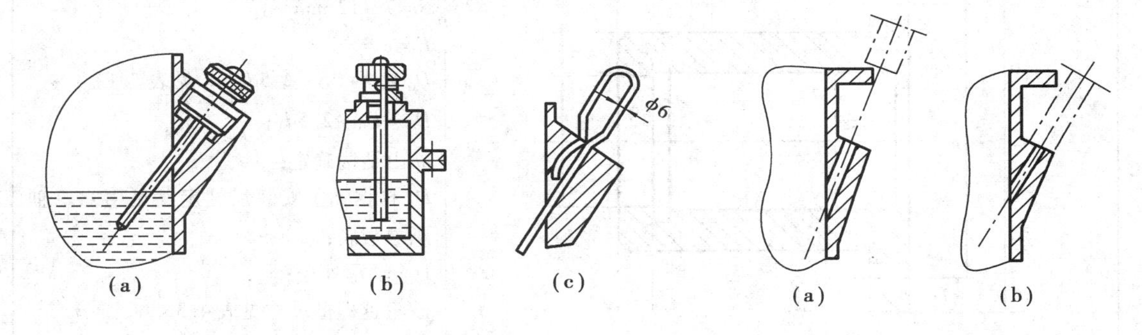

图 7.22　油标尺的结构及安装

图 7.23　油标尺的倾斜位置

(a)不正确；(b)正确

圆形、长形、管状油标见表 7.22 ~ 表 7.24。

表 7.17　轴承端盖与套杯结构

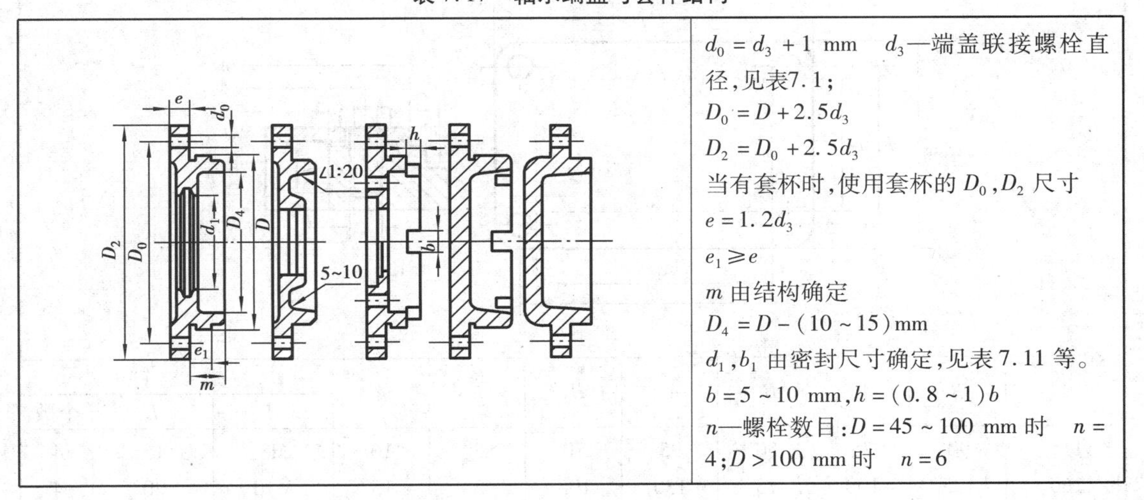

$d_0 = d_3 + 1$ mm　d_3—端盖联接螺栓直径，见表7.1；

$D_0 = D + 2.5d_3$

$D_2 = D_0 + 2.5d_3$

当有套杯时，使用套杯的 D_0，D_2 尺寸

$e = 1.2d_3$

$e_1 \geqslant e$

m 由结构确定

$D_4 = D - (10 \sim 15)$ mm

d_1，b_1 由密封尺寸确定，见表 7.11 等。

$b = 5 \sim 10$ mm，$h = (0.8 \sim 1)b$

n—螺栓数目：$D = 45 \sim 100$ mm 时　$n = 4$；$D > 100$ mm 时　$n = 6$

续表

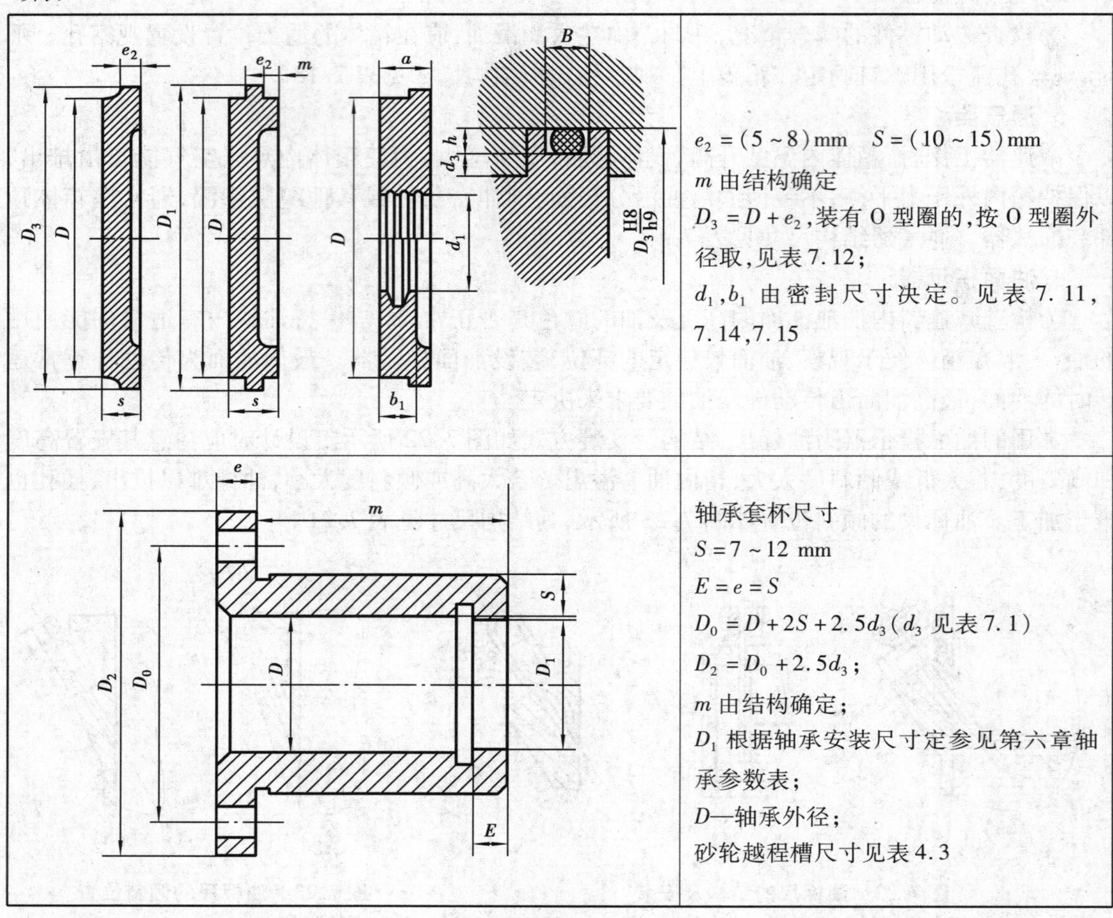

$e_2=(5\sim8)\,\mathrm{mm}$　$S=(10\sim15)\,\mathrm{mm}$

m 由结构确定

$D_3=D+e_2$，装有 O 型圈的，按 O 型圈外径取，见表 7.12；

d_1,b_1 由密封尺寸决定。见表 7.11，7.14，7.15

轴承套杯尺寸

$S=7\sim12$ mm

$E=e=S$

$D_0=D+2S+2.5d_3$（d_3 见表 7.1）

$D_2=D_0+2.5d_3$；

m 由结构确定；

D_1 根据轴承安装尺寸定参见第六章轴承参数表；

D—轴承外径；

砂轮越程槽尺寸见表 4.3

表 7.18　观察孔盖

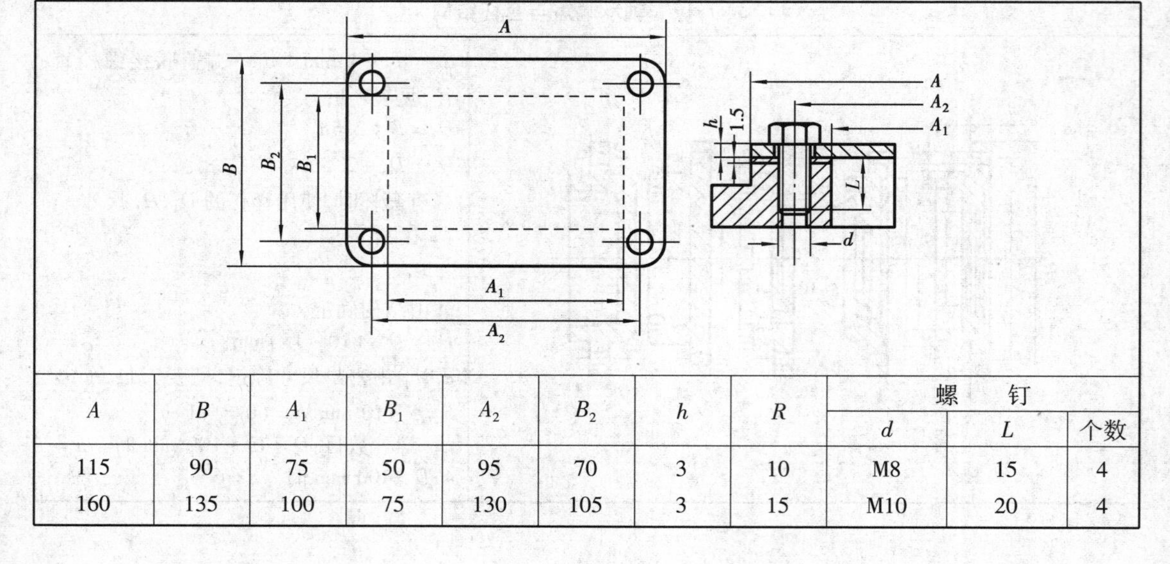

A	B	A_1	B_1	A_2	B_2	h	R	螺钉		
								d	L	个数
115	90	75	50	95	70	3	10	M8	15	4
160	135	100	75	130	105	3	15	M10	20	4

续表

210	160	150	100	180	130	3	15	M10	20	6
260	210	200	150	230	150	4	20	M12	25	8
360	260	300	200	330	230	4	25	M12	25	8
460	360	400	300	430	330	6	30	M12	25	8

表 7.19　简单式通气器　　单位:mm

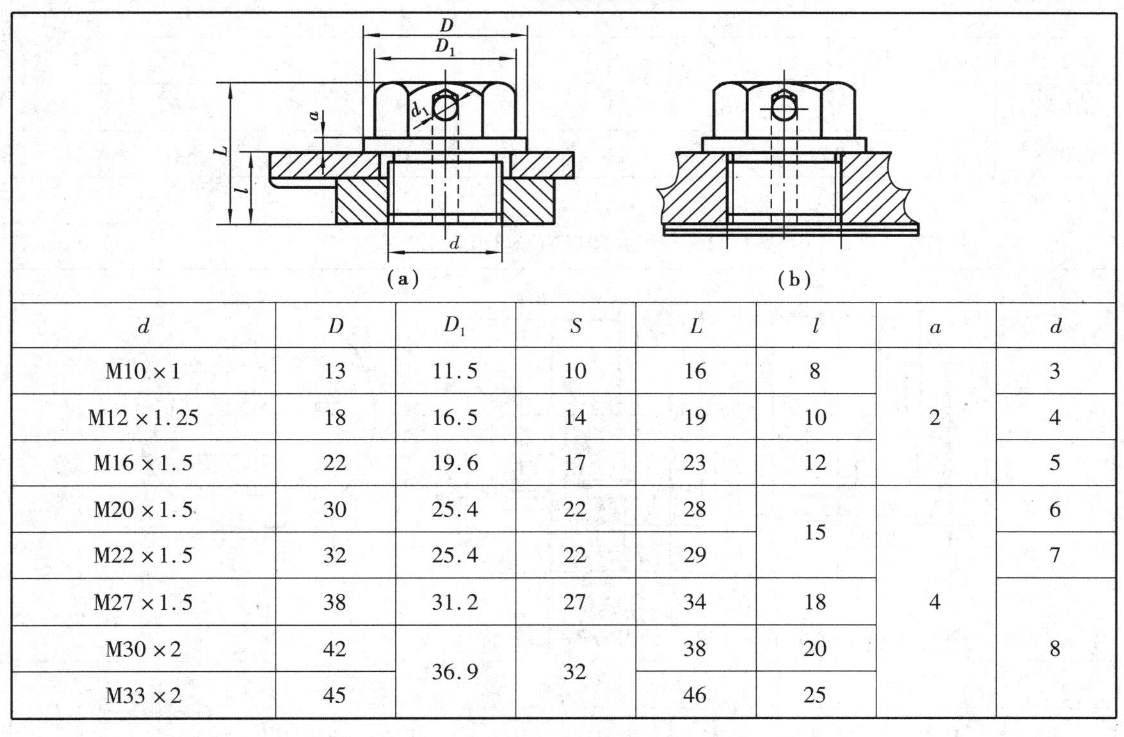

d	D	D_1	S	L	l	a	d
M10×1	13	11.5	10	16	8		3
M12×1.25	18	16.5	14	19	10	2	4
M16×1.5	22	19.6	17	23	12		5
M20×1.5	30	25.4	22	28	15		6
M22×1.5	32	25.4	22	29			7
M27×1.5	38	31.2	27	34	18	4	
M30×2	42	36.9	32	38	20		8
M33×2	45			46	25		

表 7.20　通气器　　单位:mm

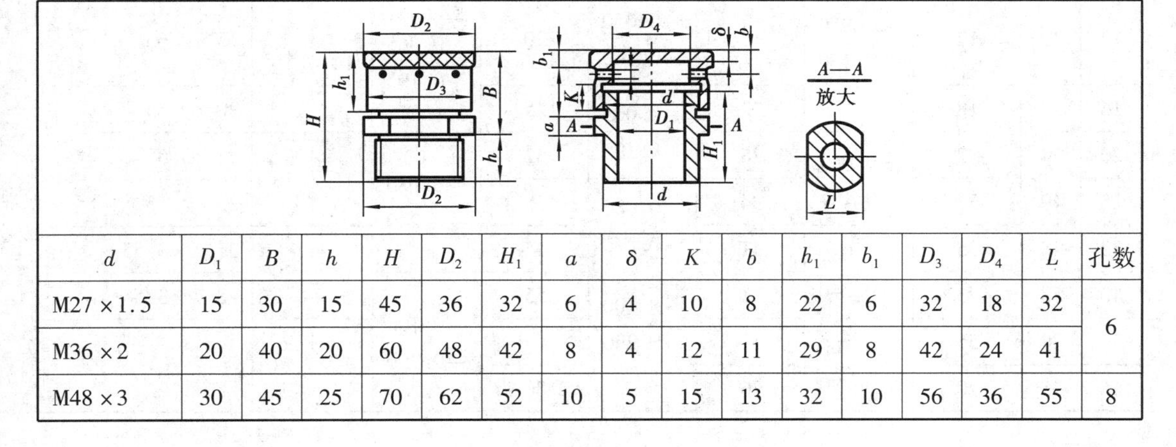

d	D_1	B	h	H	D_2	H_1	a	δ	K	b	h_1	b_1	D_3	D_4	L	孔数
M27×1.5	15	30	15	45	36	32	6	4	10	8	22	6	32	18	32	6
M36×2	20	40	20	60	48	42	8	4	12	11	29	8	42	24	41	
M48×3	30	45	25	70	62	52	10	5	15	13	32	10	56	36	55	8

表 7.21　油标尺的尺寸　　单位:mm

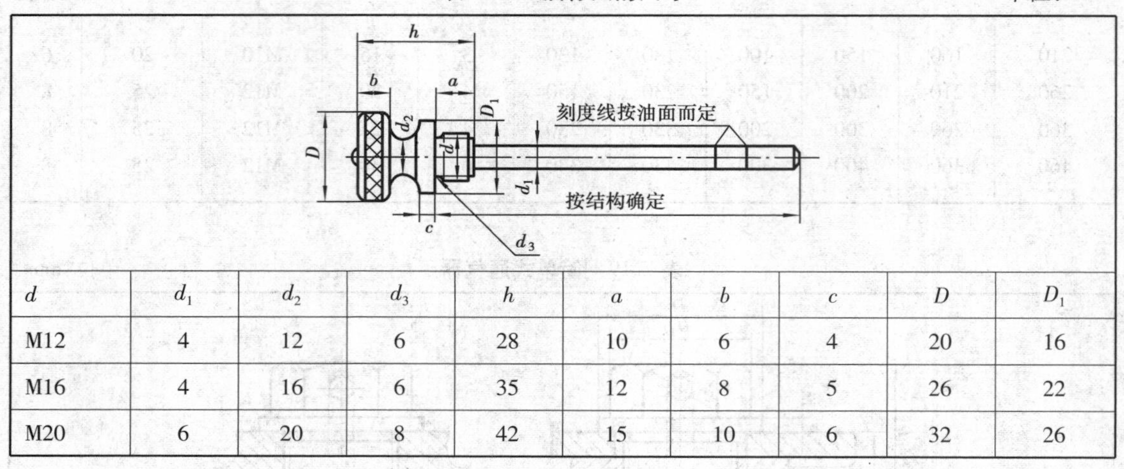

d	d_1	d_2	d_3	h	a	b	c	D	D_1
M12	4	12	6	28	10	6	4	20	16
M16	4	16	6	35	12	8	5	26	22
M20	6	20	8	42	15	10	6	32	26

表 7.22　压配式圆形油标(GB 116.1—89)　　单位:mm

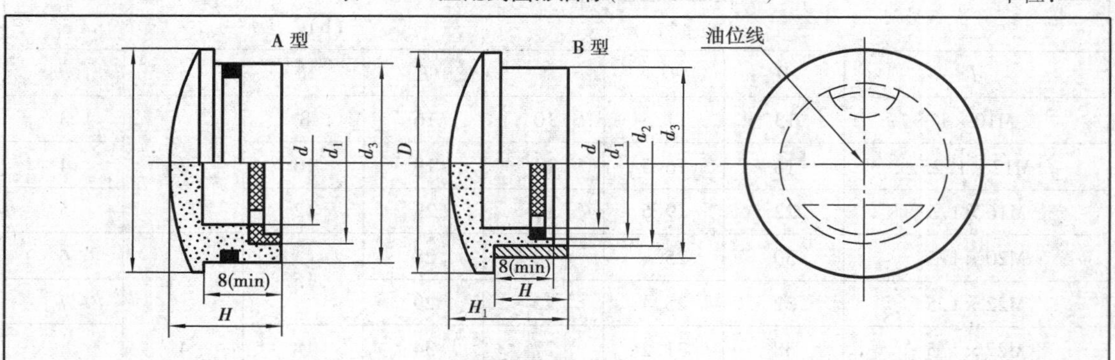

标记:油标 A32 GB 1160.1　视孔 $d=32$　A 型压配式圆形油标

d	D	d_1		d_2		d_3		H	H_1	O 型橡胶密封圈,见表 7.12
12	22	基本尺寸	极根偏差	基本尺寸	极限偏差	基本尺寸	极限偏差			
12	22	12	−0.050 −0.160	17	−0.050 −0.160	20	−0.065 −0.195	14	16	15×2.65
16	27	18		22	−0.065 −0.195	25				20×2.65
20	34	22	−0.065 −0.195	28		32	−0.080 −0.240	16	18	20×3.55
25	40	28		34	−0.080 −0.240	38				25×3.55
32	48	35	−0.080 −0.240	41		45		18	20	31.5×3.55
40	58	45		51	−0.100 −0.290	55	−0.100 −0.290			48.7×3.55
50	70	55	−0.100 −0.290	61		65		22	24	——
65	85	70		76		80				

表 7.23　长形油标(GB 1161—89)　　　　单位:mm

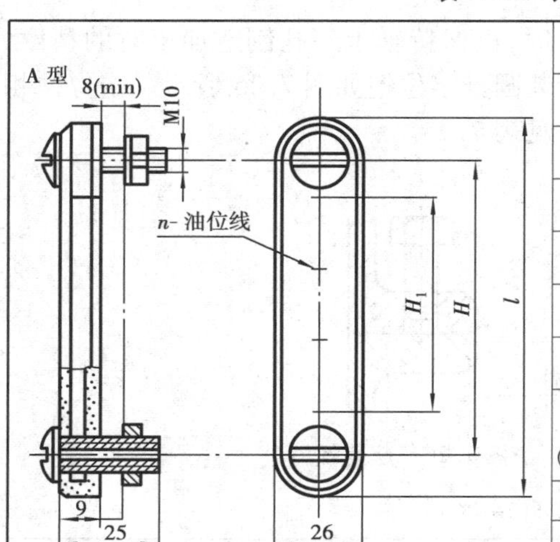

H 基本尺寸	H 极限偏差	H_1	l	n
80	±0.17	40	110	2
100		60	130	3
125	±0.20	80	155	4
160		120	190	6

密封与紧固件		
O 型橡胶圈(GB/T 3452.1—92)	六角螺母(GB 6172—86)	弹性垫圈 GB 861
10×2.65	M10	10

标记示例:$H=80$,A 型长油标:油标 A80 GB 1161

表 7.24　管状油标(GB 1162—89)　　　　单位:mm

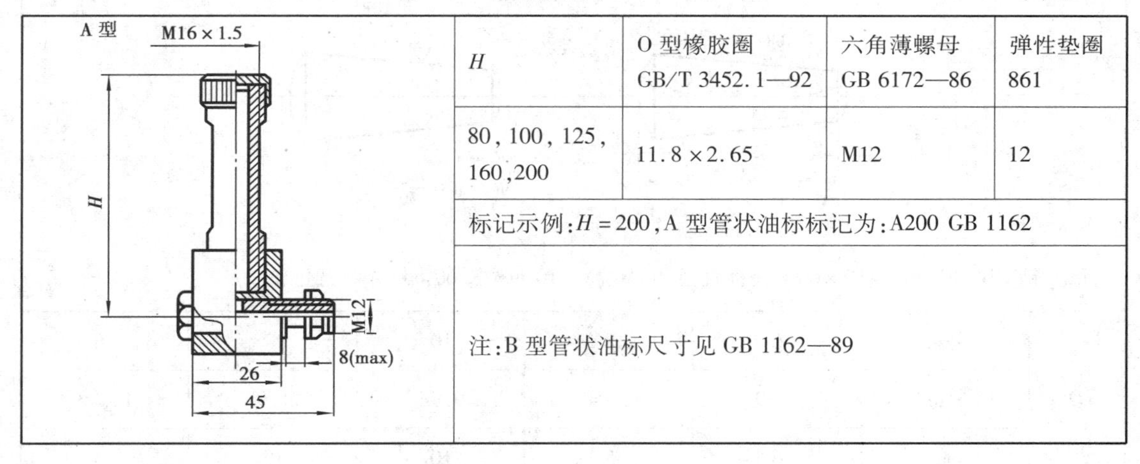

H	O 型橡胶圈 GB/T 3452.1—92	六角薄螺母 GB 6172—86	弹性垫圈 861
80,100,125,160,200	11.8×2.65	M12	12

标记示例:$H=200$,A 型管状油标标记为:A200 GB 1162

注:B 型管状油标尺寸见 GB 1162—89

5. 油塞

为在换油时便于排放污油和清洗剂,应在箱座底部、油池的最低位置处开设放油孔,平时用油塞将放油孔堵住如图 7.24 所示。孔端处应凸起一块,以便于机械加工出油塞的支承平面,在其上加平垫油圈以加强密封。油塞的结构尺寸见表 7.26。

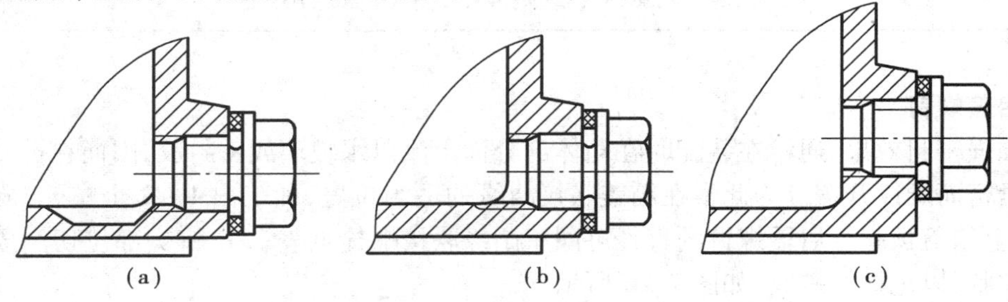

图 7.24　油塞及其位置

(a)正确;(b)正确(有半边孔攻丝,工艺性较差);(c)不正确

6. **定位销**

为保持箱盖、箱体间的正确位置和每次装拆箱盖时,仍保持轴承座孔制造加工时的精度,应在精加工轴承孔前,在箱盖与箱座的联接凸缘上配装圆锥定位销如图 7.25 所示。定位销相对于箱体应为非对称布置,以免错装。销的结构尺寸见表 7.25。

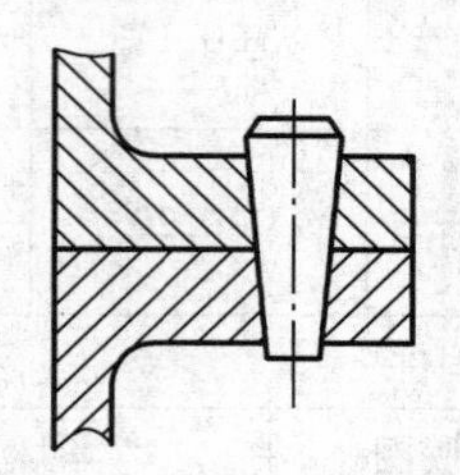

图 7.25　箱盖和箱座的定位销

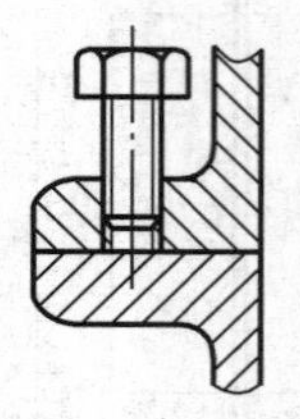

图 7.26　起盖螺钉

表 7.25　圆锥销(GB/T 117—86)　　单位:mm

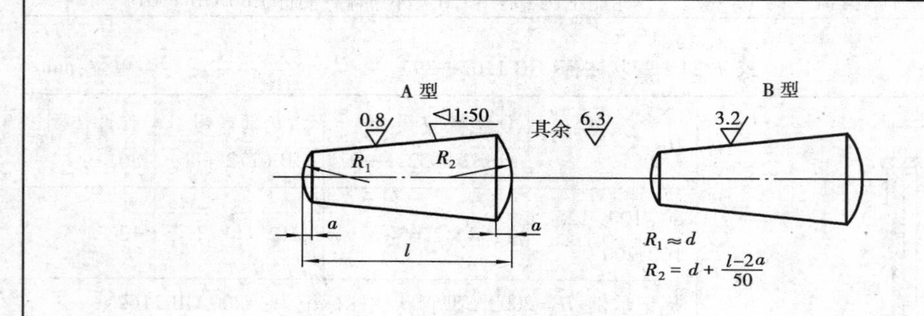

标记:销 GB 117—86 A10×60　公称直径 d(小端)=10 mm 长 60 mm A 型圆锥销

D	公称	6	8	10	12	16
	min	5.59	7.94	9.94	11.93	15.93
	max	6	8	10	12	16
A≈		0.8	1	1.2	1.6	2
	l	22~90	22~120	26~160	32~180	40~200
	系列	22,24,26,28,30,32,35,40,45,55,60,65,70				

7. **启盖螺钉**

为加强密封效果,通常在装配时在箱体剖分面上涂以水玻璃或密封胶,因而在拆卸时往往因胶结紧密而难以开盖。为此常在箱盖联接凸缘的适当位置,加工出 1~2 个螺孔,旋入启盖螺钉,将上箱盖顶起。启盖螺钉的直径可同于凸缘联接螺栓见表 7.1,钉头部位切制成无螺纹的细圆柱状,以免损坏螺纹,如图 7.26 所示。

表7.26　外六角螺塞(JB/ZQ 4450—86)　　单位:mm

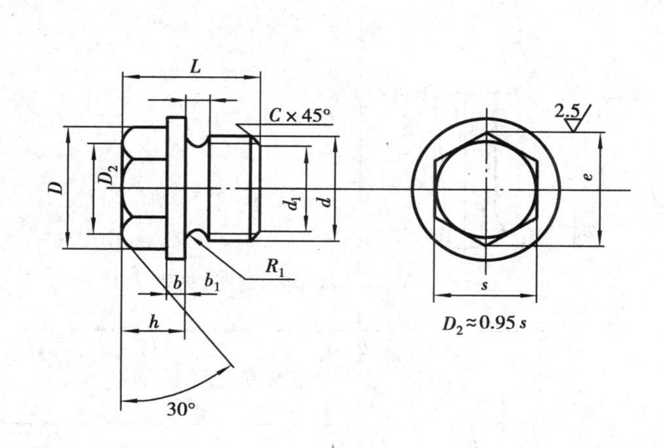

标记:螺塞 M10×1　JB/ZQ 4450—86

<table>
<tr><th>d</th><th>d₁</th><th>D</th><th>e</th><th>S</th><th>L</th><th>h</th><th>b</th><th>b₁</th><th>C</th></tr>
<tr><td>M12×1.25</td><td>10.2</td><td>22</td><td>15</td><td>13</td><td>24</td><td rowspan="2">12</td><td rowspan="3">3</td><td>2</td><td rowspan="4">1.0</td></tr>
<tr><td>M14×1.5</td><td>11.8</td><td>23</td><td>20.8</td><td>18</td><td>25</td><td rowspan="4">3</td></tr>
<tr><td>M18×1.5</td><td>15.8</td><td>28</td><td rowspan="2">24.2</td><td rowspan="2">21</td><td>27</td><td rowspan="3">15</td></tr>
<tr><td>M20×1.5</td><td>17.8</td><td>30</td><td rowspan="2">30</td><td rowspan="5">4</td></tr>
<tr><td>M22×1.5</td><td>19.8</td><td>32</td><td>27.7</td><td>24</td><td rowspan="6">1.5</td></tr>
<tr><td>M24×2</td><td>21</td><td>34</td><td>31.2</td><td>27</td><td>32</td><td>16</td><td rowspan="5">4</td></tr>
<tr><td>M27×24</td><td>24</td><td>38</td><td>34.6</td><td>30</td><td>35</td><td>17</td></tr>
<tr><td>M30×2</td><td>27</td><td>42</td><td>39.3</td><td>34</td><td>38</td><td>18</td></tr>
<tr><td>M33×2</td><td>30</td><td>45</td><td>41.6</td><td>36</td><td>42</td><td>20</td><td rowspan="2">5</td></tr>
<tr><td>M42×2</td><td>39</td><td>56</td><td>53.1</td><td>46</td><td>50</td><td>25</td></tr>
</table>

8. 起吊装置

为便于减速器的拆卸和搬运,在箱体上应设置起吊装置。它常由箱盖上的吊孔(或吊耳)和箱座上的吊钩构成见表7.27,也可采用吊环螺钉拧入箱盖以起吊小型减速器。吊环螺钉为标准件,可按起重重量选取,见表7.28。

表 7.27 起重吊耳和吊钩

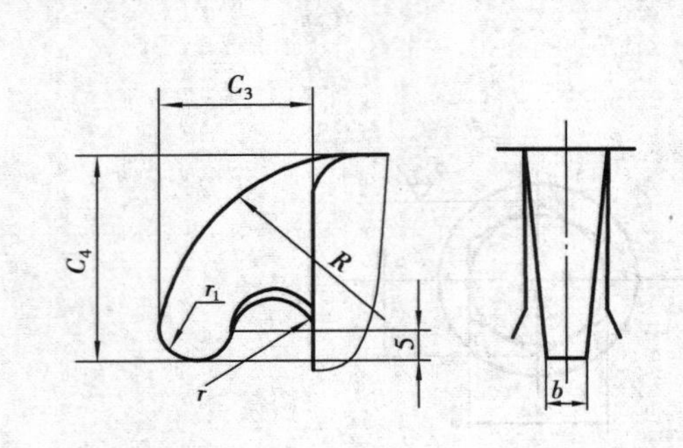	吊耳在箱盖上铸出 $C_3=(4\sim5)\ \delta_1$ $C_4=(1.3\sim1.5)\ C_3$ $b=(1.8\sim2.5)\ \delta_1$ $R=C_4, r_1=0.2C_3, r=0.25C_3$ δ_1 箱盖壁厚,见表 7.1
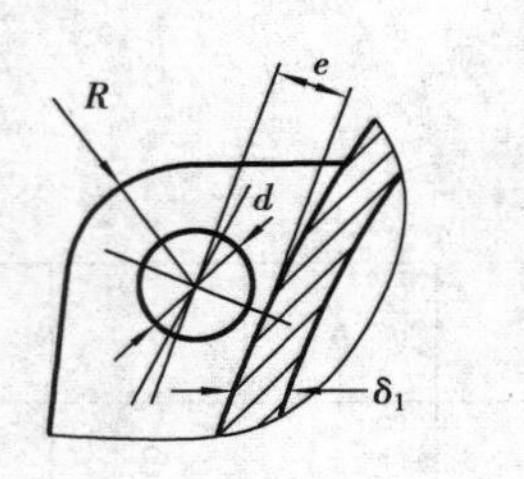	吊耳环在箱盖上铸出 $d=b=(1.8\sim2.5)\ \delta_1$ $R=(1\sim1.2)d$ $e=(0.8\sim1)d$
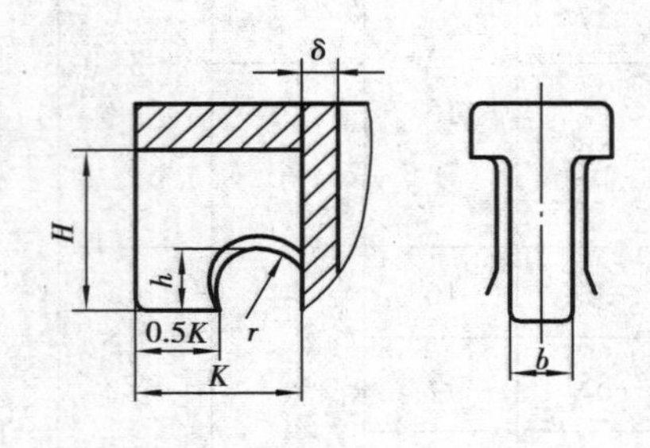	吊钩在箱座上铸出 $K=C_1+C_2, C_1, C_2$ 见表 7.2 $H=0.8K$ $h=0.5H, r=0.25K, b=(1.8\sim2.5)\ \delta$
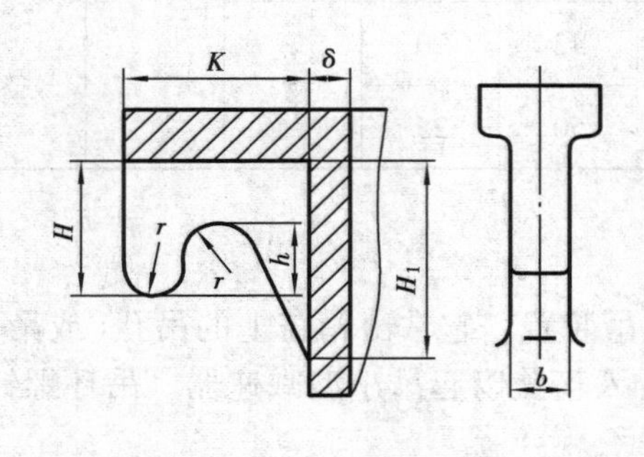	吊钩在箱座上铸出 $K=C_1+C_2, C_1, C_2$ 见表 7.2 $H=0.8K$ $h=0.5H, r=K/6, b=(1.8\sim2.5)\ \delta$ H_1 按结构决定。

表7.28　吊环螺钉(GB 825—88)　　　　单位:mm

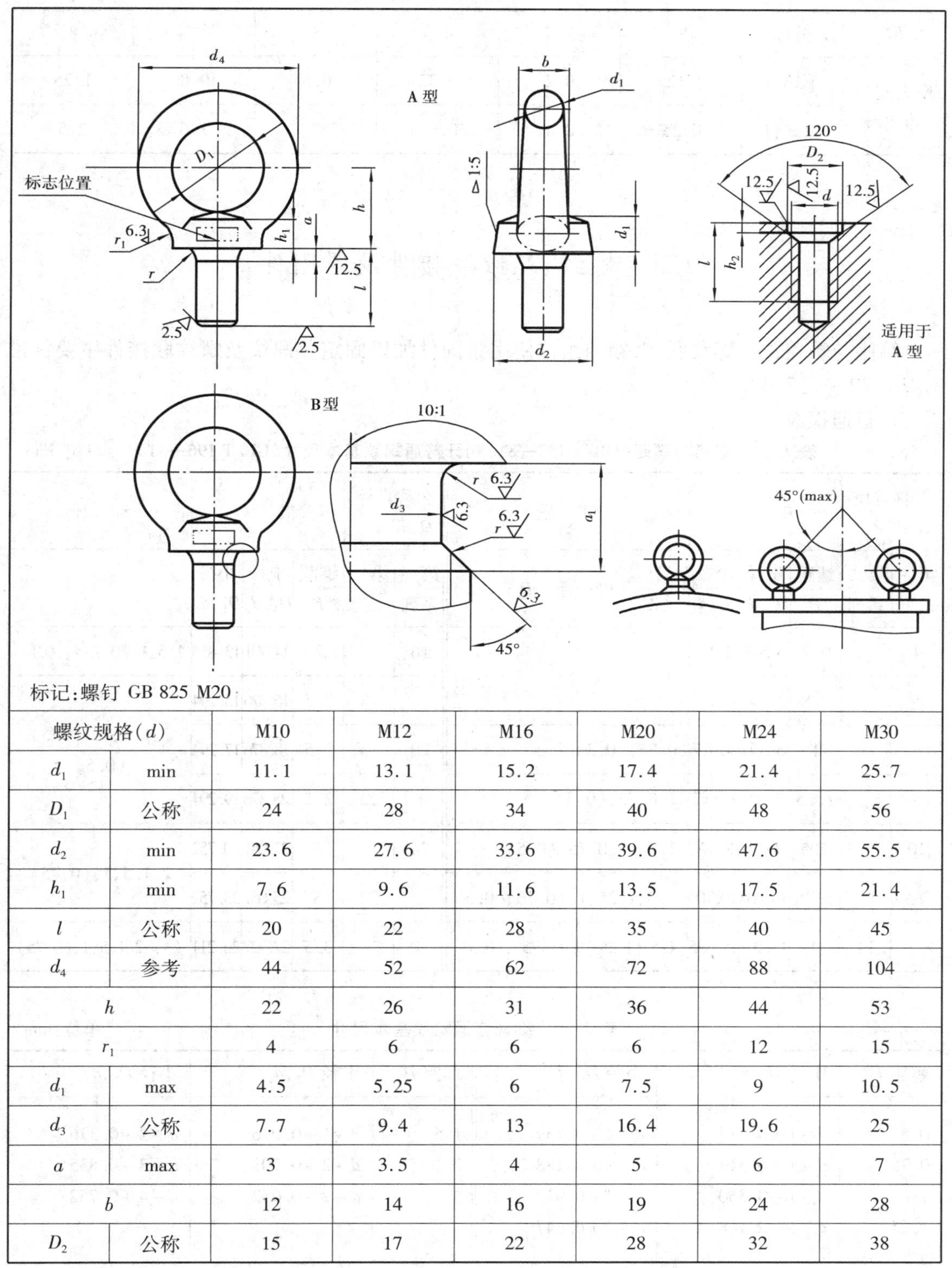

标记:螺钉 GB 825 M20

螺纹规格(d)		M10	M12	M16	M20	M24	M30
d_1	min	11.1	13.1	15.2	17.4	21.4	25.7
D_1	公称	24	28	34	40	48	56
d_2	min	23.6	27.6	33.6	39.6	47.6	55.5
h_1	min	7.6	9.6	11.6	13.5	17.5	21.4
l	公称	20	22	28	35	40	45
d_4	参考	44	52	62	72	88	104
h		22	26	31	36	44	53
r_1		4	6	6	6	12	15
d_1	max	4.5	5.25	6	7.5	9	10.5
d_3	公称	7.7	9.4	13	16.4	19.6	25
a	max	3	3.5	4	5	6	7
b		12	14	16	19	24	28
D_2	公称	15	17	22	28	32	38

续表

h_2	公称	3	3.5	4.5	5	7	8
最大起吊重量/t	单螺钉	0.125	0.2	0.32	0.5	0.8	1.25
	双螺钉	0.25	0.4	0.63	1	1.6	2.5

7.5 螺纹、螺纹联接件及紧固件

箱座与箱盖常用螺纹联接，箱内组件使用紧固件加以固定。螺纹及螺纹联接件主要标准见表7.29～表7.40。

1. 普通螺纹

表7.29 直径与螺距（GB/T 193—81）粗牙普通螺纹基本尺寸（GB/T 196—81） 单位：mm

公称直径 D,d		粗牙			细牙	公称直径 D,d		粗牙			细牙
第一系列	第二系列	螺距 P	中径 D_2,d_2	小径 D_1,d_1	螺距 P	第一系列	第二系列	螺距 P	中径 D_2,d_2	小径 D_1,d_1	
4		0.7	3.545	3.242	0.5	16		2	14.701	13.835	1.5,1,(0.75),(0.5)
5		0.8	4.480	4.134			18	2.5	16.376	15.294	2,1.5,1,(0.75)(0.5)
6		1	5.350	4.917	0.75,(0.5)	20		2.5	18.376	17.294	
8		1.25	7.188	6.647	1,0.75,(0.5)		22	2.5	20.376	19.294	
10		1.5	9.026	8.376	1.25,1,0.75,(0.5)	24		3	22.051	20.752	2,1.5,1,(0.75)
12		1.75	10.863	10.106	1.5,1.25,1,(0.75),0.5		27	3	25.051	23.752	
	14	2	12.701	11.835	1.5,(1.25),1,(0.75),(0.5)	30		3.5	27.727	26.211	(3),2,1.5,1,(0.75)

表7.30 细牙普通螺纹基本尺寸 单位：mm

螺距 P	中径 D_2,d_2	小径 D_1,d_1	螺距 P	中径 D_2,d_2	小径 D_1,d_1
0.5	$d-1+0.675$	$d-1+0.459$	1.5	$d-1+0.026$	$d-2+0.376$
0.75	$d-1+0.513$	$d-1+0.188$	2	$d-2+0.701$	$d-3+0.835$
1	$d-1+0.350$	$d-2+0.917$	3	$d-2+0.052$	$d-4+0.752$
1.25	$d-1+0.188$	$d-2+0.647$			

2. 梯形螺纹（GB 5796—86）

表 7.31　梯形螺纹最大实体牙形尺寸（GB/T 5796.1—86）　　单位：mm

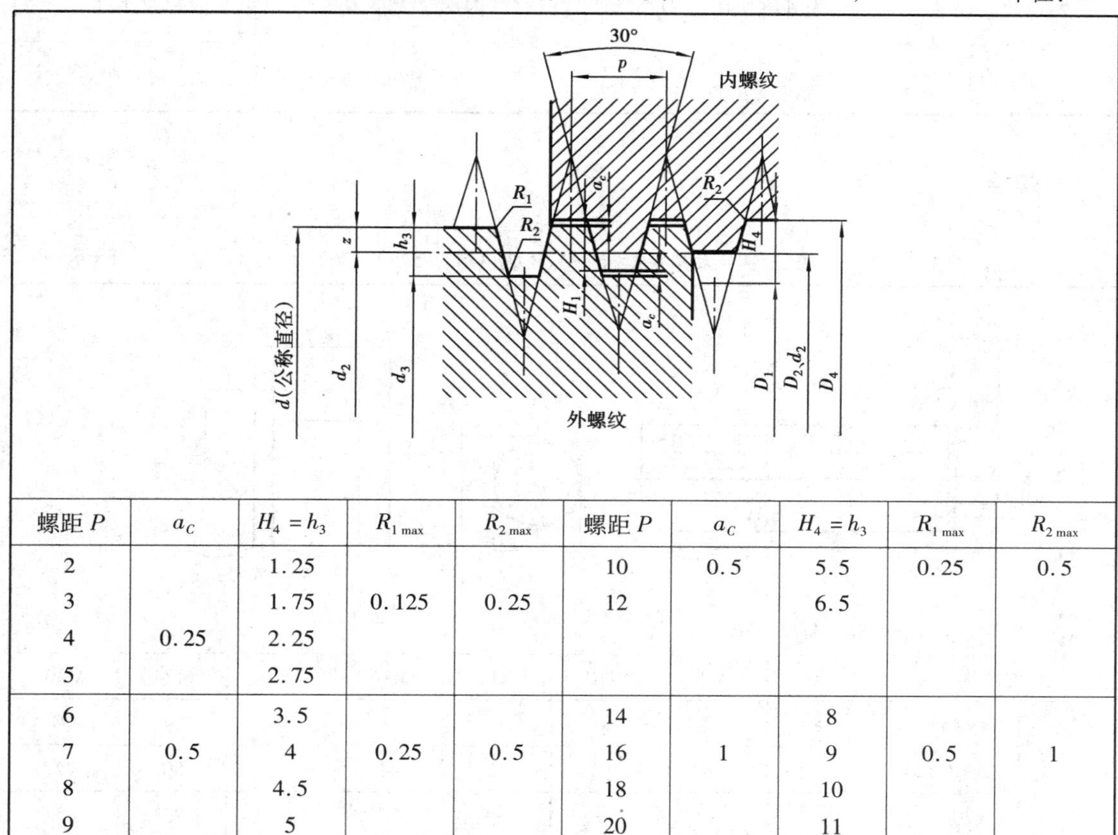

螺距 P	a_C	$H_4=h_3$	$R_{1\max}$	$R_{2\max}$	螺距 P	a_C	$H_4=h_3$	$R_{1\max}$	$R_{2\max}$
2		1.25			10	0.5	5.5	0.25	0.5
3		1.75	0.125	0.25	12		6.5		
4	0.25	2.25							
5		2.75							
6		3.5			14		8		
7	0.5	4	0.25	0.5	16	1	9	0.5	1
8		4.5			18		10		
9		5			20		11		

表 7.32　梯形螺纹直径与螺距系列（GB 5796.2—86）　　单位：mm

公称直径 d		螺距 P	公称直径 d		螺距 P
第一系列	第二系列		第一系列	第二系列	
20	22	4,2	52	50	12,8,3
24		8,5,3		55	14,9,3
28	26	8,5,3	60	65	14,9,3
	30	10,6,3	70		16,10,4
32	34	10,6,3	80	75	16,10,4
36				85	18,12,4
40	38	10,7,3	90	95	18,12,4
	42		100		20,12,4
44	46	10,7,3			
48		12,8,3			

表 7.33　梯形螺纹基本尺寸(GB/T 5976.3—86)　　单位:mm

外螺纹小径 d_3	内外螺纹中径 D_2,d_2	内螺纹大径 D_4	内螺纹小径 D_1
$d-2h_3$	$d-0.5P$	$d+2a_c$	$d-P$

3. 螺栓

表 7.34　六角头螺栓—A,B 级(GB/T 5782—86)　　单位:mm

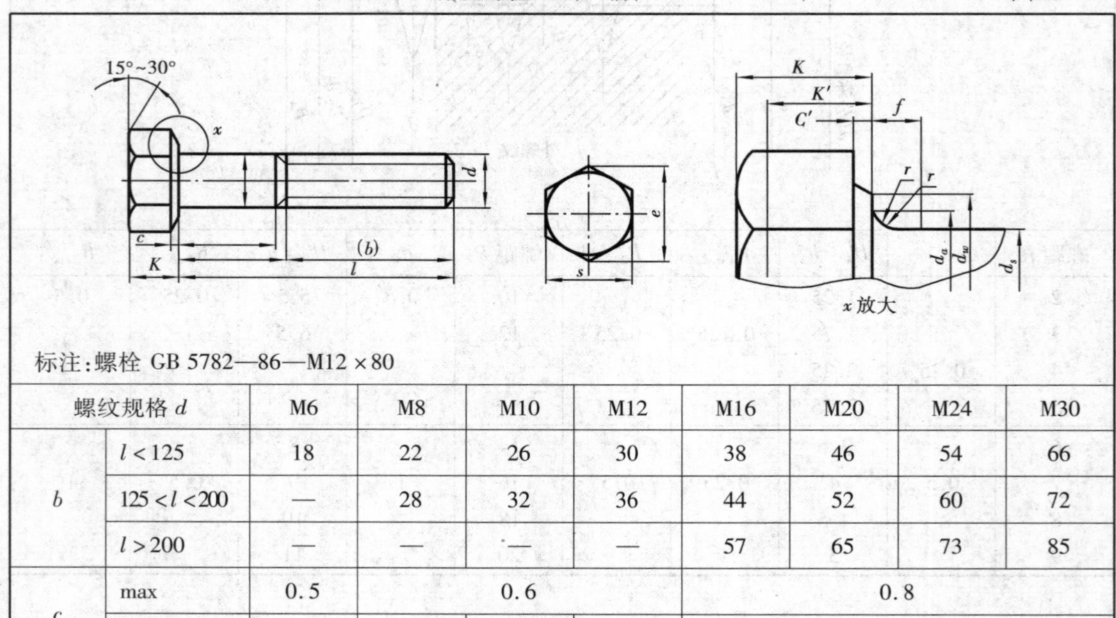

标注:螺栓 GB 5782—86—M12×80

<table>
<tr><td colspan="3">螺纹规格 d</td><td>M6</td><td>M8</td><td>M10</td><td>M12</td><td>M16</td><td>M20</td><td>M24</td><td>M30</td></tr>
<tr><td rowspan="3">b</td><td colspan="2">l<125</td><td>18</td><td>22</td><td>26</td><td>30</td><td>38</td><td>46</td><td>54</td><td>66</td></tr>
<tr><td colspan="2">125<l<200</td><td>—</td><td>28</td><td>32</td><td>36</td><td>44</td><td>52</td><td>60</td><td>72</td></tr>
<tr><td colspan="2">l>200</td><td>—</td><td>—</td><td>—</td><td>—</td><td>57</td><td>65</td><td>73</td><td>85</td></tr>
<tr><td rowspan="2">c</td><td colspan="2">max</td><td>0.5</td><td colspan="3">0.6</td><td colspan="4">0.8</td></tr>
<tr><td colspan="2">min</td><td>0.15</td><td>0.15</td><td>0.15</td><td>0.15</td><td colspan="4">0.2</td></tr>
<tr><td rowspan="2"></td><td rowspan="2">min</td><td>A</td><td>8.9</td><td>11.6</td><td>14.6</td><td>16.6</td><td>22.5</td><td>28.2</td><td>33.6</td><td>—</td></tr>
<tr><td>B</td><td>8.7</td><td>11.4</td><td>14.4</td><td>16.4</td><td>22</td><td>27.7</td><td>33.2</td><td>42.7</td></tr>
<tr><td rowspan="2">e</td><td rowspan="2">min</td><td>A</td><td>11.05</td><td>14.38</td><td>17.77</td><td>20.03</td><td>26.75</td><td>33.53</td><td>39.98</td><td></td></tr>
<tr><td>B</td><td>10.89</td><td>14.20</td><td>17.59</td><td>19.85</td><td>26.17</td><td>32.95</td><td>39.55</td><td>50.85</td></tr>
<tr><td colspan="3">K　公称</td><td>4</td><td>5.3</td><td>6.4</td><td>7.5</td><td>10</td><td>12.5</td><td>15</td><td>18.7</td></tr>
<tr><td colspan="3">S　公称</td><td>10</td><td>13</td><td>16</td><td>18</td><td>24</td><td>30</td><td>36</td><td>46</td></tr>
<tr><td colspan="3">l　系列尺寸</td><td colspan="8">30,35,40,45,50,55,60,65,70,80,90,100,110,120,
130,140,150,160,180,200</td></tr>
</table>

注:1. 本表仅摘录常用螺栓规格的主要尺寸参数,部分不影响课程设计的细节参数未列入。

2. A,B 为产品等级,按 GB 3103.1—82 的规定,A 级最精确,C 级最不精确。C 级产品见 GB 5780—86。

3. A 级用于 $d\leqslant 24$,$l\leqslant 150$ mm 的螺栓,超出该范围使用 B 级。

表 7.35 六角头螺栓-全螺纹—A,B 级(GB/T 5783—86) 单位:mm

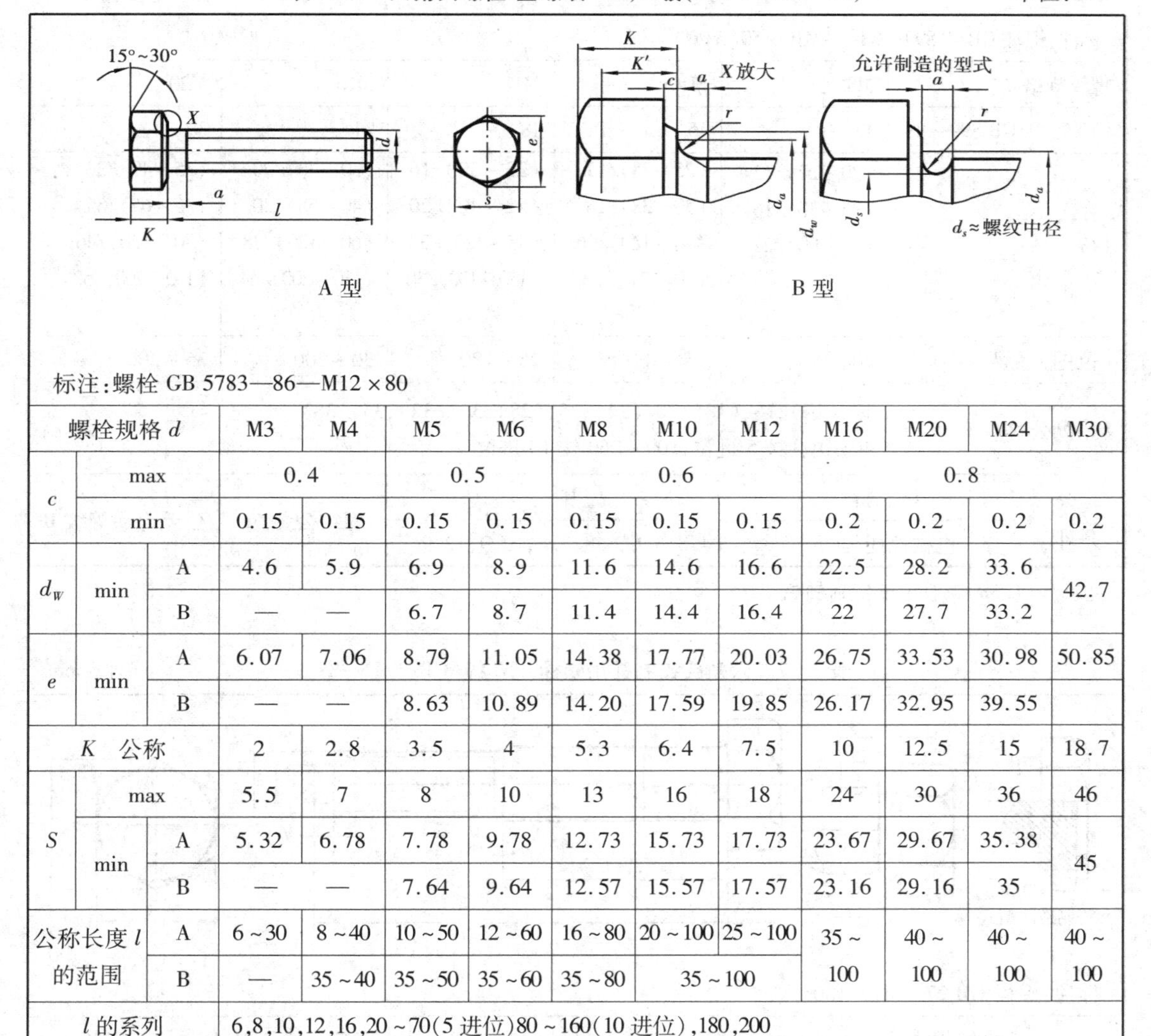

标注:螺栓 GB 5783—86—M12 × 80

螺栓规格 d			M3	M4	M5	M6	M8	M10	M12	M16	M20	M24	M30
c	max		0.4		0.5		0.6			0.8			
	min		0.15	0.15	0.15	0.15	0.15	0.15	0.15	0.2	0.2	0.2	0.2
d_W	min	A	4.6	5.9	6.9	8.9	11.6	14.6	16.6	22.5	28.2	33.6	42.7
		B	—	—	6.7	8.7	11.4	14.4	16.4	22	27.7	33.2	
e	min	A	6.07	7.06	8.79	11.05	14.38	17.77	20.03	26.75	33.53	30.98	50.85
		B	—	—	8.63	10.89	14.20	17.59	19.85	26.17	32.95	39.55	
K 公称			2	2.8	3.5	4	5.3	6.4	7.5	10	12.5	15	18.7
S	max		5.5	7	8	10	13	16	18	24	30	36	46
	min	A	5.32	6.78	7.78	9.78	12.73	15.73	17.73	23.67	29.67	35.38	45
		B	—	—	7.64	9.64	12.57	15.57	17.57	23.16	29.16	35	
公称长度 l 的范围		A	6 ~ 30	8 ~ 40	10 ~ 50	12 ~ 60	16 ~ 80	20 ~ 100	25 ~ 100	35 ~ 100	40 ~ 100	40 ~ 100	40 ~ 100
		B	—	35 ~ 40	35 ~ 50	35 ~ 60	35 ~ 80	35 ~ 100					
l 的系列			6,8,10,12,16,20 ~ 70(5 进位)80 ~ 160(10 进位),180,200										

表 7.36 双头螺柱—$b_m = 1.5d$(摘自 GB/T 899—88) 单位:mm

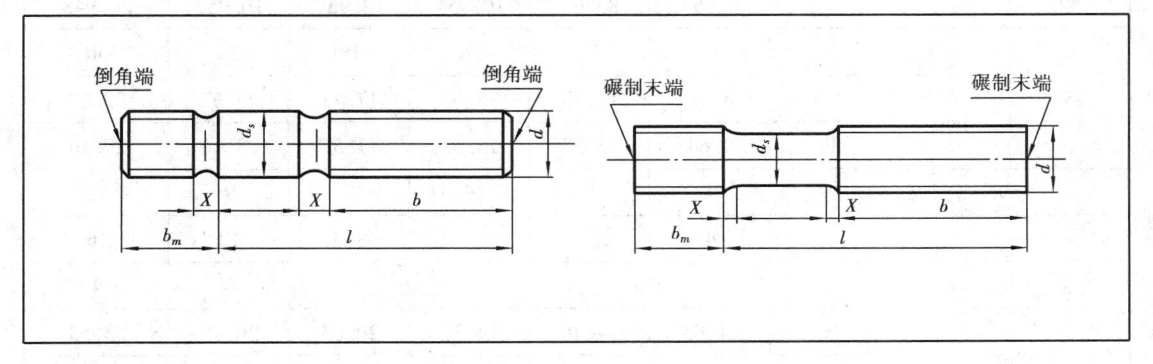

续表

标注:螺柱 GB/T 899—88—AM10×50(A 型)						
螺纹规格 d		M8	M10	M12	M16	M20
b_m	GB 899—88	12	15	18	24	30
l/b		(20~22)/12 (25~30)/16 (32~90)/22	(25~28)/14 (30~38)/16 (40~120)/26 130/32	(25~30)/16 (32~40)/20 (45~120)/30 (130~180)/36	(30~38)/20 (40~55)/30 (60~120)/38 (130~200)/44	(35~40)/30 (45~65)/35 (70~120)/46 (130~200)/52
l 范围公称		20~90	15~130	25~180	30~200	35~200
l 系列公称		12,(14),16,(18),20,(22),25,(28),30,(32),35,(38) 40~100 按 5 进位;100~260 按 10 进位。				
技术条件	材料		钢		螺纹公差 6g	公差产品等级 B
	机械性能等级		4.8,5.8,6.8,8.8,10.9,12.9			

注:$b_m=1.5d$ 一般用于钢对铸铁。

表 7.37　六角头铰制孔用螺栓 A,B 级(GB/T 27—88)　　单位:mm

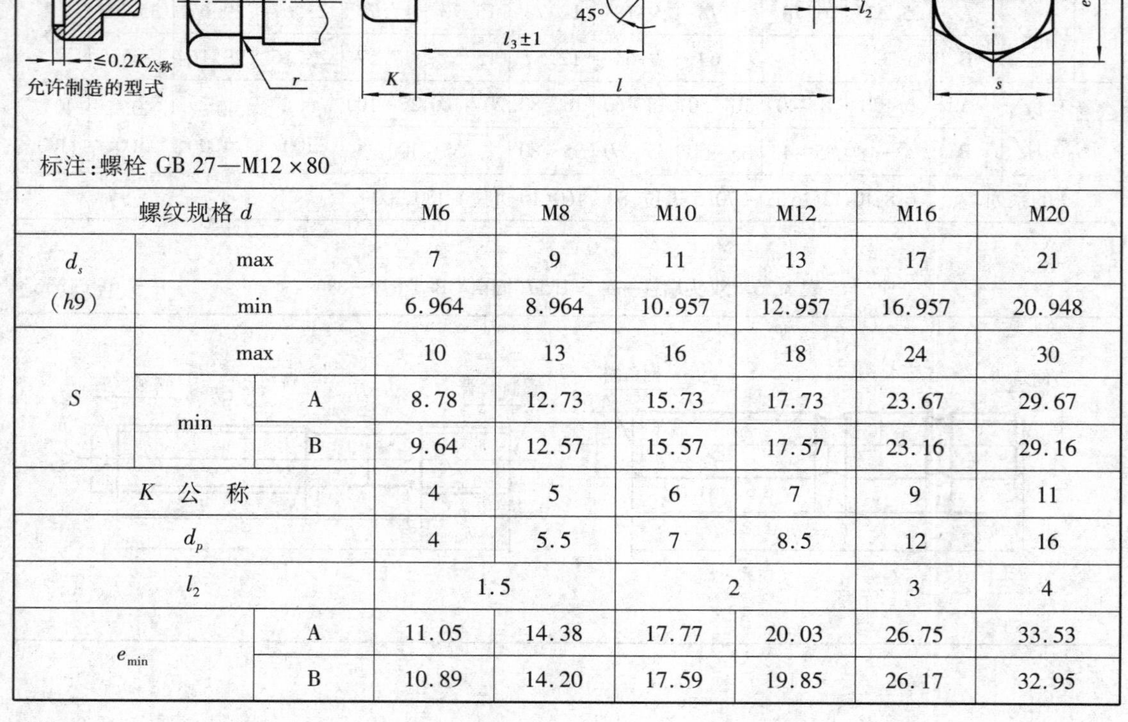

标注:螺栓 GB 27—M12×80

螺纹规格 d			M6	M8	M10	M12	M16	M20
d_s ($h9$)	max		7	9	11	13	17	21
	min		6.964	8.964	10.957	12.957	16.957	20.948
S	max		10	13	16	18	24	30
	min	A	8.78	12.73	15.73	17.73	23.67	29.67
		B	9.64	12.57	15.57	17.57	23.16	29.16
K 公称			4	5	6	7	9	11
d_p			4	5.5	7	8.5	12	16
l_2			1.5		2		3	4
e_{min}		A	11.05	14.38	17.77	20.03	26.75	33.53
		B	10.89	14.20	17.59	19.85	26.17	32.95

续表

l_3 范围	13 ~ 53	10 ~ 65	12 ~ 102	13 ~ 158	17 ~ 172	23 ~ 170
l 系列尺寸	25,(28),30,(32),35,(38),40,45,50,(55) 60,(65),70,(75),80,(85),90,(95),100					

4. **螺母**

表 7.38　**六角螺母**(GB/T 6170—86)(GB/T 6172—86)　　单位:mm

Ⅰ型六角螺母-A 和 B 级(GB 6170—86)　　六角薄螺母-A 和 B 级-倒角(GB 6172—86)

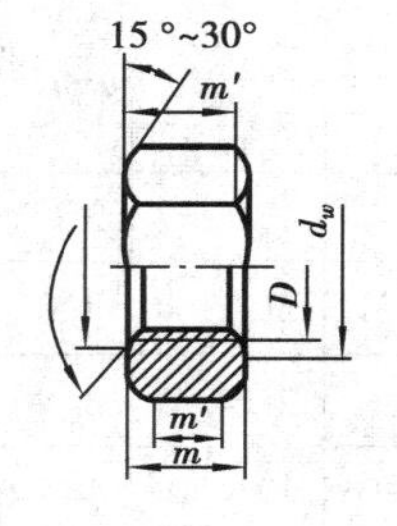

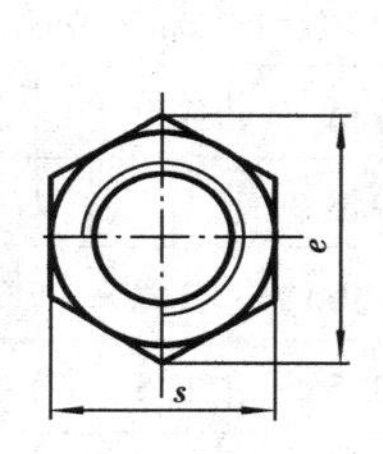

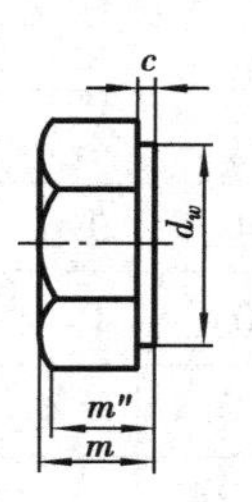

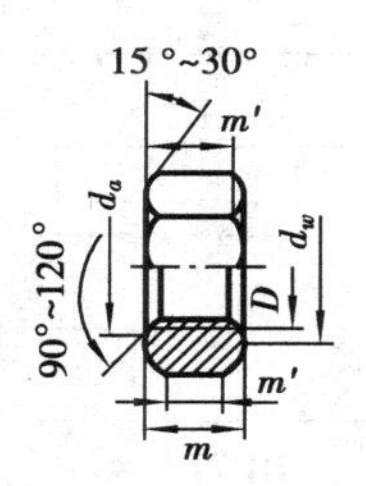

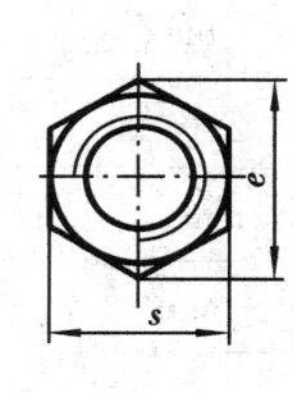

标记:螺母 GB 6170—86—M12　　允许制造型式　　标记:螺母 GB 6172—86—M12

螺纹规格 D			M6	M8	M10	M12	M16	M20	M24	M30
d_w		min	8.9	11.6	14.6	16.6	22.5	27.7	33.2	42.7
e		min	11.05	14.38	17.77	20.03	26.75	32.95	39.55	50.85
Ⅰ型六角螺母	c	max	0.5	0.6	0.6	0.6	0.8	0.8	0.8	0.8
	m	max	5.2	6.8	8.4	10.8	14.8	18	21.5	25.6
	S	max	10	13	16	18	24	30	36	46
六角型螺母	m	max	3.2	4	5	6	8	10	12	15
	S	max	10	13	16	18	24	30	36	46

注:1. A,B 为产品等级,按 GB 3103.1—82,A 级精度最高,C 级最低。

2. A 级用于小于等于 M16 的螺母,B 级用于大于 M16 的螺母。

3. 本表在摘录时有所删除。

表 7.39 开槽锥端紧定螺钉(GB/T 71—85)开槽平端紧顶螺钉(GB/T 73—85) 单位:mm

标注:螺钉 GB/T 71—85　　　　标注:螺钉 GB/T 73—85

螺纹规格 d			M3	M4	M5	M6	M8	M10	M12
螺距 P			0.5	0.7	0.8	1	1.25	1.5	1.75
d_f max			=螺纹小径						
d_p max			2	2.5	3.5	4	5.5	7	8.5
n (公称)			0.4	0.6	0.8	1	1.2	1.6	2
t max			1.05	1.42	1.63	2	2.5	3	3.6
d_t max			0.3	0.4	0.5	1.5	2	2.5	3
l 范围		GB 71—85	4~16	6~20	8~25	8~30	10~40	12~50	14~60
		GB 73—85	3~16	4~20	5~25	6~30	8~40	10~50	12~60
锥角	l>栏内值为90°,否则为120°	GB 7—85	3	4	5	6	8	10	12
		GB 73—85	3	4	5	6	6	8	10
l 系列(公称)		2,2.5,3,4,5,6,8,10,12,(14),16,20,25,30,35,40,45,50,(55),60							

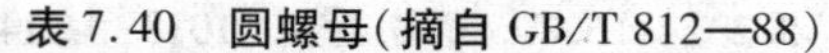
表 7.40 圆螺母(摘自 GB/T 812—88)

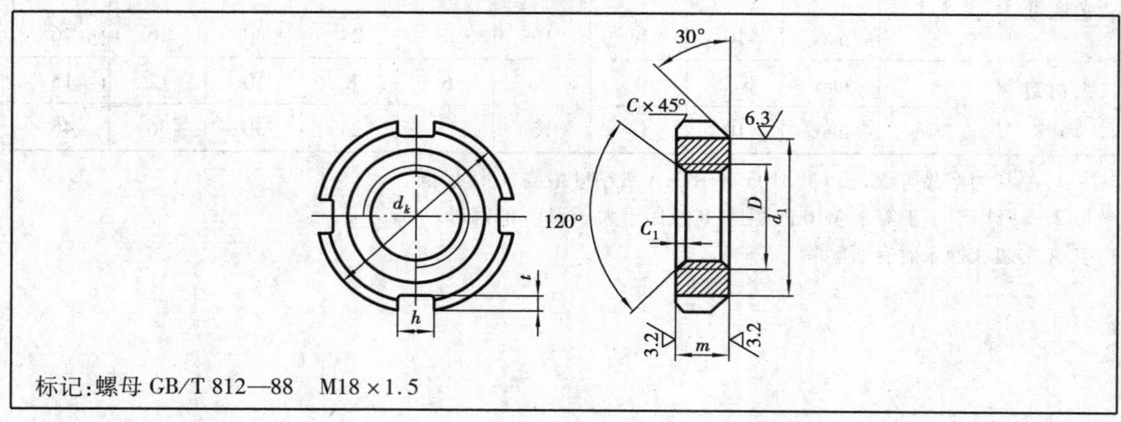

标记:螺母 GB/T 812—88 M18×1.5

续表

<table>
<tr><th rowspan="2">螺纹规格
$d \times P$</th><th rowspan="2">d_k</th><th rowspan="2">d_1</th><th rowspan="2">m</th><th colspan="2">h</th><th colspan="2">T</th><th rowspan="2">C</th><th rowspan="2">C_1</th></tr>
<tr><th>max</th><th>min</th><th>max</th><th>min</th></tr>
<tr><td>M18 × 1.5</td><td>32</td><td>24</td><td rowspan="2">8</td><td rowspan="5">5.3</td><td rowspan="5">5</td><td rowspan="5">3.1</td><td rowspan="5">2.5</td><td rowspan="3">0.5</td><td rowspan="5">0.5</td></tr>
<tr><td>M20 × 1.5</td><td>35</td><td>27</td></tr>
<tr><td>M22 × 1.5</td><td>38</td><td>30</td><td rowspan="3">10</td></tr>
<tr><td>M24 × 1.5</td><td rowspan="2">42</td><td rowspan="2">34</td><td rowspan="2">1</td></tr>
<tr><td>M25 × 1.5</td></tr>
<tr><td>M27 × 1.5</td><td>45</td><td>37</td><td rowspan="7">10</td><td rowspan="2">5.3</td><td rowspan="2">5</td><td rowspan="2">3.1</td><td rowspan="2">2.5</td><td rowspan="7">1</td><td rowspan="7">0.5</td></tr>
<tr><td>M30 × 1.5</td><td>48</td><td>40</td></tr>
<tr><td>M33 × 1.5</td><td rowspan="2">52</td><td rowspan="2">43</td><td rowspan="5">6.3</td><td rowspan="5">6</td><td rowspan="5">3.6</td><td rowspan="5">3</td></tr>
<tr><td>M35 × 1.5</td></tr>
<tr><td>M36 × 1.5</td><td>55</td><td>46</td></tr>
<tr><td>M39 × 1.5</td><td rowspan="2">58</td><td rowspan="2">49</td></tr>
<tr><td>M40 × 1.5</td></tr>
<tr><td>M42 × 1.5</td><td>62</td><td>53</td><td rowspan="2">10</td><td rowspan="2">6.3</td><td rowspan="2">6</td><td rowspan="2">3.6</td><td rowspan="2">3</td><td rowspan="2">1</td><td rowspan="9">0.5</td></tr>
<tr><td>M45 × 1.5</td><td>68</td><td>59</td></tr>
<tr><td>M48 × 1.5</td><td rowspan="2">72</td><td rowspan="2">61</td><td rowspan="6">12</td><td rowspan="6">8.36</td><td rowspan="6">8</td><td rowspan="6">4.25</td><td rowspan="6">3.5</td><td rowspan="6">1.5</td></tr>
<tr><td>M50 × 1.5</td></tr>
<tr><td>M52 × 1.5</td><td rowspan="2">78</td><td rowspan="2">67</td></tr>
<tr><td>M55 × 2</td></tr>
<tr><td>M56 × 2</td><td>85</td><td>74</td></tr>
<tr><td>M60 × 2</td><td>90</td><td>79</td><td>1</td></tr>
</table>

5. 垫圈

表 7.41　小垫圈（GB/T 848—85）　**平垫圈**（GB/T 97.1—85；GB/T 97.2—85）　单位：mm

小垫圈-A 级（GB 845—85）
平垫圈-A 级（GB 97.1—85）

平垫圈-倒角型-A 级
（GB 97.2—85）

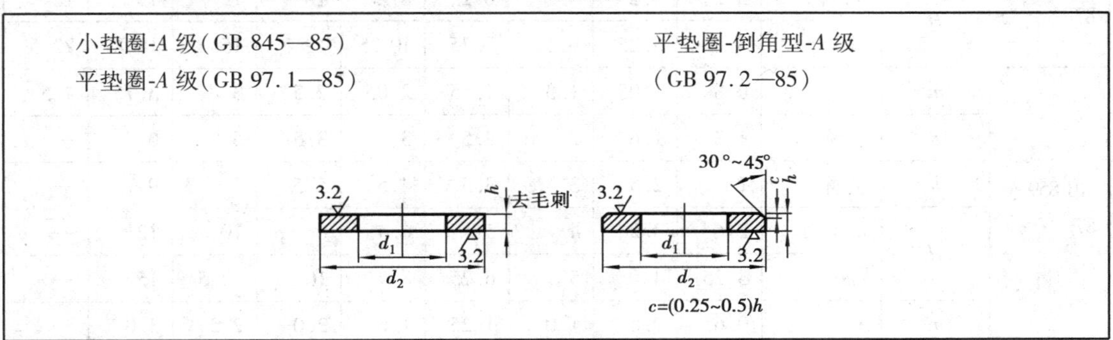

续表

标记:垫圈 GB/T-848—85—8—140HV(8 为公称尺寸,140HV 为性能等级) 垫圈 GB/T 97.2—85—8—140HV											
公称尺寸(螺纹直径 d)		5	6	8	10	12	16	20	24	30	36
d_1	GB 848—85 GB 97.1—85 GB 97.2—85	5.3	6.4	8.4	10.5	13	17	21	25	31	37
d_2	GB 848—85	9	11	15	18	20	28	34	39	50	60
	GB 97.1—85 GB 97.2—85	10	12	16	20	24	28	37	44	56	66
h	GB 848—85	1	1.6	1.6	1.6	2	2.5	3	4	4	5
	GB 97.1—85 GB 97.2—85				2	2.5	3				

表 7.42 标准弹簧垫圈(GB/T 93—87) 轻型弹簧垫圈(GB/T 859—87) 单位:mm

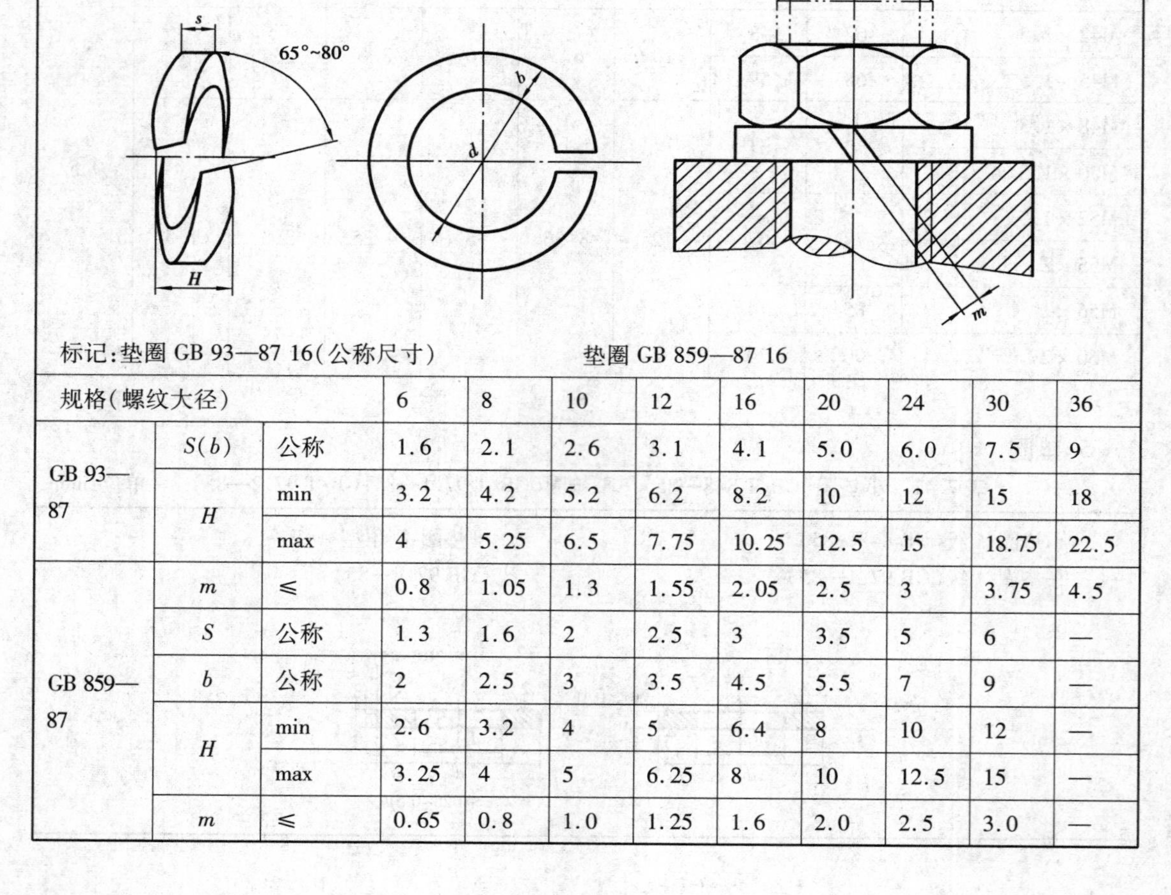

标记:垫圈 GB 93—87 16(公称尺寸) 垫圈 GB 859—87 16

规格(螺纹大径)			6	8	10	12	16	20	24	30	36
GB 93—87	$S(b)$	公称	1.6	2.1	2.6	3.1	4.1	5.0	6.0	7.5	9
	H	min	3.2	4.2	5.2	6.2	8.2	10	12	15	18
		max	4	5.25	6.5	7.75	10.25	12.5	15	18.75	22.5
	m	≤	0.8	1.05	1.3	1.55	2.05	2.5	3	3.75	4.5
GB 859—87	S	公称	1.3	1.6	2	2.5	3	3.5	5	6	—
	b	公称	2	2.5	3	3.5	4.5	5.5	7	9	—
	H	min	2.6	3.2	4	5	6.4	8	10	12	—
		max	3.25	4	5	6.25	8	10	12.5	15	—
	m	≤	0.65	0.8	1.0	1.25	1.6	2.0	2.5	3.0	—

表 7.43　圆螺母用止动垫圈　GB/T 858—88

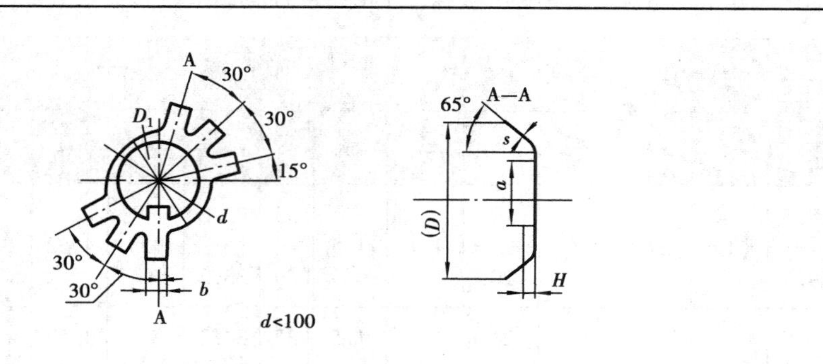

标记:垫圈 GB/T 858—88 16(公称尺寸 16 mm)

螺纹大径	d	D	D_1	S	H	b	a	螺纹大径	d	D	D_1	S	H	b	a
18	18.5	35	24	1	4	4.8	15	39	39.5	62	49	1.5	5	5.7	36
20	20.5	38	27	1	4	4.8	17	40	40.5	62	49	1.5	5	5.7	37
22	22.5	42	30	1	4	4.8	19	42	42.5	66	53	1.5	5	5.7	39
24	24.5	45	34	1	4	4.8	21	45	45.5	72	59	1.5	5	5.7	42
25	25.5	45	34	1	4	4.8	22	48	48.5	76	61	1.5	5	7.7	45
27	27.5	48	37	1	5	4.8	24	50	50.5	76	61	1.5	5	7.7	47
30	30.5	52	40	1	5	4.8	27	52	52.5	82	67	1.5	6	7.7	49
33	33.5	56	43	1.5	5	5.7	30	55	56	82	67	1.5	6	7.7	52
35	35.5	56	43	1.5	5	5.7	32	56	57	90	74	1.5	6	7.7	53
36	36.5	60	46		5	5.7	33	60	61	94	79	1.5	6	7.7	57

表 7.44　轴用弹性挡圈—A 型(GB/T 894.1—86)　　单位:mm

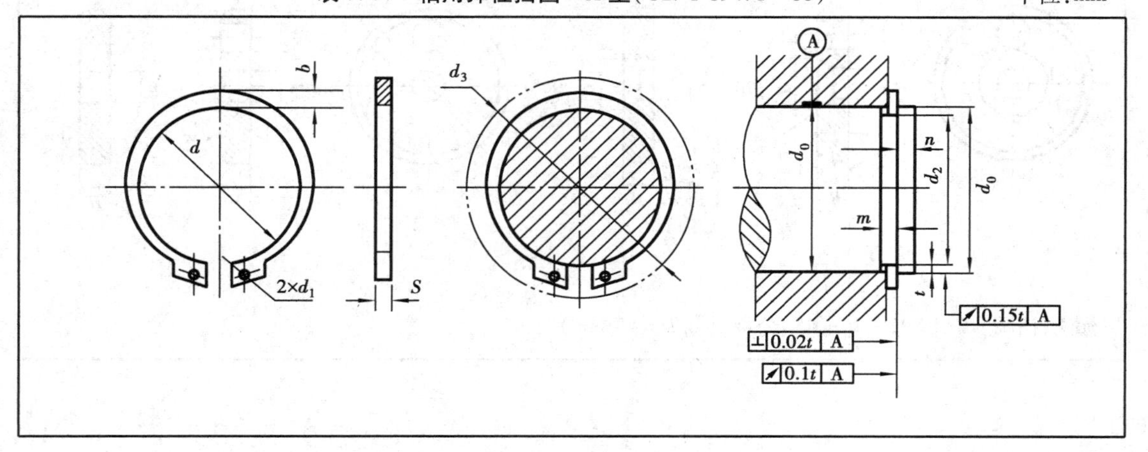

续表

标记：挡圈 GB/T 894.1—86—50（公称尺寸 $d_0=50$ mm）

轴径	挡圈				沟槽			轴径	挡圈				沟槽		
d_0	d	s	$b\approx$	d_1	d_2	m	n	d_0	d	s	$b\approx$	d_1	d_2	m	n
20	18.5	1	2.68	2	19	1.1	1.5	35	32.2	1.5	4.52	2.5	33	1.7	3
21	19.5				20			36	33.2				34		
22	20.5	1	2.68	2	21	1.1	1.5	37	34.2	1.5	4.52	2.5	35	1.7	3
24	22.5	1.2	3.32		22.9	1.3	1.7	38	35.2		5		36		
25	23.2				23.9			40	36.5				37.5		3.8
26	24.2				24.9			42	38.5			3	39.5		
28	25.9		3.60		26.6		2.1	45	41.5				42.5		
29	26.9		3.72		27.6			48	44.5				45.5		
30	27.9				28.6			50	45.8	2	5.48		47	2.2	4.5
32	29.6		3.92	2.5	30.3		2.6	52	50.8				49		
34	31.5	1.5	4.32		32.3	1.7		55	50.8				52		

表 7.45　螺钉紧固和螺栓紧固轴端挡板（GB/T 891—86）（GB/T 892—86）　　单位：mm

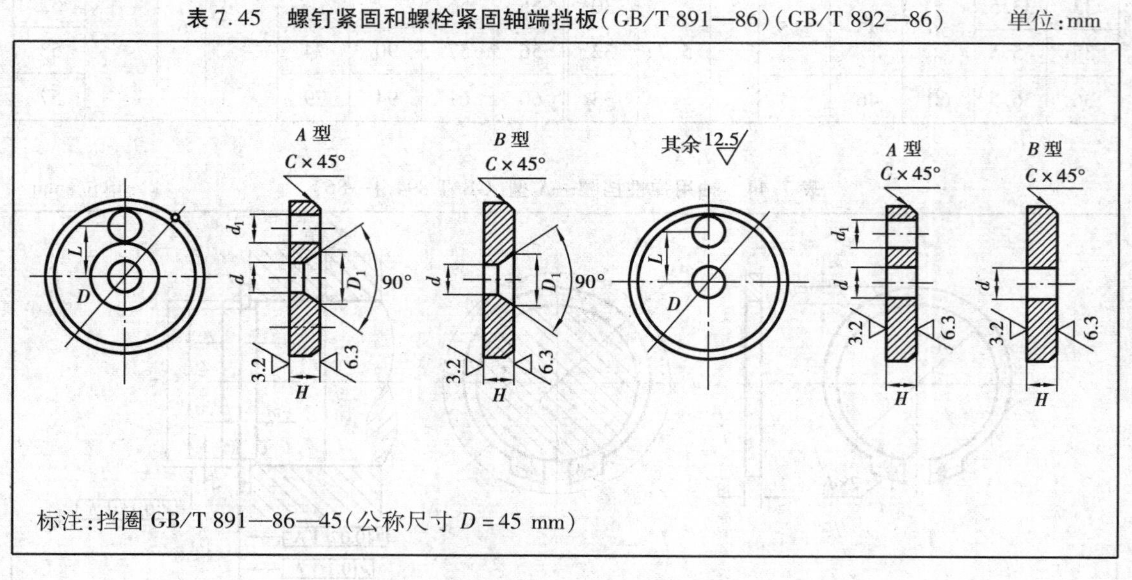

标注：挡圈 GB/T 891—86—45（公称尺寸 $D=45$ mm）

续表

<table>
<tr><th rowspan="2">轴径≤</th><th rowspan="2">公称直径 D</th><th rowspan="2">H</th><th rowspan="2">L</th><th rowspan="2">d</th><th rowspan="2">d_1</th><th rowspan="2">C</th><th colspan="3">螺钉紧固挡圈</th><th colspan="3">螺栓紧固挡圈</th></tr>
<tr><th>D_1</th><th>螺钉 GB 819—85</th><th>圆柱销 GB 119—86</th><th>螺栓 GB 5783—85</th><th>圆柱销 GB 119—86</th><th>垫圈 GB 93—87</th></tr>
<tr><td>18</td><td>25</td><td rowspan="3">4</td><td></td><td rowspan="3">5.5</td><td rowspan="3">2.1</td><td rowspan="3">0.5</td><td rowspan="3">11</td><td rowspan="3">M5×12</td><td rowspan="3">A2×10</td><td rowspan="3">M5×16</td><td rowspan="3">A2×10</td><td rowspan="3">5</td></tr>
<tr><td>20</td><td>28</td><td rowspan="2">7.5</td></tr>
<tr><td>22</td><td>30</td></tr>
<tr><td>25</td><td>32</td><td rowspan="6">5</td><td rowspan="3">10</td><td rowspan="6">6.6</td><td rowspan="6">3.2</td><td rowspan="6">1</td><td rowspan="6">13</td><td rowspan="6">M6×16</td><td rowspan="6">A3×12</td><td rowspan="6">M6×20</td><td rowspan="6">A3×12</td><td rowspan="6">6</td></tr>
<tr><td>28</td><td>35</td></tr>
<tr><td>30</td><td>38</td></tr>
<tr><td>32</td><td>40</td><td rowspan="3">12</td></tr>
<tr><td>35</td><td>45</td></tr>
<tr><td>40</td><td>50</td></tr>
<tr><td>45</td><td>55</td><td rowspan="4">6</td><td rowspan="3">16</td><td rowspan="4">9</td><td rowspan="4">4.2</td><td rowspan="4">1.5</td><td rowspan="4">17</td><td rowspan="4">M3×20</td><td rowspan="4">A4×14</td><td rowspan="4">M8×25</td><td rowspan="4">A4×14</td><td rowspan="4">8</td></tr>
<tr><td>50</td><td>60</td></tr>
<tr><td>55</td><td>65</td></tr>
<tr><td>60</td><td>70</td><td>20</td></tr>
</table>

第8章 减速器装配图设计及设计说明书编写

8.1 装配图设计概述

8.1.1 装配图的功用及设计特点

机器装配图表达了机器的零部件间的相对位置及其工作原理和装配关系，也表达出了零部件的结构形状和尺寸。它是绘制零件工作图及装配、调试和维护机器的依据，所以绘制装配图是机械设计的重要环节。装配图设计必须综合考虑机器工作能力、制造、装配、安装、调试、使用、维护等要求，其最终目标是用合乎制图要求的一组视图及剖面等将设计意图清楚地表达出来。

装配图设计牵涉的问题多，过程复杂，既有结构设计，又有校核计算，因此需要采用边绘图、边计算、边修改的方法逐步完成。

8.1.2 装配图的内容

装配图通常包含下列内容：

1）一组必要的视图；

2）与安装装配相关的尺寸；

3）减速器性能表；

4）技术条件；

5）零件序号和零件明细表；

6）标题栏。

8.1.3 设计和绘制装配图的依据

1）传动布置方案（运动简图）及各级传动件的主要尺寸，如带、链、齿轮、蜗杆传动的中心距，节圆和顶圆直径，轮缘和轮毂宽度等；

2）电动机型号及电动机伸出轴端的直径和长度；

3）联轴器类型及有关装配要求；

4）减速器类型。

8.1.4　设计准备

1）准备图纸、绘图工具、计算工具；

2）参观减速器，或进行减速器装拆实验，看相关电教片；

3）消化减速器设计的有关参考资料；

4）确定减速器的结构形式，如整体式，部分式；蜗杆上置式，蜗杆下置式等；

5）对前面的计算结果进行再审查。如：是否干涉？润滑能否保证？蜗杆传动热平衡估算结果怎样？如有问题应重新设计或提出相应的解决办法；

6）选定各轴系的装配方案（可参考第 4、第 5 章）。

8.1.5　视图选择、图面布置及标准

在装配图上所选视图应能简明地将减速器中所有零件的外形、结构及相互位置关系表达清晰。一般可用主、俯、左三个视图，并配以必要的剖视图和局部视图。对结构较简单的减速器，亦可采用主、俯两个视图及必要的剖视图和局部视图。

表 8.1　图纸幅面　GB/T 14689—93　　单位：mm

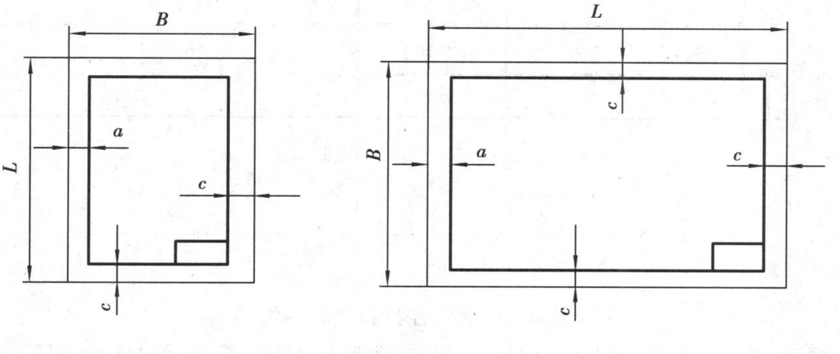

幅面代号	A0	A1	A2	A3	A4
$B \times L$	841 × 1 189	594 × 841	420 × 594	297 × 420	210 × 297
c	10			5	
a	25				

表 8.2　图样比例　GB/T 1490—93

种　类	比　例				
原值比例	1∶1				
放大比例	5∶1 5×10^n∶1	(4∶1) (4×10^n∶1)	2∶1 2×10^n∶1	(2.5∶1) (2.5×10^n∶1)	1×10^n∶1
缩小比例	1∶2 1∶2×10^n (1∶1.5) (1∶1.5×10^n)	1∶5 1∶5×10^n (1∶2.5) (1∶2.5×10^n)	1∶10 1∶1×10^n (1∶3) (1∶3×10^n)	(1∶4) (1∶4×10^n)	(1∶6) (1∶6×10^n)
n 为正整数					

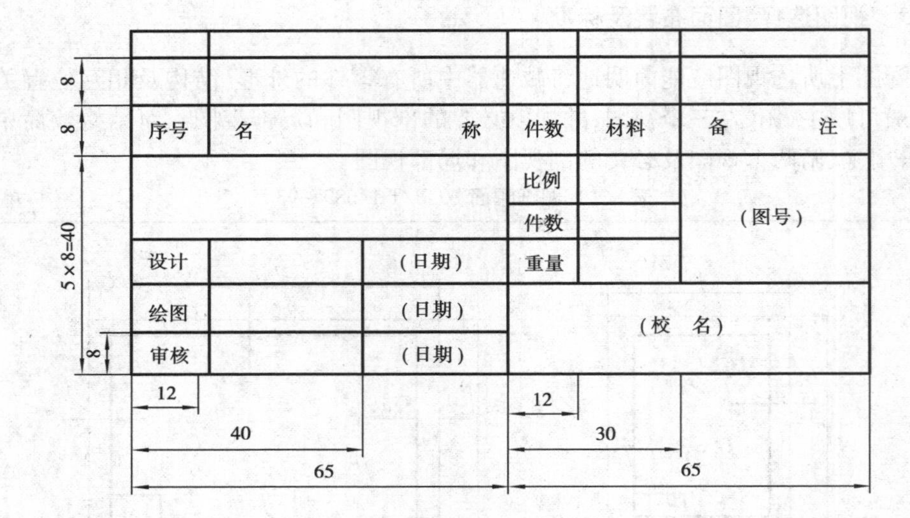

图 8.1　装配图标题栏和明细表

图面布置原则上应使各视图匀称的布置在图面上，以达美观、清晰之效果。

图纸幅面应符合国家标准见表 8.1，减速器装配图通常用 A0 或 A1 号图纸绘制。

图样比例应符合制图标准见表 8.2。

在图纸上按表 8.1 所示的幅面尺寸画出边框线，按图 8.1 画出标题栏，并大致估计出零件明细表所占的面积，其余部分就是绘图的有效面积。根据齿轮的传动尺寸初估出减速器的轮廓尺寸，将三个视图均匀布置在有效面积之内，如图 8.2 所示。

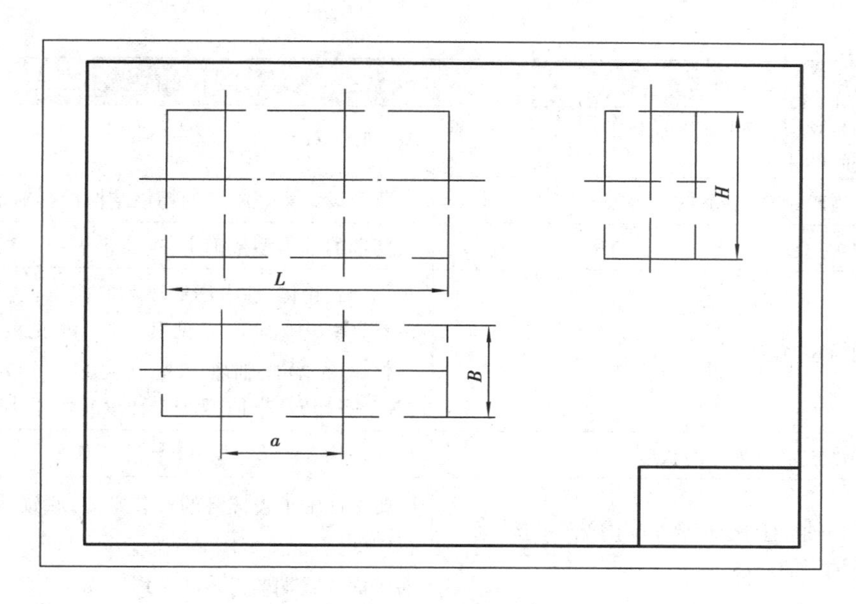

图 8.2　图面的布置

8.2　装配图的设计与绘制步骤

8.2.1　粗绘装配底图,验算轴系零件

轴系是减速器的内脏,轴系结构设计是减速器装配图设计的主要内容。本阶段的主要任务是通过绘图确定轴及轴承部件的结构尺寸,找出轴的支点,轴及其相关零件所受作用力的位置,从而进行轴、轴承、键联接的承载能力校核。

本阶段绘图的主要过程是,根据传动布置方案和传动中心距等,绘出各轴线的位置;根据传动件尺寸及运动、装拆和调整空间要求,绘出箱内传动件的位置和轮廓;根据拟定的轴系装配方案,应用轴的结构设计方法并注意轴系间的协调关系,完成各轴系的设计。本阶段装配图的绘制具有从内向外,内外兼顾,轴为中心,各轴协调,只画轮廓的特点。

下面以圆柱齿轮减速器为例说明粗绘装配底图的步骤。(参考图 8.3、图 8.4、图 8.5 和表 8.3)

表 8.3　减速器草图相关尺寸

符号	名　称	尺寸确定及说明
b_1、b_2	小、大齿轮的齿宽	由齿轮设计计算确定
Δ_1	齿轮顶圆与箱体内壁的距离	$\Delta_1 \geqslant 1.2\delta$($\delta$ 箱座壁厚,见表 7.1)
Δ_2	齿轮端面与箱体内壁的距离	应考虑铸造和安装精度,取 $\Delta_2 = (10 \sim 15)$ mm
Δ_3	箱体内壁至轴承端面的距离	轴承用脂润滑时,此处设封油环,$\Delta_3 = (10 \sim 15)$ mm(见图 8.10);油润滑时 $\Delta_3 = (3 \sim 5)$ mm

续表

符号	名　　称	尺寸确定及说明
Δ_4	具有相对运动相邻的两个回转零件端面之间的距离	$\Delta_4 = 10$ mm
Δ_5	小齿轮顶圆与箱体内壁距离	由草图设计第三阶段的箱该结构投影确定
B	轴承宽度	按初选的轴承型号确定,查表 5.9 ~ 5.13
L	轴承座宽度	对剖分式箱体,应考虑壁厚和联接螺栓扳手的空间位置,$L \geqslant \delta + c_1 + c_2$($\delta$ 见表 7.1c_1,c_2 见表 7.2) 整体式的蜗杆轴轴承座孔宽度,可以用式 $L = (1.2 \sim 1.5)D$ 来估算,D—轴承或套杯外径尺寸
m	轴承盖定位圆柱面长度	根据结构,$m = L - \Delta_3 - B$
l_1	外伸轴段上旋转零件的内端面与轴承盖外端面的距离	l_1 要保证轴承盖螺钉的拆装空间,联轴器柱销的装拆空间,一般 $l_1 \geqslant 15$ mm; 对于嵌入式端盖 $l_1 = (5 \sim 10)$mm
l_2	外伸轴装旋转零件轴段的长度	由轴上旋转零件的相关尺寸决定
e	轴承盖凸缘厚度	见表 7.17
l_3	大齿轮齿顶圆与相邻轴外圆的距离	$l_3 \geqslant 15 \sim 20$ mm
B_1	小锥齿轮轴上的支承距离	$B_1 = 2.5d$(轴颈直径)
C_1	小锥齿轮平均直径处至相近支点的距离	$C_1 = 0.5B_1$

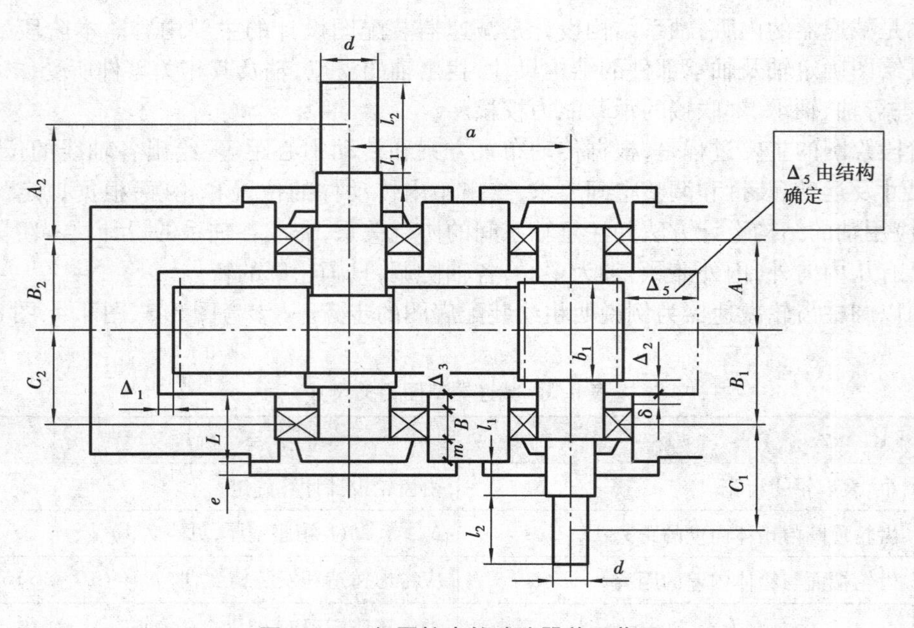

图 8.3　一级圆柱齿轮减速器装配草图

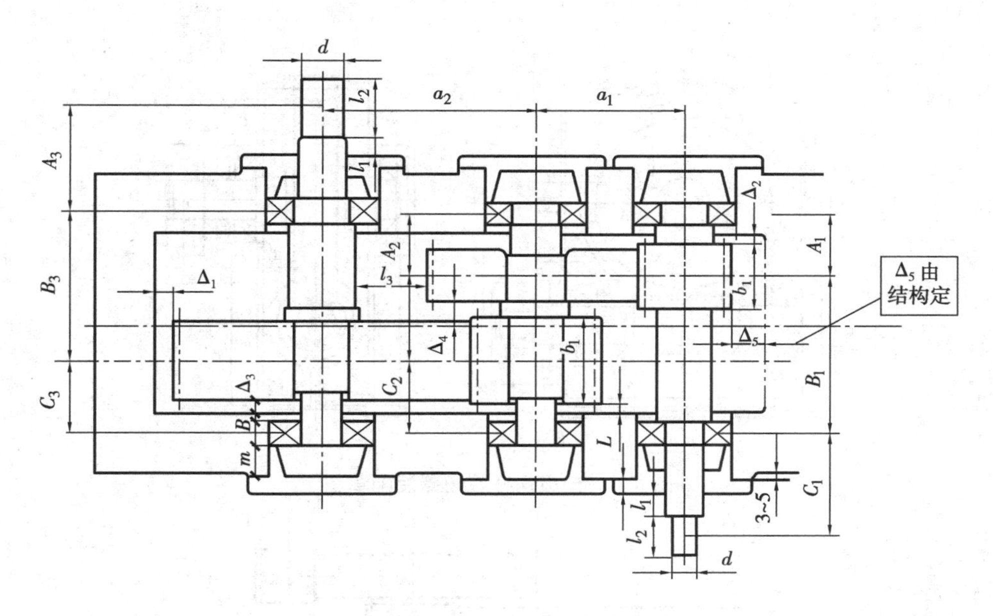

图 8.4　二级圆柱齿轮减速器装配草图

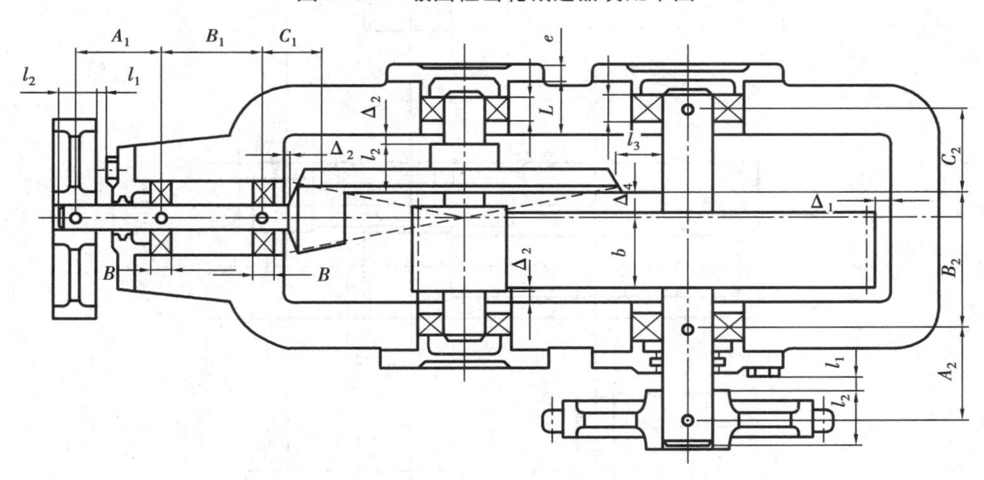

图 8.5　圆锥-圆柱齿轮减速器装配草图

(1)确定各传动件的轮廓及相对位置

如图 8.7(a)所示,在俯视图上,首先画出各轴的中心线,然后按齿轮的节圆直径、顶圆直径和齿宽画出各齿轮的轮廓。其中,Δ_4、l_3 为必需的运动间隙,其作用是避免两运动零件间发生运动干涉。当 $l_3 < 15$ mm 时,可采用改变传动比的分配或改变齿宽系数等办法,重新设计传动件。

(2)确定箱体内壁线的位置

如图 8.7(b)所示,查出 Δ_1、Δ_2 的数值,即可定出箱体三面内壁线和箱体宽度方向对称线的位置。

其中,Δ_1、Δ_2、Δ_5 为必需的运动间隙,其作用是避免运动零件与静止零件间发生运动干涉。此外,Δ_5 还应充分保证高速轴轴承座孔及其端盖结合面的加工以及箱盖顶面与轴承旁螺栓凸

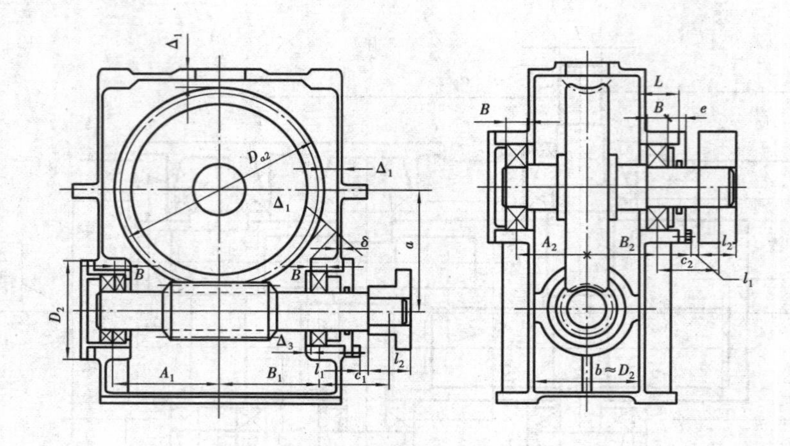

图 8.6 一级蜗杆减速器装配草图

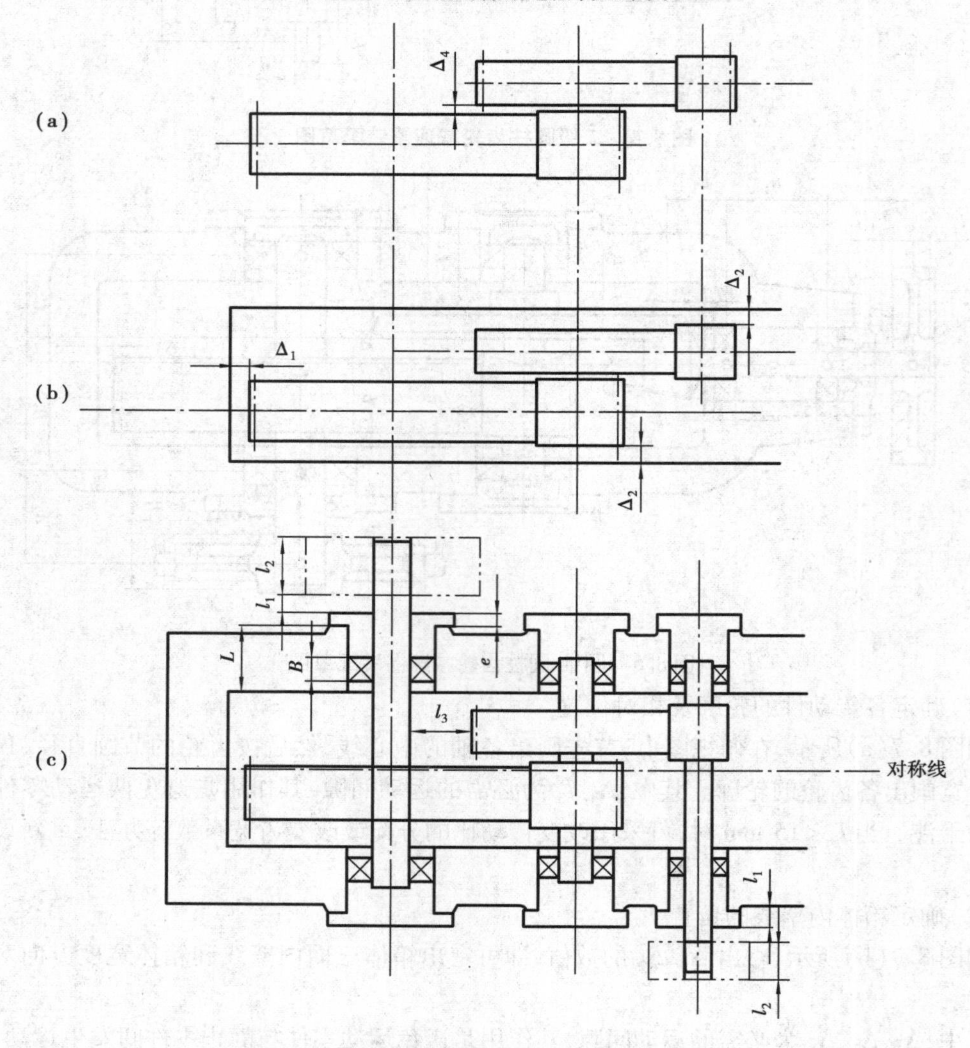

图 8.7 二级圆柱齿轮减速器草图绘制顺序

台过渡合理且结构简单，故 Δ_5 暂不确定，而在后面结合箱盖的主视图和俯视图投影一次定出。

(3)初估轴的最小直径，进行轴的结构设计

三根轴各段直径的确定方法可参考第4章进行。要强调的是，如果减速器的高速轴通过联轴器与电机轴相联接，则高速轴伸出端的最小直径、电机轴直径、联轴器的内孔直径，这三者的尺寸必须匹配。具体的选用过程可参考附录Ⅲ设计计算示例。

轴各段长度的确定顺序，一般是从直径最大处依次到两轴端。在确定各轴段长度时应考虑下面几点：

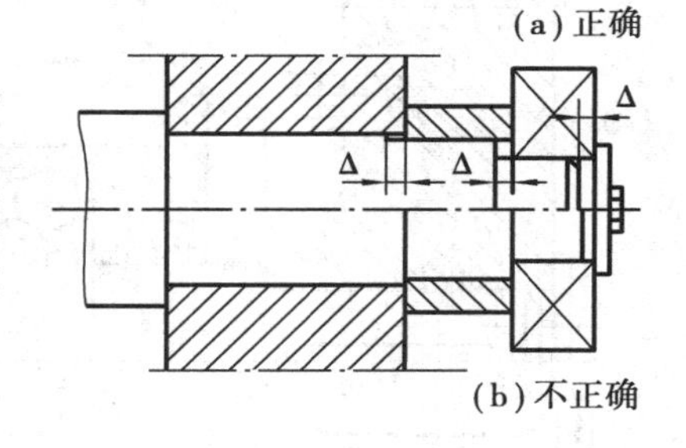

图8.8　轴段长度与零件定位要求

1)与零件相配的轴段长度

与传动件相配的轴段长度由传动件轮毂宽度确定，与滚动轴承相配的轴段长度由滚动轴承的内圈宽度确定。为确保零件在轴上轴向固定，同时简化加工和检验，轴段长度应比相配零件宽度小 Δ，$\Delta = 2 \sim 3$ mm，如图8.8(a)所示，图8.8(b)所示，则为不正确结构。

2)轴在箱体轴承孔中的长度

轴在箱体轴承孔中的长度取决于轴承孔的长度 L。整体式轴承座孔如蜗杆轴承座孔的长度可以用经验式 $L = (1.2 \sim 1.5)D$ 来估算，D—轴承或套环的外径尺寸。如图8.9所示，$L = B + m + \Delta_3$，式中 B—轴承宽度，m—轴承端盖止口宽度，不宜太短，以免拧紧螺钉时歪斜，通常 $m = (0.01 \sim 0.15)D$，D 为轴承孔直径；Δ_3—箱体内壁至轴承外圈内端面间的距离，其值与轴承的润滑方式有关(见表8.3)及如图8.10所示。

当采用剖分式箱体时，轴承孔的长度主要取决于箱盖与箱座间联接螺栓的扳手空间位置，即 $L = \delta + C_1 + C_2 + (3 \sim 5)$ mm。式中 δ—箱体壁厚，见表7.1；C_1、C_2—由扳手空间所决定的尺寸，见表7.2。

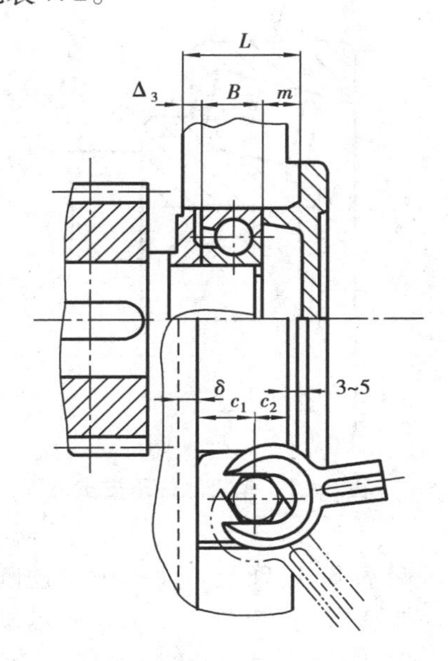

图8.9　轴在轴承孔中的长度

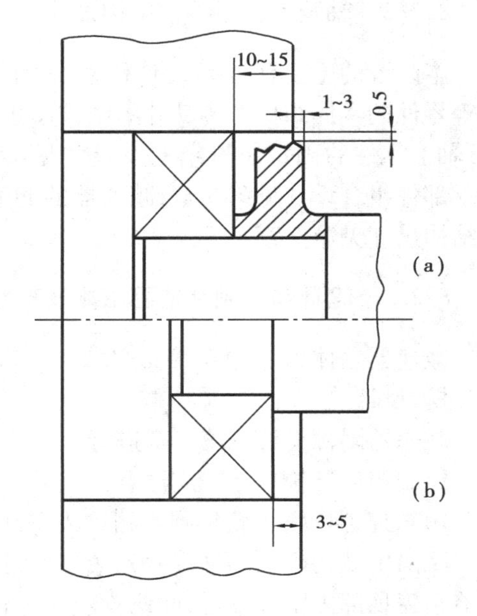

图8.10　轴承在箱体中的位置

(a)轴承脂润滑；(b)轴承油润滑

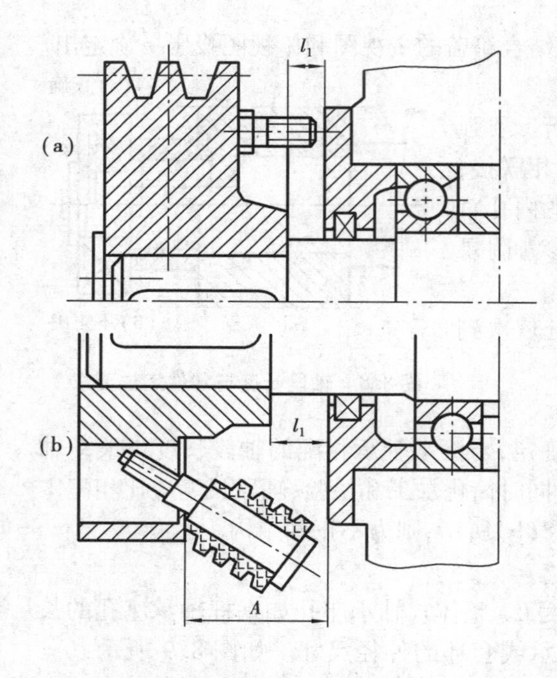

图 8.11　轴上外装零件与轴承盖间的距离

另外，当采用嵌入式轴承时，m 则为嵌入式轴承盖的宽度 S（见表 7.17）与调整环的宽度之和。通常调整环的宽度可取（5～10）mm。

3）轴伸出箱外的长度

轴伸出箱外的长度与零件的装拆及轴承盖螺钉的装拆有关，如图 8.11 所示。其中图（a）为考虑拆装轴承盖螺钉时，应具有足够的长度 l_1；图（b）为考虑更换弹性圈柱销联轴器柱销时所需的装配长度 A（见表6.9）。一般情况下，可取 $l_1 =$（15～20）mm。

（4）确定轴上力的作用点及支点跨距

在确定支点跨距时，应注意角接触轴承的支点应取在离轴承端面 a 处，如图 8.12 所示。a 值见表 5.11 及表 5.12。

（5）轴、轴承及键联接的强度校核

对一般的轴，按许用应力（即按弯扭合成）进行强度校核即可。对重要的轴，可根据轴各处所受弯矩、转矩的大小及轴上应力集中情况，确定 1～2 个危险截面，进行危险截面的安全系数校核。

滚动轴承的预期寿命一般可取减速器的使用寿命或机器的大修、中修期。上述零件经过校核后，如果强度不满足要求，应修改设计，再进行校核，直至满足要求为止。

8.2.2　轴及其轴系零件结构设计

本阶段的主要任务是设计传动、固定、密封及调整等零件的具体结构。传动件的结构尺寸设计见第 3 章，轴上零件的固定装置结构及尺寸见第 4 章，滚动轴承部件组合设计见第 5 章，减速器的润滑和密封装置结构尺寸见第 7 章。

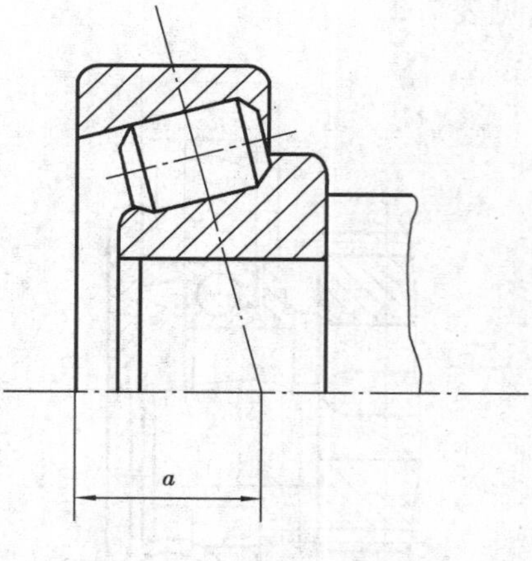

图 8.12　角接触轴承支点位置

8.2.3　设计和绘制减速器箱体及附件

减速器箱体参考第 7 章表 7.1～7.7 及图 7.2、7.3进行设计。

减速器附件设计见第 7 章进行。

绘制箱体结构尺寸时应注意：

1）减速器内大齿轮顶圆与箱体内壁线之距离由 Δ_1（见表 8.3）确定。而小齿轮顶圆内壁线之距离由结构确定。确定时先在主视图上画出大齿轮外圆直径，按图 7.2、7.3 所示画出减速器箱盖顶部内壁线位置，此位置应保证传动件（大齿轮）顶圆不会与箱体内壁相碰，并保持距离 Δ_1。再以箱体剖分面为圆心，取适当半径 R 作圆与箱盖顶部内壁线相切，将此圆投影到俯视图上即可定出小齿轮顶圆一侧内壁线位置。

2）主视图上轴承旁螺栓凸台高度 h 的确定。确定时应使箱盖与箱座联接螺栓有足够的扳手空间，如图 8.13 所示，扳手空间所需尺寸 C_1、C_2 查表 7.2。确定 h 时还应兼顾轴承座刚度。画凸台高度时，应在三个视图上同时进行。

8.2.4　圆锥齿轮减速器和蜗杆减速器装配图的设计特点

（1）圆锥齿轮减速器（见图 8.5）

1）画圆锥齿轮减速器时要使两锥齿轮的大端端面对齐，锥顶交于一点。圆锥齿轮减速器多以小锥齿轮作为箱体的对称线。在确定箱体内壁与大锥齿轮轮毂端面距离 Δ_2 时，应估计轮毂宽度 l_2，初取 $l_2 = (1.6 \sim 1.8)b$（b 为齿宽）。待轴径确定后作必要的修正。

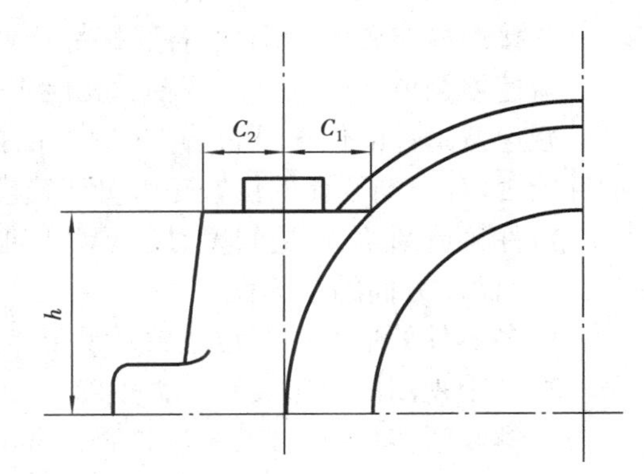

图 8.13　凸台高度 h 的确定

2）一级圆锥齿轮减速器底座壁厚的计算见表 7.1，对圆锥-圆柱齿轮减速器按圆柱齿轮的中心距计算壁厚及地脚螺栓直径。

3）小圆锥齿轮大多成悬臂结构，轴承支点距离 B_1 不宜取小，一般取 $B_1 = (2.5 \sim 3.0)d$（d 为轴颈处直径）。

4）为保证圆锥齿轮的传动精度，装配时两齿轮锥顶必须重合，因此要调整大、小齿轮的轴向位置，为此小齿轮通常放在套杯内（见表 5.8），套杯结构尺寸可参阅表 7.17。

5）浸油润滑时，通常应将大圆锥齿轮的整个齿宽（至少半个齿宽）浸入油中。

（2）蜗杆减速器（参见图 8.6）

1）通常先在主视图上绘出蜗杆传动的中心距 a、蜗轮节圆及外圆、蜗杆直径及其螺旋部分的长度和内壁线。绘图时要使蜗轮中间平面与蜗杆轴平面重合。

2）为了提高蜗杆轴刚度，应尽量缩小支点距离。为此，蜗杆轴承座常伸到箱体内部，其内部端面位置可根据 $L = B + m + \Delta_3$ 确定。见 8.2.1 节和表 8.3 的内容。同时使轴承座与蜗轮外圆保持距离 Δ_1，再根据轴承部件设计来确定支点距离。

3）蜗轮轴支点距离在左视图中由箱体宽度 b 确定，通常可取 $b = D_2$ 或 $b = D + (10 \sim 20)\,\text{mm}$，$D_2$ 为蜗杆轴轴承端盖外径，D 为轴承或套杯的外径。由此即可确定出箱体内壁、轴承位置及支点跨距。

4）蜗杆轴的轴承部件结构参见表 5.8。当蜗杆轴较短或发热不大时可采用两端固定式结构（见表 5.8）。

设计时要注意蜗杆顶圆直径必须小于轴承座孔直径，否则无法装入。

8.2.5　检查、修改装配图

装配草图绘制完成后，应仔细检查，认真修改。检查装配草图一般应由主到次、先箱内后箱外进行，与装配草图绘制顺序基本相同。

检查的主要内容如下：

（1）设计、结构、工艺方面的正确与合理性

1）装配图上所有零件的布置与传动方案（传动简图）是否一致；

2）轴上各零件是否均实现了轴向和周向的定位和固定；

3）轴上零件能否顺利地进行装配与拆卸，有相对运动的零件相互是否干涉；

4）轴承轴向游隙和传动件（小圆锥齿轮，蜗杆）的轴向位置能否调整；

5）齿轮和轴承的润滑、减速器的密封能否保证；

6）箱体及其附件结构的合理性和工艺性，包括：

联接螺栓布置的合理性；各联接螺栓处是否有足够的扳手空间和装拆空间。

减速器箱体同一轴上的两轴承孔能否一次镗出；

减速器附件的位置是否恰当（例如视孔盖的位置和大小是否能方便地观察啮合情况；探油针能否取出；油塞孔的位置是否可让箱内润滑油全部流出，等等）。

铸件铸造圆角、铸造斜度、最小壁厚、加强筋等的合理性、工艺性。

（2）制图方面的正确性

1）各零件外形及相互位置关系是否表达清楚，如表8.4所示；

2）三个视图的投影关系是否正确；

3）螺纹联接、键联接的画法是否符合国标，如表8.5所示。

表8.4 剖面符号、折断符号

剖面符号		折断符号	
金属材料		任何形体	
塑料、橡胶、油毡等非金属材料		任何形状	
液体		圆柱体	
格网		空心圆柱体	
混凝土			
钢筋混凝土		大面积折断	

表 8.5　几种孔的画法、注法及螺纹连接的画法

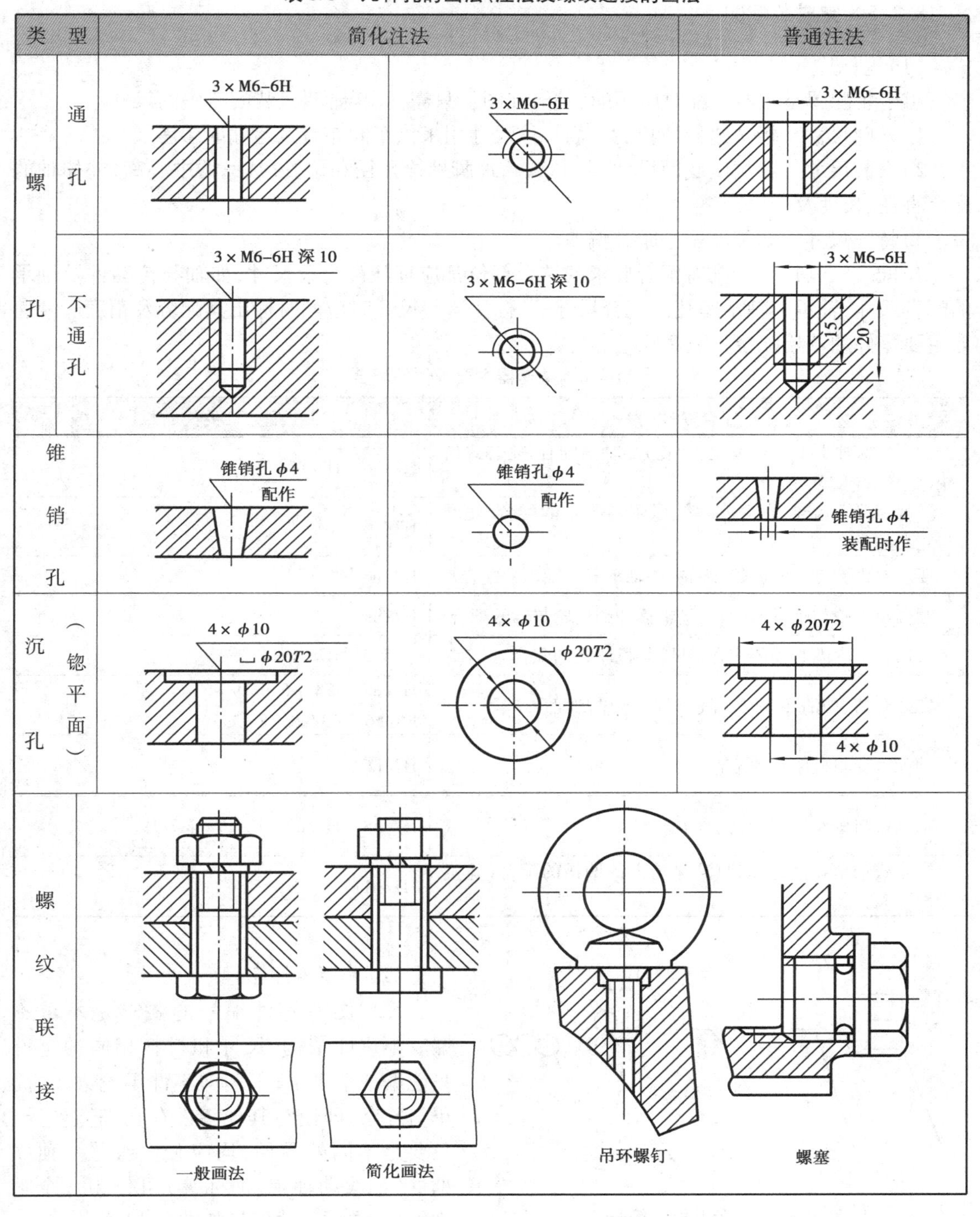

8.2.6 完成装配图

(1)注标尺寸

由于装配图是机器装配时所用的图样,在图上只需标出与安装、装配有关的尺寸。

1)外廓尺寸　指减速器的长、宽、高。该尺寸用来供车间布置及运输时参考。

2)安装尺寸　如箱座底面尺寸(长和宽);地脚螺栓孔径和位置;减速器中心高;外伸轴的配合直径、长度及伸出距离。

3)特征尺寸　如传动中心距及偏差。

4)配合及其尺寸　凡有配合要求的结合部位都应标注配合及尺寸,如轴与传动件及轴承的配合尺寸,轴承与轴承座孔的配合尺寸等,标注这些尺寸时应同时标出其配合及精度。减速器主要零件的荐用配合见表8.6。

表8.6　减速器主要零件的配合

配合零件	配合种类代号
大中型减速器低速轴齿轮(蜗轮)与轴的配合,轮芯式齿轮(蜗轮)轮圈与轮的配合	H7/r6　H7/s6
一般情况下齿轮、蜗轮、带轮、联轴器与轴的配合,轮圈与轮芯的配合	H7/r6
要求对中性良好的齿轮、蜗轮、联轴承器与轴承的配合	H7/n6
圆锥小齿轮与轴承的配合,经常拆卸的齿轮与轴的配合	H7/m6
滚动轴承内圈与轴的配合,外圈与机座孔的配合	表5.3　H7
定位套筒、挡油环、油环、溅油轮等与轴的配合	H7/m6　E8/js6　E9/js6 E8/k6　E9/k6　F9/m6
轴承衬套与机座孔的配合	H7/h6
轴承盖与机座孔(衬套孔)的配合	H7/h8　H7/h9　j7/g9　M7/f9
嵌入式轴承盖凸缘与机座、箱盖上的凹槽的配合(宽度方向)	H7/h11

(2)编写零件序号

装配图各零件编号的要求是不重不漏。不重即结构、尺寸和材料相同的零件只能编一个序号;不漏即零件不论大小,简单与复杂,即使与其他零件存在细微差异,只要是不同的零件,均应独立编号。独立部件(如滚动轴承、油标等)可作为一个零件编号,常用引线编号如图8.14所示。

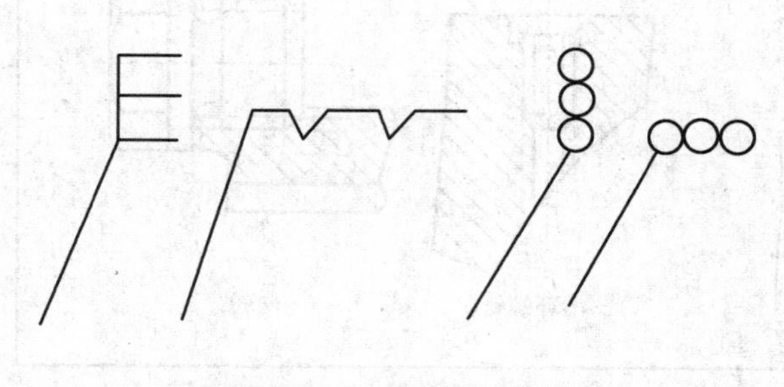

图8.14　公共引线编号

(3)填写标题栏和明细表

标题栏和明细表的内容及格式见图8.1,明细表应自下向上填写。

(4)编写减速器性能表

减速器性能表的内容、格式见本章末的减速器装配图示例。

(5)编写技术要求

装配图上常常用文字表达视图标注所无法表示的内容,即关于装配、调整、检验及维护等方面的要求,包括:

1)对齿轮、蜗轮传动的要求:应保证需要的侧隙和接触斑点,故在图上应标明具体数值,供安装后检验用。侧隙和接触斑点数值可由传动精度确定,参阅第三章。如检验后不符合要求时,可采用齿面刮研和跑合以改善接触情况,或调整传动啮合位置以改善齿侧间隙和接触情况。

2)轴承游隙 Δ 的大小会影响机器的正常工作,故在图上应标出具体数值。对不可调游隙的轴承,可取 $\Delta = 0.2 \sim 0.4$ mm;对可调游隙的轴承,Δ 可根据轴承配合的过盈量的大小和温升高低情况在 0.02 ~ 0.15 mm 内选取,常用 0.04 ~ 0.1 mm。

3)对润滑剂的要求:润滑剂选择的正确与否,将直接影响轴承和传动零件的正常工作,故在图上应注明传动件和滚动轴承所用的润滑剂牌号(表 7.8,表 7.9),用量及更换时间(一般半年左右)。

4)对密封的要求:箱盖与箱座结合面禁用垫片,必要时可涂密封胶和水玻璃。箱盖与箱座装配好后,在拧紧螺栓前,应用 0.05 mm 的塞尺检验其密封性。在运转中不许结合面处有漏油现象。

5)对试验的要求:

空载试验:在额定转速下正反转各 1 ~ 2 h;要求运转平稳、声响均匀、各联接件密封处不得有漏油现象。

负载试验:在额定转速及额定负荷下,试验至油温不再升高为止。通常,对齿轮减速器,油池温升不得超过 35 ℃,轴承温升不超过 40 ℃;对蜗杆减速器,油池温升不得超过 60 ℃。

6)对清洗和涂漆要求:

装配前应用煤油清洗所有零件,用汽油清洗轴承。装配时如轴承用润滑脂润滑,则须填入润滑脂再装配。减速器未加工面清沙后,应涂红色耐油油漆。

7)对搬动、起吊减速器的要求:搬动减速器,应用底座上的钓钩起吊,箱盖上的吊环仅供起吊箱盖。

8.3　编写设计说明书

设计说明书是整个设计过程的整理和总结,是图纸设计的理论依据,是审查设计的技术文件之一。因此设计说明书的编写是设计工作的重要一环。

(1)设计说明书的内容

1)设计任务书;

2)目录;

3)传动方案的拟定和论证;

4)电动机的选择;

5)运动和动力参数计算(总传动比、传动比分配、各轴转数和转矩);

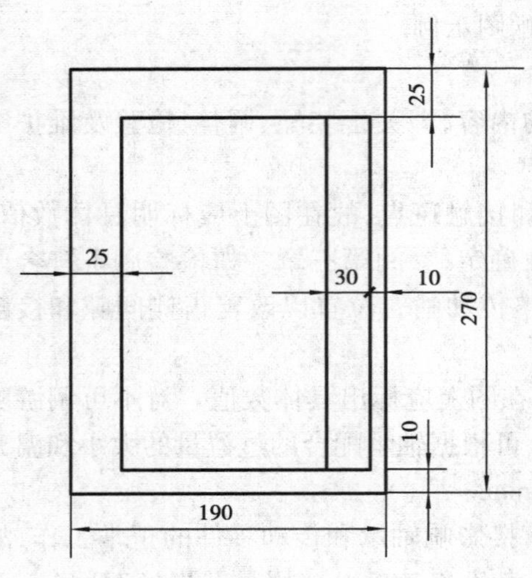

图 8.15　说明书格式

6)传动件设计(带、链、齿轮、蜗轮、蜗杆等);

7)轴的强度校核;

8)滚动轴承的寿命校核;

9)键的选择和校核;

10)联轴器的选择;

11)箱体设计;

12)其他(润滑、密封、减速器附件、技术条件);

13)参考资料索引。

(2)设计说明书的格式

格式如图 8.15 所示。

设计说明书的内容以计算为主,并附必要的简图、弯扭矩图、齿轮、带轮的结构草图等。

说明书应力求文字简明扼要,设计计算只写公式、原始数据和结果。引用的数据和公式,应注明来源。具体可参考附录Ⅲ设计和计算示例。

8.4　减速器装配图示例及装配图设计常见错误示例

正确的各类减速器装配图示例见图 8.16 ~ 8.19。

各类减速器装配图设计常见错误见图 8.20 ~ 8.22。

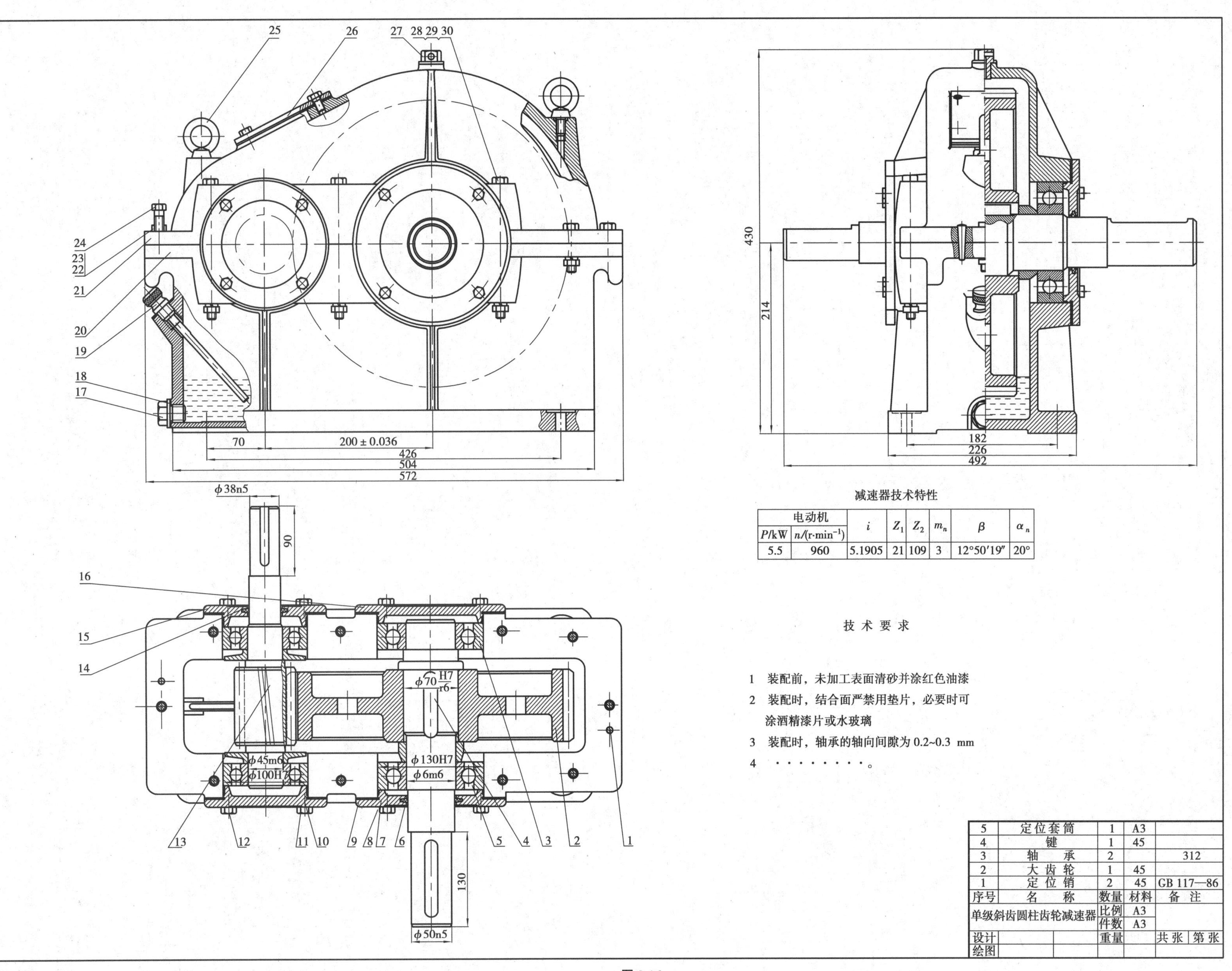

减速器技术特性

电动机		i	Z_1	Z_2	m_n	β	α_n
P/kW	n/(r·min^{-1})						
5.5	960	5.1905	21	109	3	12°50′19″	20°

技 术 要 求

1 装配前，未加工表面清砂并涂红色油漆

2 装配时，结合面严禁用垫片，必要时可涂酒精漆片或水玻璃

3 装配时，轴承的轴向间隙为 0.2~0.3 mm

4 ．．．．．．．．．。

序号	名 称	数量	材料	备 注
5	定位套筒	1	A3	
4	键	1	45	
3	轴 承	2		312
2	大齿轮	1	45	
1	定位销	2	45	GB 117—86

单级斜齿圆柱齿轮减速器			比例	A3	
			件数	A3	
设计			重量		共 张 第 张
绘图					

图 8.16

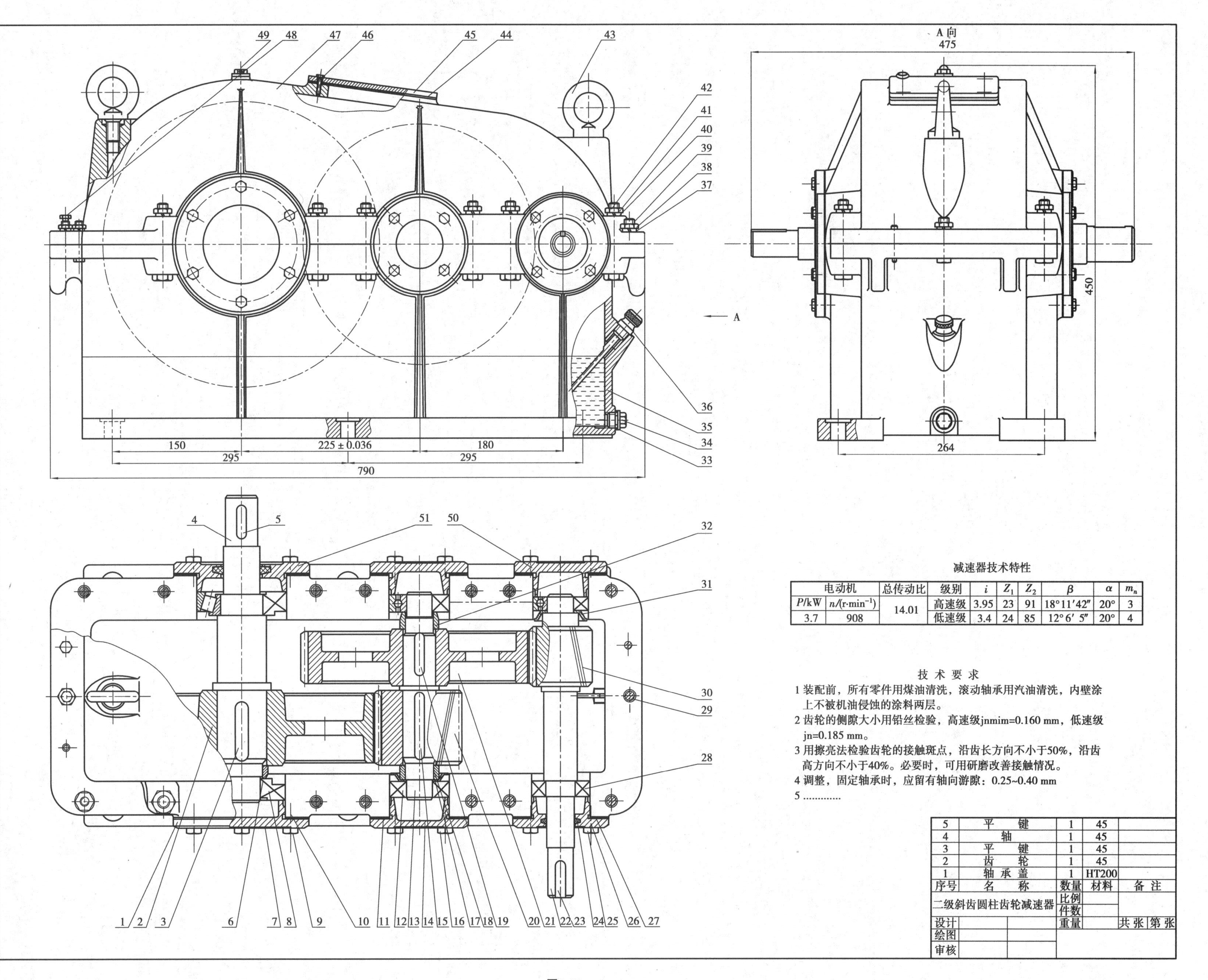

A向
475
450
264
A
150
225 ± 0.036
180
295
295
790
减速器技术特性

电动机		总传动比	级别	i	Z_1	Z_2	β	α	m_n
P/kW	n/(r·min^{-1})	14.01	高速级	3.95	23	91	18°11′42″	20°	3
3.7	908		低速级	3.4	24	85	12°6′5″	20°	4

技 术 要 求
1 装配前，所有零件用煤油清洗，滚动轴承用汽油清洗，内壁涂上不被机油侵蚀的涂料两层。
2 齿轮的侧隙大小用铅丝检验，高速级jnmim=0.160 mm，低速级jn=0.185 mm。
3 用擦亮法检验齿轮的接触斑点，沿齿长方向不小于50%，沿齿高方向不小于40%。必要时，可用研磨改善接触情况。
4 调整，固定轴承时，应留有轴向游隙：0.25~0.40 mm
5 ....

5	平　键	1	45	
4	轴	1	45	
3	平　键	1	45	
2	齿　轮	1	45	
1	轴承盖	1	HT200	
序号	名　称	数量	材料	备 注

二级斜齿圆柱齿轮减速器
比例
件数
设计
重量
共 张
第 张
绘图
审核

图8.17

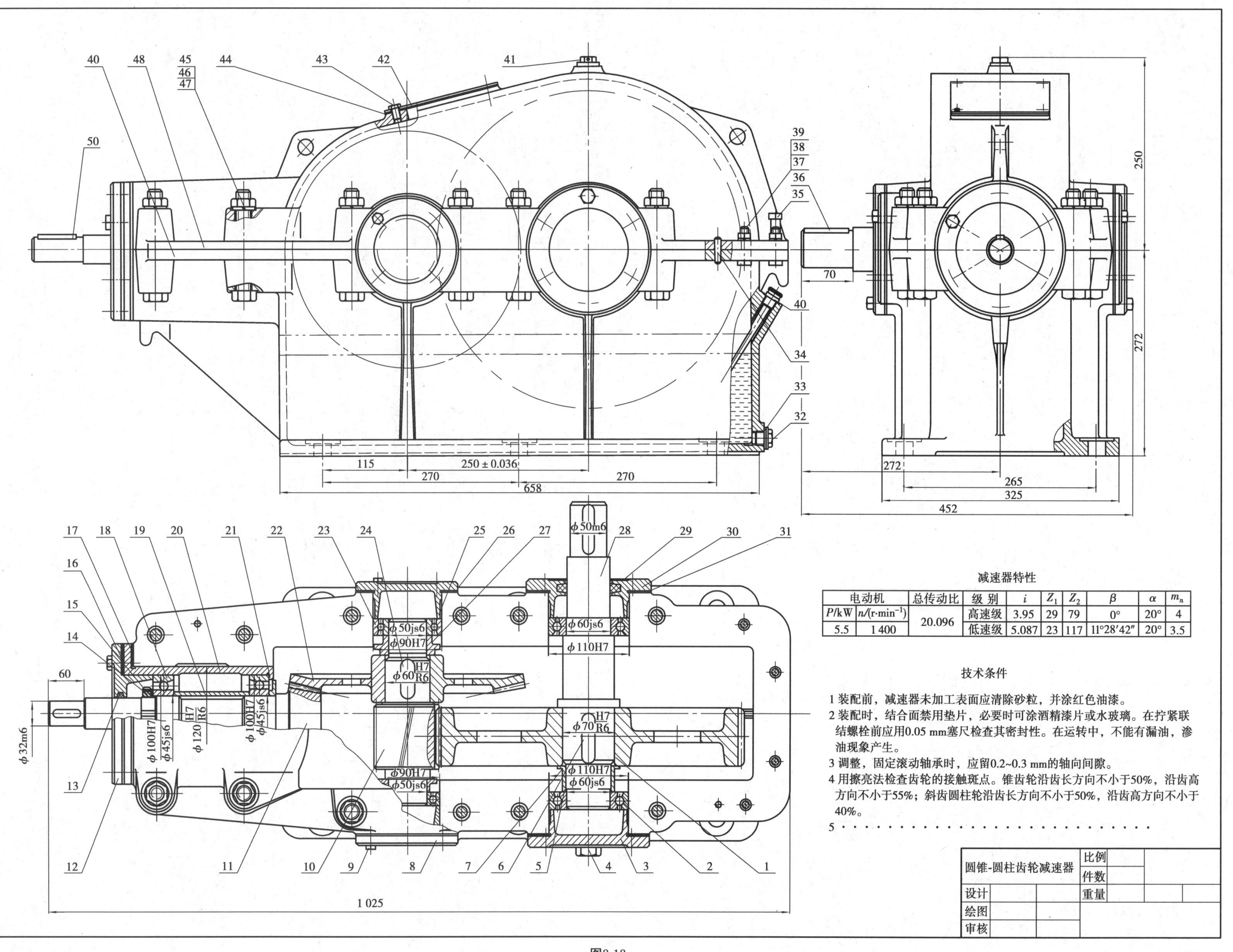

减速器特性

电动机		总传动比	级 别	i	Z_1	Z_2	β	α	m_n
P/kW	n/(r·min^{-1})	20.096	高速级	3.95	29	79	0°	20°	4
5.5	1 400		低速级	5.087	23	117	11°28′42″	20°	3.5

技术条件

1 装配前，减速器未加工表面应清除砂粒，并涂红色油漆。

2 装配时，结合面禁用垫片，必要时可涂酒精漆片或水玻璃。在拧紧联结螺栓前应用0.05 mm塞尺检查其密封性。在运转中，不能有漏油，渗油现象产生。

3 调整，固定滚动轴承时，应留0.2~0.3 mm的轴向间隙。

4 用擦亮法检查齿轮的接触斑点。锥齿轮沿齿长方向不小于50%，沿齿高方向不小于55%；斜齿圆柱轮沿齿长方向不小于50%，沿齿高方向不小于40%。

5 ·

圆锥-圆柱齿轮减速器		比例	
		件数	
设计		重量	
绘图			
审核			

图8.18

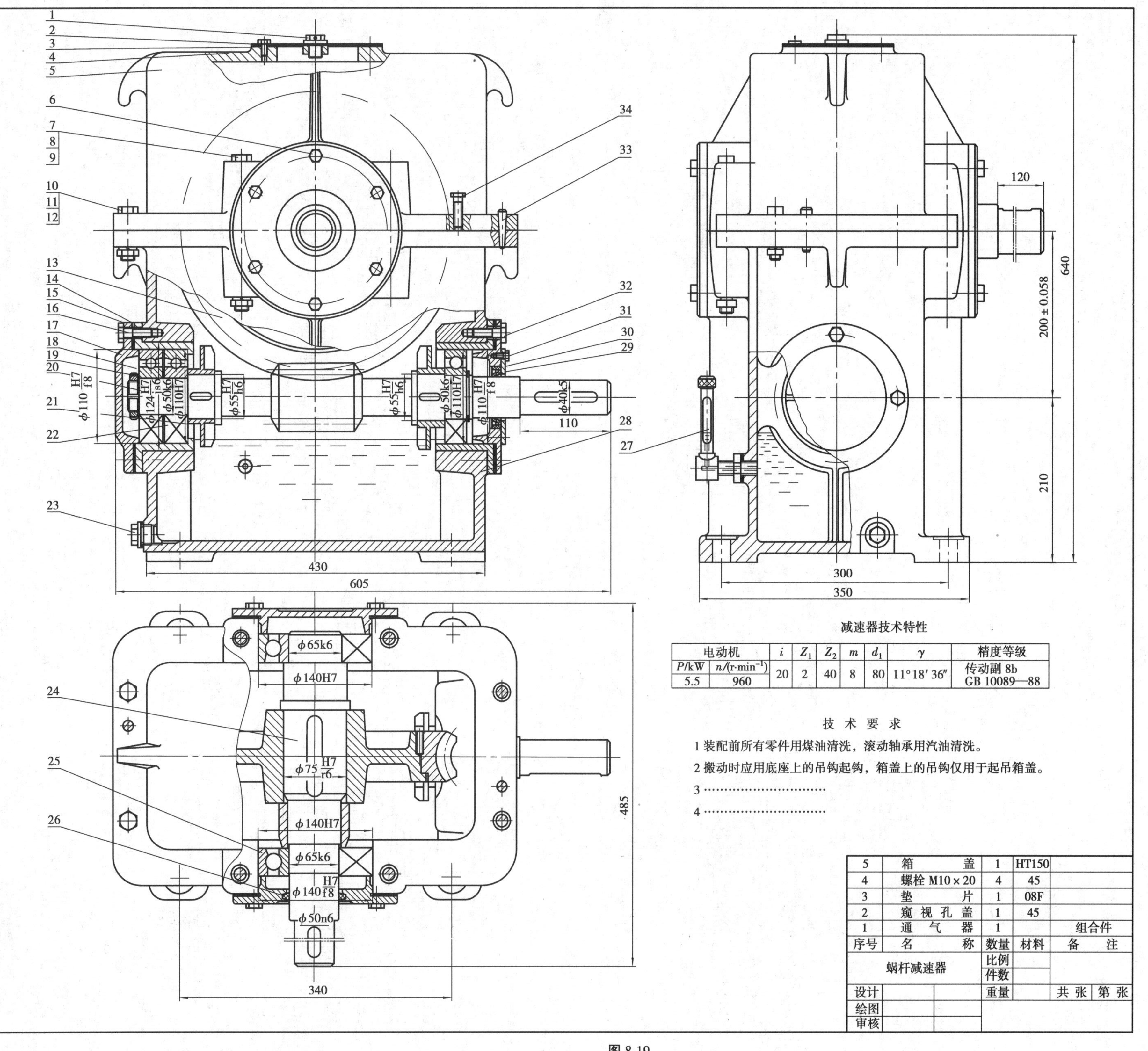

减速器技术特性

电动机		i	Z_1	Z_2	m	d_1	γ	精度等级
P/kW	n/(r·min^{-1})	20	2	40	8	80	11°18′36″	传动副 8b GB 10089—88
5.5	960							

技 术 要 求

1 装配前所有零件用煤油清洗，滚动轴承用汽油清洗。

2 搬动时应用底座上的吊钩起钩，箱盖上的吊钩仅用于起吊箱盖。

3 ……………………………

4 ……………………………

5	箱 盖	1	HT150	
4	螺栓 M10×20	4	45	
3	垫 片	1	08F	
2	窥 视 孔 盖	1	45	
1	通 气 器	1		组合件
序号	名 称	数量	材料	备 注

蜗杆减速器			比例		
			件数		
设计			重量		共 张 第 张
绘图					
审核					

图 8.19

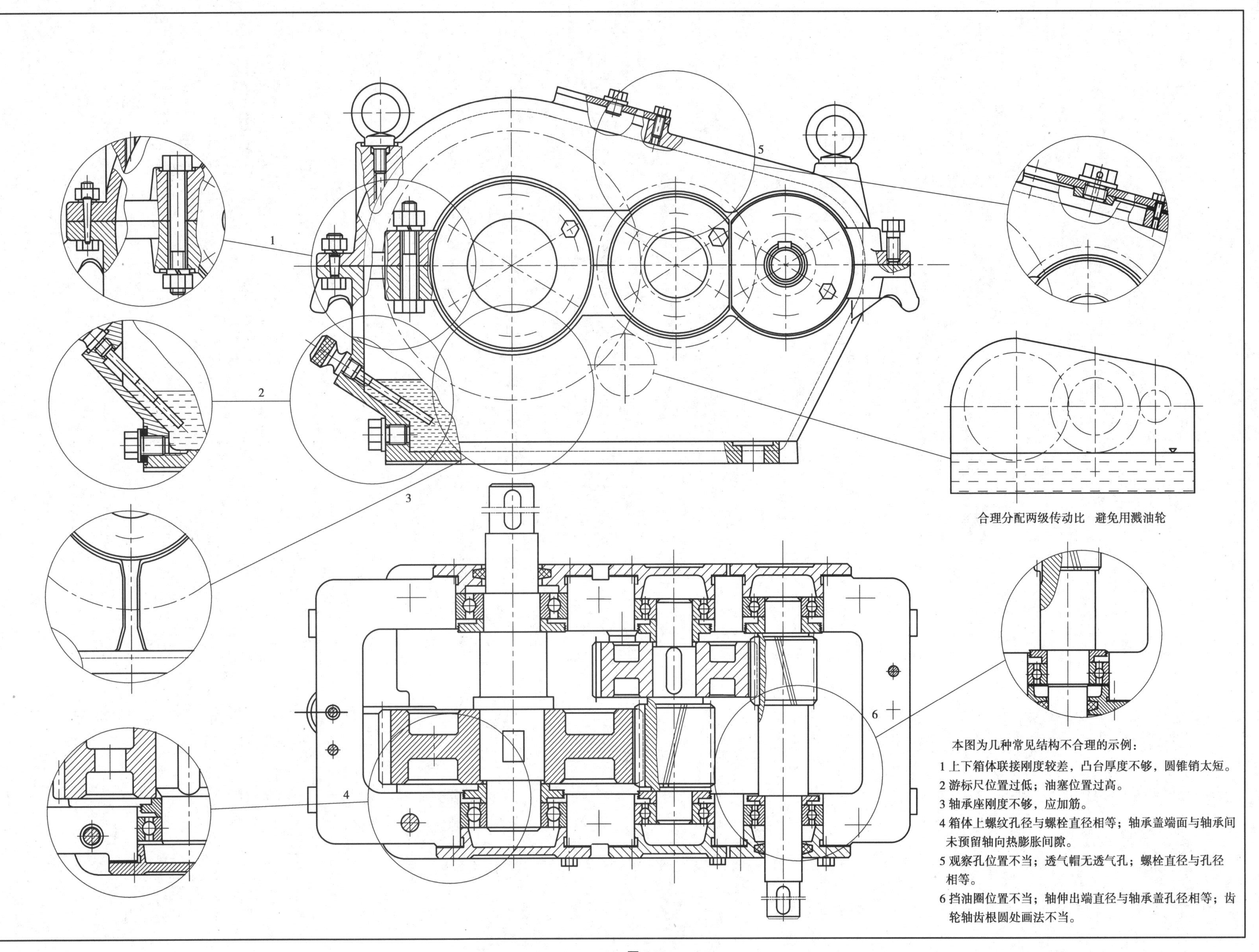
1
2
3
4
5
6
合理分配两级传动比 避免用溅油轮
本图为几种常见结构不合理的示例：
1 上下箱体联接刚度较差，凸台厚度不够，圆锥销太短。
2 游标尺位置过低；油塞位置过高。
3 轴承座刚度不够，应加筋。
4 箱体上螺纹孔径与螺栓直径相等；轴承盖端面与轴承间未预留轴向热膨胀间隙。
5 观察孔位置不当；透气帽无透气孔；螺栓直径与孔径相等。
6 挡油圈位置不当；轴伸出端直径与轴承盖孔径相等；齿轮轴齿根圆处画法不当。

图 8.20

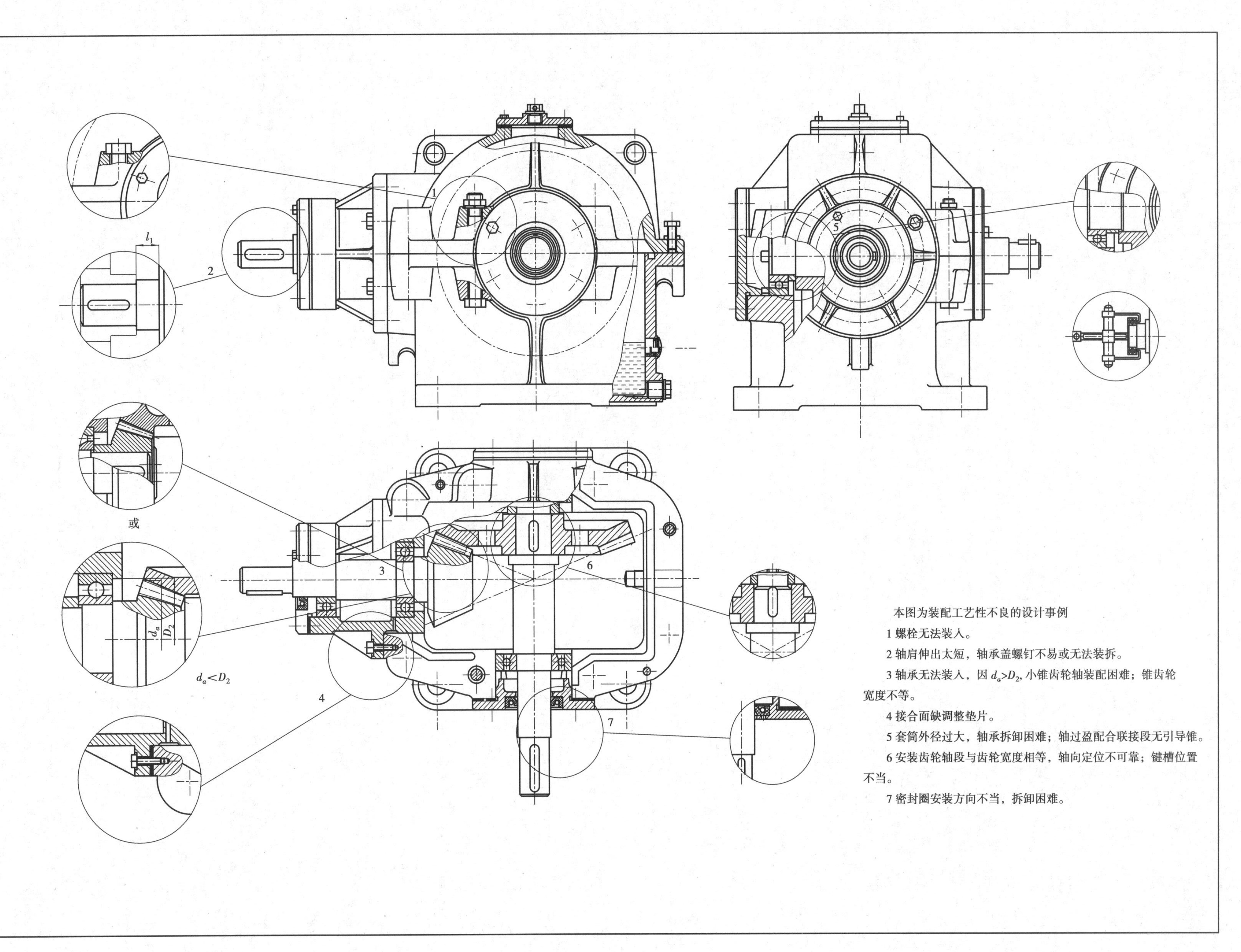

本图为装配工艺性不良的设计事例

1 螺栓无法装入。

2 轴肩伸出太短，轴承盖螺钉不易或无法装拆。

3 轴承无法装入，因 $d_a>D_2$，小锥齿轮轴装配困难；锥齿轮宽度不等。

4 接合面缺调整垫片。

5 套筒外径过大，轴承拆卸困难；轴过盈配合联接段无引导锥。

6 安装齿轮轴段与齿轮宽度相等，轴向定位不可靠；键槽位置不当。

7 密封圈安装方向不当，拆卸困难。

图 8.21

第9章 零件工作图的设计与绘制

零件工作图是零件制造、检验和制订工艺规程的基本技术文件,应包括制造和检验零件所需的全部内容。

零件工作图的绘制包括以下几方面的内容:

(1)正确选择和合理布置视图。零件工作图必须单独绘制在一个标准图幅中,以必要的投影图及剖视图表明零件的结构形式,尽量采用1∶1的比例尺。

(2)合理标注全部尺寸。按设计要求和零件的制造工艺,选好尺寸基准面,标注尺寸要齐全。

(3)标注公差及表面粗糙度。

零件的所有型面上都应注明表面粗糙度。

在零件工作图上还要标注必要的形位公差。

(4)注明技术要求。技术要求是一些不便在图上用图形或符号标注,但在制造或检验时又必须保证的条件和要求。

零件工作图的标题栏参看图9.1。

<table>
<tr><td colspan="3" rowspan="2">(图名)</td><td>比例</td><td></td><td colspan="2" rowspan="2">(图号)</td></tr>
<tr><td>件数</td><td></td></tr>
<tr><td>设计</td><td></td><td>(日期)</td><td>重量</td><td></td><td>材料</td><td></td></tr>
<tr><td>绘图</td><td></td><td>(日期)</td><td colspan="4" rowspan="2">(校名)</td></tr>
<tr><td>审核</td><td></td><td>(日期)</td></tr>
</table>

图9.1　零件图标题栏

对于不同的零件,其工作图的具体内容,各有不同的特点,现分述如下。

9.1 轴工作图的设计与绘制

9.1.1 视图

轴的工作图一般只需绘一个视图。在有键槽处,可增加必要的剖视或剖面。对于不易表达清楚的局部,如退刀槽、砂轮越程槽、中心孔等,必要时应绘制局部放大图见图 9.4 所示。

9.1.2 尺寸及公差标注

标注直径尺寸时,凡是配合轴段,都应标注出尺寸公差。

轴上键槽的宽度、深度及其公差值见表 6.1 ~ 6.3。为了检验方便,键槽深度一般应标注 $d-t$及其公差。

长度(即轴向尺寸)的标注应注意以下几点:

(1)正确选择基准面,尽量使尺寸标注符合机械加工工艺过程。不允许出现封闭的尺寸链。

(2)图面上应有供加工测量用的足够尺寸,尽可能避免加工时再做任何尺寸计算。

(3)工作图上各部分尺寸应与装配图一致。

图 9.2 为轴的工作图轴向尺寸(长度)标注示例,它反映了加工过程。

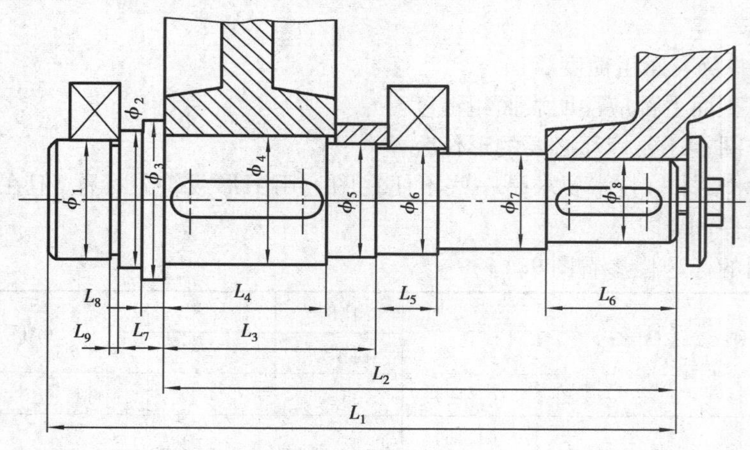

图 9.2 轴工作图轴向尺寸标注示例

图中轴圈右端面为主要基准面,L_2,L_3,L_4,L_7,L_8 等尺寸均以 A 为基准面标出。标注 L_3 及 L_4 是保证齿轮及滚动轴承用套筒作轴向固定的可靠性,而标注 L_7 则与控制轴承支点跨距有关。L_6 则涉及联轴器的轴向定位。ϕ_1,ϕ_2,ϕ_5,ϕ_7 等轴段长度系次要尺寸,其误差不影响装配精度,因而分别取它们作为封闭环,而不标注轴向尺寸,使加工误差累积在这些轴段上,避免了封闭的尺寸链。

9.1.3 形位公差标注

轴工作图上应标注必要的形位公差,以保证减速器的装配质量及工作性能。轴的形位公差推荐项目见表 9.1。

表9.1 轴的形位公差推荐项目

<table>
<tr><th>内容</th><th>项目</th><th>符号</th><th>精度等级</th><th>对工作性能影响</th></tr>
<tr><td rowspan="3">形状公差</td><td>与传动零件相配合直径的圆度</td><td>○</td><td rowspan="2">7~8
表4.14</td><td rowspan="2">影响传动零件与轴配合的松紧及对中性</td></tr>
<tr><td>与传动零件相配合直径的圆柱度</td><td>⌭</td></tr>
<tr><td>与轴承相配合直径的圆柱度</td><td>⌭</td><td>表5.4</td><td>影响轴承与轴配合松紧及对中性</td></tr>
<tr><td rowspan="5">位置公差</td><td>齿轮的定位端面相对轴心线的端面圆跳动</td><td rowspan="3">↗</td><td>6~8
表4.16</td><td rowspan="2">影响齿轮和轴承的定位及其受载均匀性</td></tr>
<tr><td>轴承的定位端面相对轴心线的端面圆跳动</td><td>表5.4</td></tr>
<tr><td>与传动零件配合的直径相对于轴心线的径向圆跳动</td><td>6~8
表4.16</td><td>影响传动件的运转偏心</td></tr>
<tr><td>与轴承相配合的直径相对于轴心线的径向圆跳动</td><td>↗</td><td>5~6
表4.16</td><td>影响轴承和轴的运转偏心</td></tr>
<tr><td>键槽对轴中心线的对称度(要求不高时不注)</td><td>⌯</td><td>7~9
表4.16</td><td>影响键受载的均匀性及装拆的难易</td></tr>
</table>

9.1.4 表面粗糙度标注

轴的所有表面均需注明表面粗糙度数值,其推荐值见表9.2。

表9.2 轴加工表面粗糙度荐用值

<table>
<tr><th>加工表面</th><th colspan="4">表面粗糙度 R_a 值 μm</th></tr>
<tr><td>与传动件及联轴器等轮毂相配合的表面</td><td colspan="4">1.6~0.4</td></tr>
<tr><td>与普通精度等级滚动轴承相配合的表面</td><td colspan="4">0.8(当轴承内径 $d \leq 80$ mm)1.6(当内径轴承 $d > 80$ mm)</td></tr>
<tr><td>与传动件及联轴器相配合的轴肩端面</td><td colspan="4">1.6~0.8</td></tr>
<tr><td>与滚动轴承相配合的轴肩端面</td><td colspan="4">1.6</td></tr>
<tr><td>平键键槽</td><td colspan="4">3.2~1.6(工作面),6.3(非工作面)</td></tr>
<tr><td rowspan="4">密封处的表面</td><td colspan="2">毡封圈</td><td>橡胶油封</td><td>间隙及迷宫</td></tr>
<tr><td colspan="3">与轴接触处的圆周速度($m \cdot s^{-1}$)</td><td rowspan="3">3.2~1.6</td></tr>
<tr><td>≤3</td><td>>3~5</td><td>>5~10</td></tr>
<tr><td>1.6~0.8</td><td>0.8~0.4</td><td>0.4~0.2</td></tr>
<tr><td>其他表面</td><td colspan="4">6.3~3.2(工作面),12.5~6.3(非工作面)</td></tr>
</table>

若较多表面具有同一粗糙度参数值,可在工作图右上角集中标注,并加"其余"字样。

轴的尺寸、形位公差及粗糙度查注示例见图9.3所示。轴的工作图示例见图9.4。

9.1.5 技术要求

凡在工作图上不使用图形或符号标示,而在制造时又必须遵循的要求和条件,可在技术要求中用文字说明。轴类工作图的技术要求包括:

(1)对材料机械性能或化学成分的要求,允许采用的代用材料等。

(2)对材料表面机械性能的要求。如热处理方法、热处理后的硬度、渗碳深度及淬火深度等。

(3)对加工的要求。如是否要保留中心孔。若需保留中心孔,应在工作图上画出或按国标加以说明。与其他零件一起配合加工(如配钻或配铰)也应说明。

(4)对于未注明的圆角、倒角的说明,个别部位的修饰加工要求,以及对较长轴毛坯校直要求等。

9.2 齿轮工作图的设计与绘制

9.2.1 视图

齿轮的零件工作图一般需要两个视图,才能完整地表示齿轮的几何形状及轮坯的各部分尺寸和加工要求。齿轮轴的视图则与轴类零件工作图相似。

9.2.2 尺寸标注

齿轮的轴孔和端面既是工艺基准也是测量和安装基准,所以标注尺寸也应以轴孔的中心线为基准,在垂直于轴线的视图上标注出各径向尺寸;齿宽方向的尺寸则以端面为基准标出。齿轮分度圆是设计的基本尺寸也应标出。

齿顶圆作为测量基准时有两种情况:一是加工时用齿顶圆定位或找正,此时需要控制齿坯齿顶圆的径向跳动;另一种情况是用齿顶圆定位检验齿厚或基节尺寸公差,此时需要控制齿齿坯顶圆公差和径向跳动。它们的具体数值可查表3.36,表3.37,并在工作图上标出。齿根圆尺寸在图纸上不作标注。

通常按齿轮的精度等级确定其公差值。

齿轮工作图需标注的尺寸公差与形位公差项目如下:

(1)齿顶圆直径的极限偏差(查表3.36)。

(2)轴孔或齿轮轴轴颈的尺寸公差(查表3.36)。

(3)齿顶圆径向跳动公差(查表3.37、表3.64)。

(4)齿轮端面的端面跳动公差(查表3.37、表3.64)。

(5)圆锥齿轮的轮冠距和顶锥角极限偏差(查表3.65)。

(6)键槽宽度 b 的极限偏差和尺寸($d-t_1$)的极限偏差(查表6.1)。

(7)键槽的对称度公差(查表4.16)。

9.2.3 表面粗糙度的标注

齿轮的各个主要表面都应标明粗糙度数值,可参考表3.15及表3.55。

9.2.4 参数表

参数表的内容包括齿轮的主要参数及检验项目,应绘在零件图纸的右上角。

圆柱齿轮和齿轮副检验的项目见表3.21、表3.33。

锥齿轮和齿轮副检验的项目见表3.49、表3.56。

9.2.5　齿厚极限偏差的标注

为保证齿轮传动的侧隙要求，常需检验齿厚极限偏差。

圆柱齿轮的齿厚极限偏差（上偏差 E_{ss}、下偏差 E_{si}）可参考表3.16选取，必要时按表3.17内的公式计算，再按表3.16的数值圆整。在实际生产中常用检验公法线平均长度极限偏差来代替齿厚偏差的检验，所以在参数表中要列出该齿轮公法线平均长度及其偏差。

圆柱齿轮公法线平均长度极限偏差（上偏差 E_{wms}、下偏差 E_{wmi}）值可由表3.17内的计算式求出。

锥齿轮传动的侧隙要求，对成品齿轮（特别是成对加工的）一般可直接测量其侧隙，而在加工过程中，通常用齿厚游标卡尺在齿宽中点分度圆处沿法向测量齿厚极限偏差（上偏差 $E_{\bar{s}s}$，下偏差 $E_{\bar{s}i}$）所以锥齿轮的分度圆弦齿厚及其偏差应在参数表中列出或在工作图中另绘局部齿形图表示。锥齿轮副的侧隙值也应在参数表中列出。

锥齿轮的齿厚偏差的上偏差 $E_{\bar{s}s}$ 是根据最小法向侧隙种类及第Ⅱ公差组精度等级由表3.46查取，再根据法向侧隙公差种类由表3.47查出齿厚公差 $T_{\bar{s}}$ 值，则齿厚下偏差 $E_{\bar{s}i}=E_{\bar{s}s}-T_{\bar{s}}$。而最小法向侧隙种类和法向侧隙公差种类可用类比法由图3.10及表3.44定出。

锥齿轮的最小法向侧隙 $j_{n\min}$ 值可由表3.45查出，其最大法向侧隙值 $j_{n\max}$ 由式(3.1)求出。

9.2.6　技术要求

齿轮工作图的技术要求有以下内容：

(1)对铸件、锻件或其他类型坯件的要求；

(2)对材料机械性能和化学成分的要求及允许代用的材料；

(3)对材料表面机械性能的要求。如热处理方法、热处理后的硬度等；

(4)对工作图中未注明倒角、圆角的说明；

齿轮工作图设计及公差查注示例见图9.5、9.6所示；齿轮工作图示例见图9.7、9.8所示。

9.3　蜗杆、蜗轮工作图的设计与绘制

9.3.1　视图

蜗杆工作图与轴类零件工作图类似，一般只需绘一个视图。但应在工作图上另外绘出蜗杆螺旋面的轴向（或法向）剖面，用以标注蜗杆的轴（法）向齿距、轴向或法向齿厚和齿高等。

蜗轮工作图与齿轮工作图相似，需绘两个视图。

对装配式结构的蜗轮，加工轮齿的工序是在轮缘和轮芯压配后进行，其余部分则分开加工。所以除绘制装配后的蜗轮工作图外，还应分别绘制轮缘和轮芯的毛坯工作图。

9.3.2　尺寸标注

蜗杆的尺寸标注及其尺寸公差与形位公差的标注与轴基本相似，可参考轴工作图的标注

方法。此外,还应标注蜗杆齿顶圆直径公差(查表3.81),蜗杆齿坯基准面径向和端面跳动公差(查差3.82)。

蜗轮工作图上的尺寸标注与齿轮工作图基本相同,考虑到蜗轮的特点,还要标注:蜗轮外径 d_{e_2} 及其公差(查表3.81);蜗轮喉圆直径 d_{a_2} 及其公差(查表3.81);蜗轮基准面径向和端面跳动公差(查表3.82);蜗轮中间平面与基准面的距离及公差 $\pm f_x$(f_x 值查表3.74);咽喉母圆中心到蜗轮轴线的距离及公差 $\pm f_a$(f_a 值查表3.74)。

9.3.3 表面粗糙度的标注

蜗杆与蜗轮零件图上照例须标注各表面粗造度,其轮齿表面粗糙度值可参考表3.80选取。对不加工的铸锻表面也应标明相应的粗糙度代号,或集中标注在图纸的右上角。

9.3.4 参数表

表中应列出蜗杆(或蜗轮)的主要参数、精度等级、检验项目的代号及其公差,通常应根据工作要求和生产条件选取。

蜗杆、蜗轮检验组及其检验项目可参考表3.68。

为了保证蜗杆传动对侧隙的要求,需分别检验蜗杆和蜗轮的齿厚及其公差。所以应在参数表中列出或在工作图中另绘局部齿形图标出。

蜗杆齿厚上偏差 E_{SS1} 按式(3.2)计算;

齿厚公差 T_{S1} 查表3.77,则齿厚下偏差 $E_{Si1}=E_{SS1}-T_{S1}$;

蜗轮齿厚上偏差 $E_{SS2}=0$;

齿厚下偏差 $E_{Si2}=-T_{S2}$。T_{S2} 为蜗轮齿厚公差(查表3.78)。

9.3.5 技术要求

蜗杆、蜗轮工作图中的技术要求内容与齿轮工作图相同。

蜗杆工作图设计及公差查注指示图见图9.9所示;蜗轮工作图设计及公差查注指示图见图9.10所示;蜗杆工作图示例见图9.11所示;蜗轮工作图示例见图9.12所示;蜗轮轮缘工作图示例见图9.13所示;蜗轮轮芯工作图示例见图9.14所示。

9.4 箱体工作图的设计与绘制

铸造箱体通常设计成剖分式,由箱座及箱盖组成。因此箱体工作图应按箱座、箱盖两个零件分别绘制。

9.4.1 视图

箱座、箱盖的外形及结构均比齿轮、轴等零件复杂。为了正确、完整地表明各部分的结构形状及尺寸,通常采用三个主要视图外,还应根据结构、形状的需要增加一些必要的局部剖视图、向视图及局部放大图。

9.4.2　尺寸标注

箱体尺寸繁多,既要求在工作图上标出其制造(铸造、切削加工)及测量和检验所需的全部尺寸,而且所标注的尺寸应多而不乱,一目了然。

(1)部位的形状尺寸,即表明箱体各部分形状大小的尺寸。如箱体(箱座、箱盖)的壁厚、长、宽、高、孔径及其深度、螺纹孔尺寸、凸缘尺寸、圆角半径、加强筋厚度和高度、各曲线的曲率半径、各倾斜部分的斜度等。

这些尺寸应直接标出,不要经任何换算。

(2)相对位置尺寸和定位尺寸。这是确定箱体各部分相对于基准的尺寸,如孔的中心线、曲线的曲率中心位置、孔的轴线与相应基准间的距离、斜度的起点及其与相应基准间的距离、夹角等。标注时,应先选好基准,最好以加工基准面作为基准,这样对加工、测量均有利。通常箱盖与箱座在高度方向以剖分面(或底面)为基准,长度方向以轴承座孔的中心线,宽度方向可选轴承座孔端面为基准。若加工面不能用作设计基准时,则应选计算上较方便的,如宽度方向可以纵向对称线为基准。基准选取定后,各部分的相对位置尺寸和定位尺寸都从基准面标注。

(3)对机械工作性能有影响的尺寸,如传动件的中心距及其偏差,采用嵌入式轴承盖时,其在箱体上沟槽位置的尺寸等。在标注尺寸时,还应考虑检验该尺寸的方便性及可能性。

9.4.3　尺寸公差和形位公差的标注

箱座与箱盖上应标注的尺寸公差可参考表9.3,应标注的形位公差可参考表9.4。

表9.3　箱座与箱盖的尺寸公差

名　称	尺寸公差值	
箱座高度 H	h11	
两轴承座孔外端面之间的距离 L	有尺寸链要求时	(1/2)IT11
	无尺寸链要求时	h14
箱体轴承座孔中心距偏差 ΔA_0	$\Delta A_0=(0.7\sim0.8)f_a$,$f_a$ 见表3.35	

表9.4　箱座与箱盖的形位公差

名　称	形位公差值	
箱体接触面的平面度	底面	100 mm长度上不大于0.05 mm
	剖分面	100 mm长度上不大于0.02 mm
	轴承座孔外端面	100 mm长度上不大于0.03 mm
基准平面的平行度	100 mm长度上不大于0.05 mm	
基准平面的垂直度	100 mm长度上不大于0.05 mm	
轴承座孔轴线与底面的平行度	h11	

续表

名　称	形位公差值
箱体宽度 L 内，轴承座孔的轴线在两个相互垂直面内的平行度	$f'_x \leqslant f_x$　且 f'_x 应小于 f_a $f'_y \leqslant f_y$　　f_x、f_y 见表 3.31　f_a 见表 3.35
轴承座孔（基准孔）轴线对端面的垂直度	普通级球轴承　　(0.08～0.1) mm 普通级滚子轴承　(0.03～0.04) mm
两轴承座孔的同轴度	非调心球轴承　　IT6 非调心滚子轴承　IT5
轴承座孔圆柱度	直接安装滚动轴承时：0.3 倍尺寸公差 其余情况：　　　0.4 倍尺寸公差
锥齿轮箱体两轴承座孔的轴间距极限偏差 $\pm f'_a$ 和轴交角极限偏差 $\pm E'_\Sigma$	$\pm f'_a = \pm f_a$　　　$\pm f_a$ 见表 3.61 $\pm E'_\Sigma = \pm E_\Sigma$　　$\pm E_\Sigma$ 见表 3.62

9.4.4　表面粗糙度的标注

箱座与箱盖各加工表面荐用的表面粗糙度值见表 9.5。

表 9.5　箱座、箱盖加工表面荐用的表面粗糙度值　　单位：μm

加工表面	粗糙度 R_a 值	加工表面	粗糙度 R_a 值
剖分面	3.2～1.6	轴承端盖及套杯的其他配合面	6.3～1.6
轴承座孔	1.6～0.8	油沟及窥视孔联接面	12.5～6.3
轴承座凸缘外端面	3.2～1.6	箱座底面	12.5～6.3
螺栓孔、螺栓或螺钉沉头座	12.5～6.3	圆锥销孔	1.6～0.8

9.4.5　技术要求

箱座、箱盖的技术要求可包括以下内容：

(1)铸件应进行清砂及时效处理。

(2)铸件不得有裂纹，结合面及轴承孔内表面应无蜂窝状缩孔，单个缩孔深度不得大于 3 mm，直径不得大于 5 mm，其位置距外缘不得超过 15 mm，全部缩孔面积应小于总面积的 5%。

(3)轴承孔端面的缺陷尺寸不得大于加工表面的 15%，深度不得大于 2 mm，位置应在轴承盖的螺钉孔外面。

(4)装观察孔盖的支承面，其缺陷深度不得大于 1 mm，宽度不得大于支承面宽度的 1/3，总面积不大于加工面的 5%。

(5)箱座和箱盖的轴承座孔应合起来进行镗孔。

(6)剖分面上的定位销孔加工时，应将箱盖、箱座合起来进行配钻、配铰。

(7)形位公差中不便用标注符号表示的技术要求，如轴承座孔轴线间的平行度、偏斜度等。

(8)铸件的圆角及斜度。

以上内容不必全部列出，可视具体情况加以选择列出。

箱座工作图示例见图 9.15 所示。

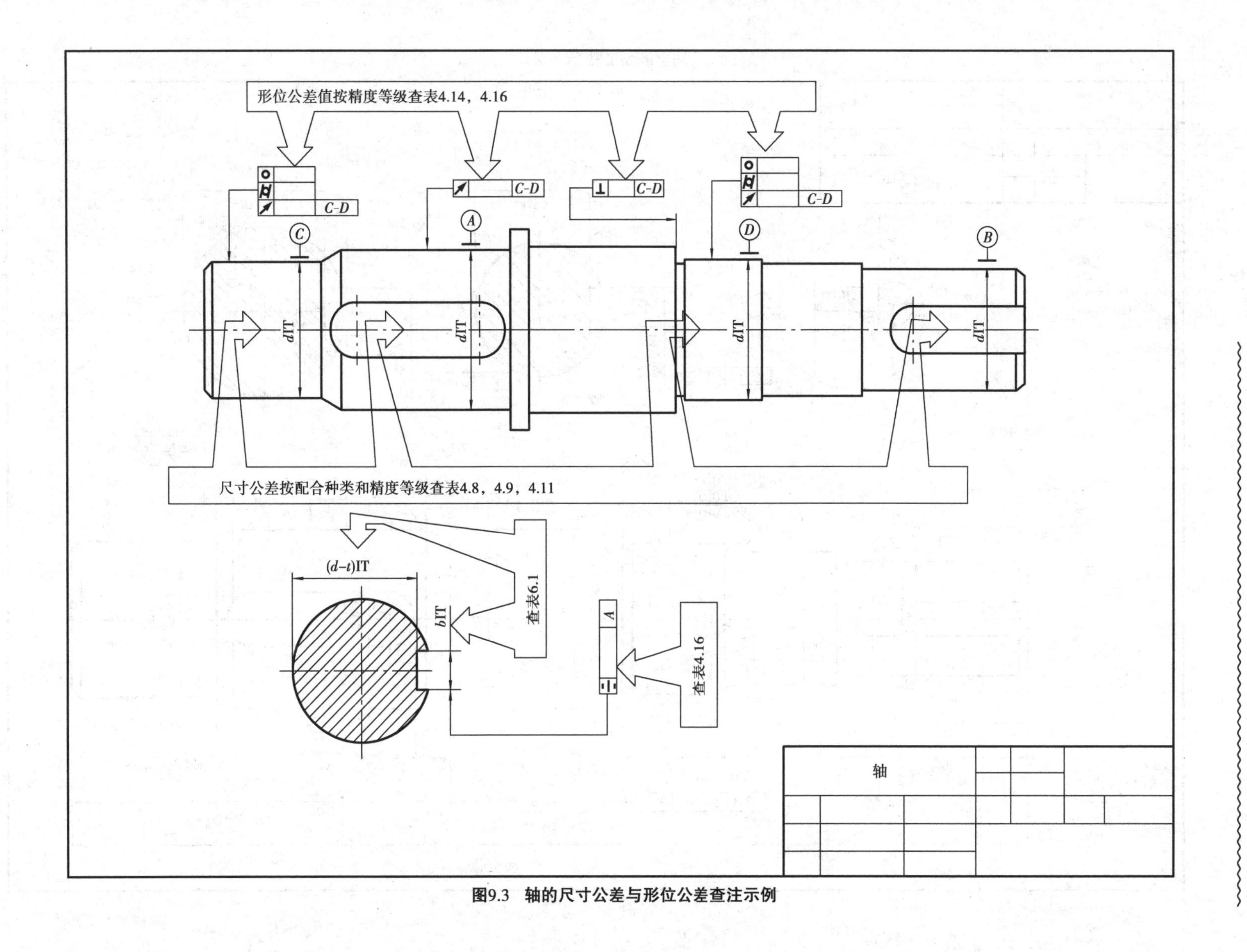

图9.3　轴的尺寸公差与形位公差查注示例

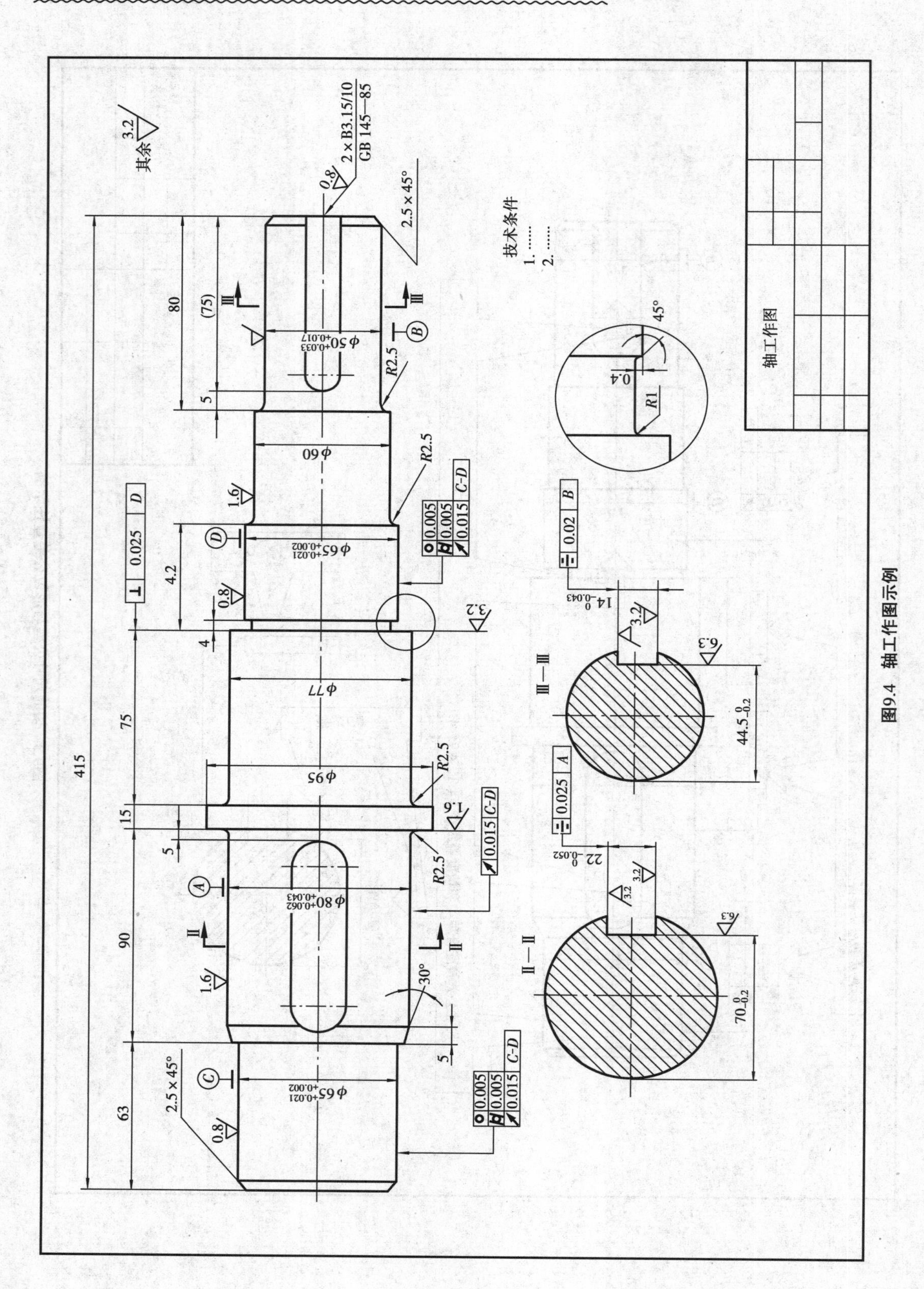

图9.4 轴工作图示例

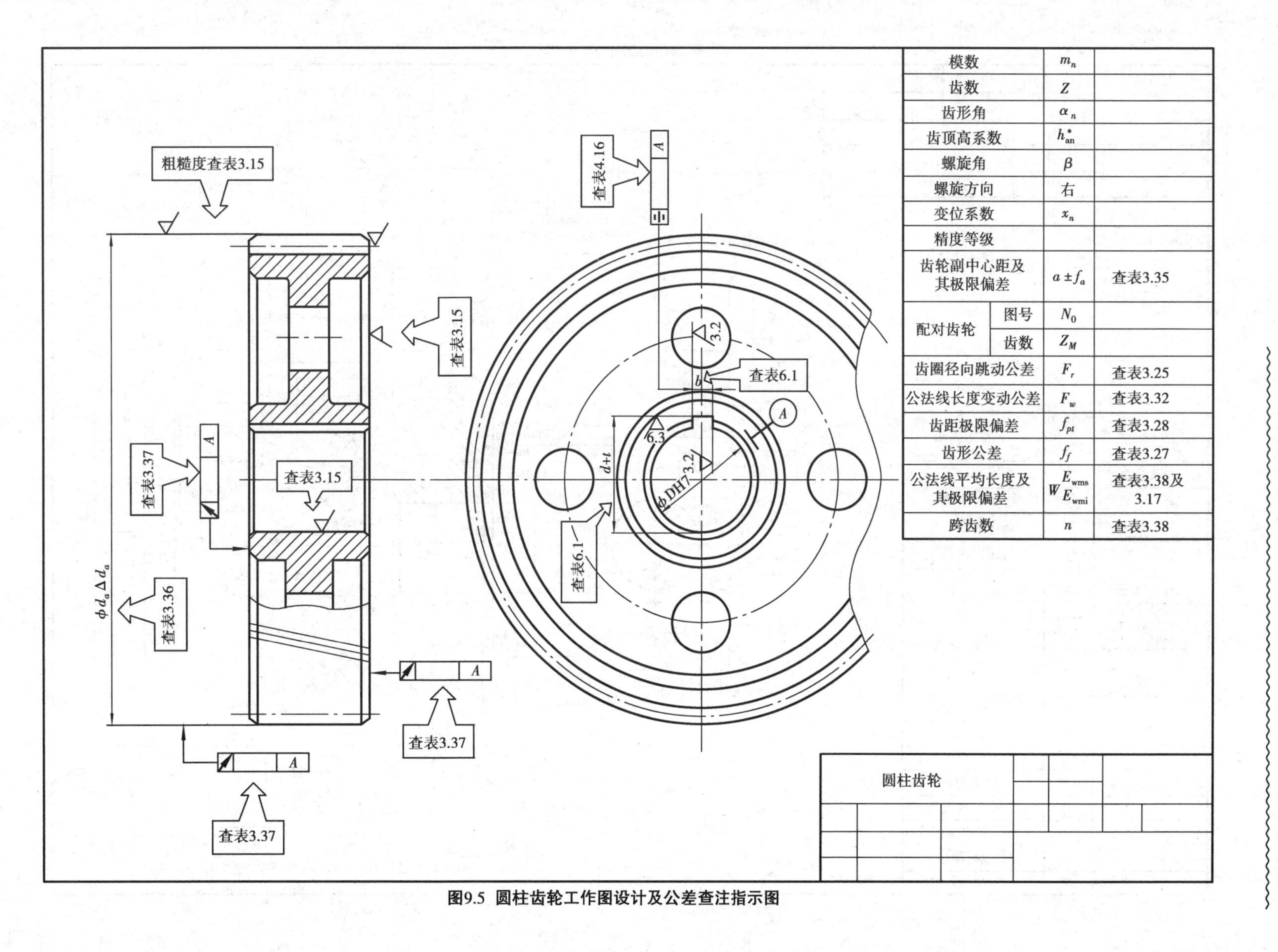

模数		m_n	
齿数		Z	
齿形角		α_n	
齿顶高系数		h_{an}^*	
螺旋角		β	
螺旋方向		右	
变位系数		x_n	
精度等级			
齿轮副中心距及其极限偏差		$a \pm f_a$	查表3.35
配对齿轮	图号	N_0	
	齿数	Z_M	
齿圈径向跳动公差		F_r	查表3.25
公法线长度变动公差		F_w	查表3.32
齿距极限偏差		f_{pt}	查表3.28
齿形公差		f_f	查表3.27
公法线平均长度及其极限偏差		$W^{E_{wms}}_{E_{wmi}}$	查表3.38及3.17
跨齿数		n	查表3.38

图9.5 圆柱齿轮工作图设计及公差查注指示图

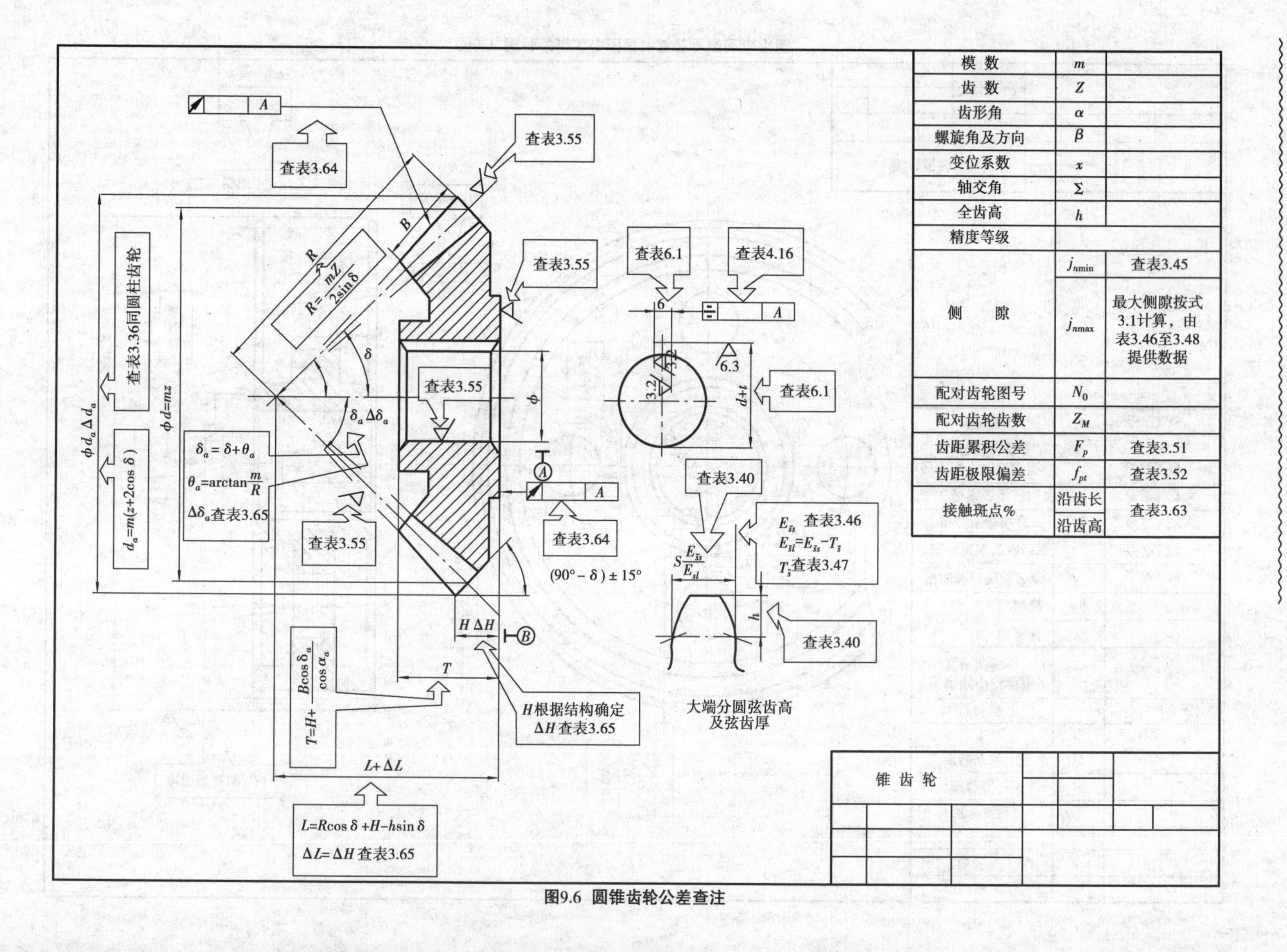

图9.6 圆锥齿轮公差查注

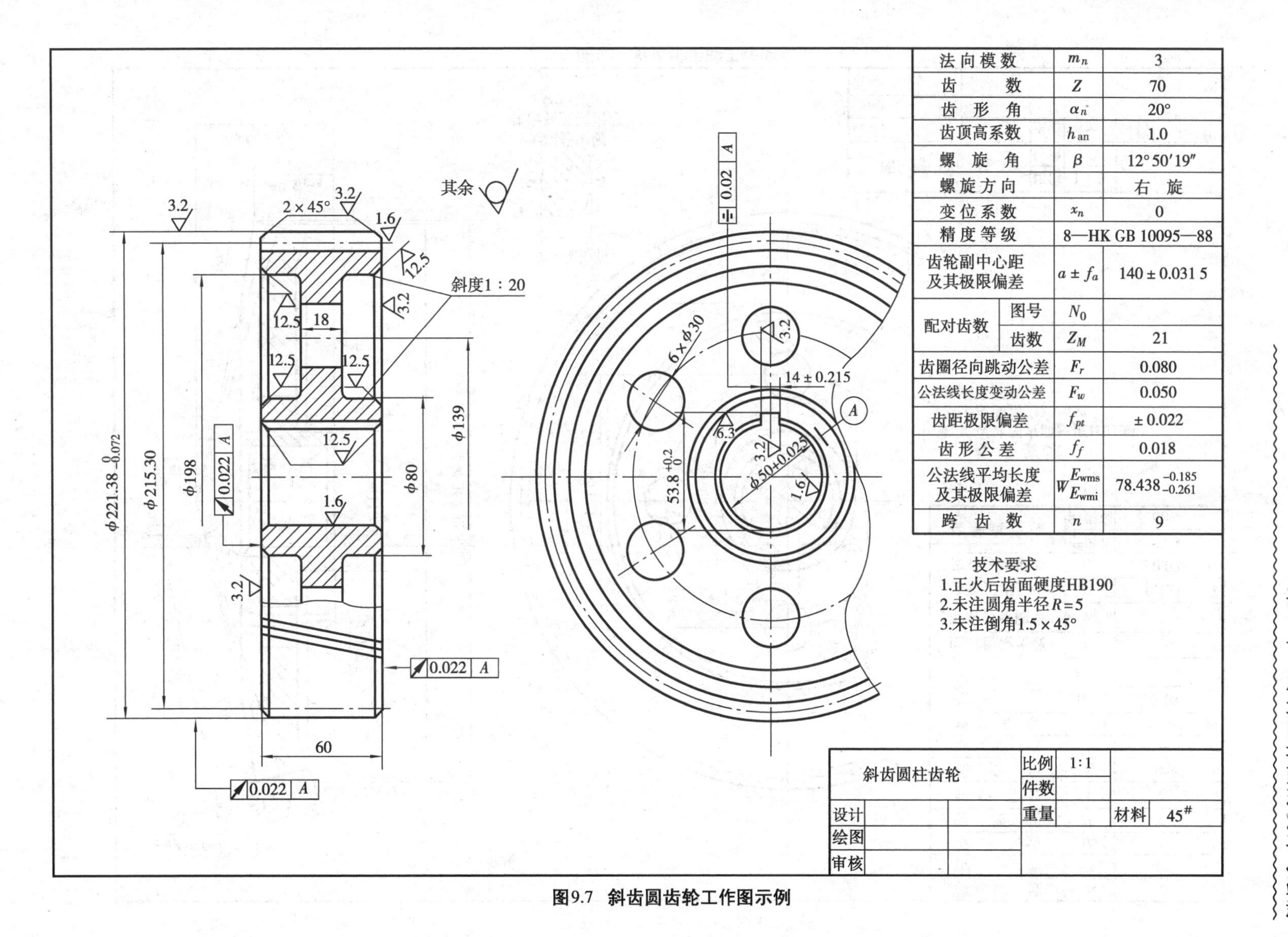

参数	代号	数值
法向模数	m_n	3
齿数	Z	70
齿形角	α_n	20°
齿顶高系数	h_{an}	1.0
螺旋角	β	12°50′19″
螺旋方向		右旋
变位系数	x_n	0
精度等级	8—HK GB 10095—88	
齿轮副中心距及其极限偏差	$a \pm f_a$	140 ± 0.031 5
配对齿数　图号	N_0	
配对齿数　齿数	Z_M	21
齿圈径向跳动公差	F_r	0.080
公法线长度变动公差	F_w	0.050
齿距极限偏差	f_{pt}	±0.022
齿形公差	f_f	0.018
公法线平均长度及其极限偏差	$W^{E_{wms}}_{E_{wmi}}$	$78.438^{-0.185}_{-0.261}$
跨齿数	n	9

图9.7　斜齿圆齿轮工作图示例

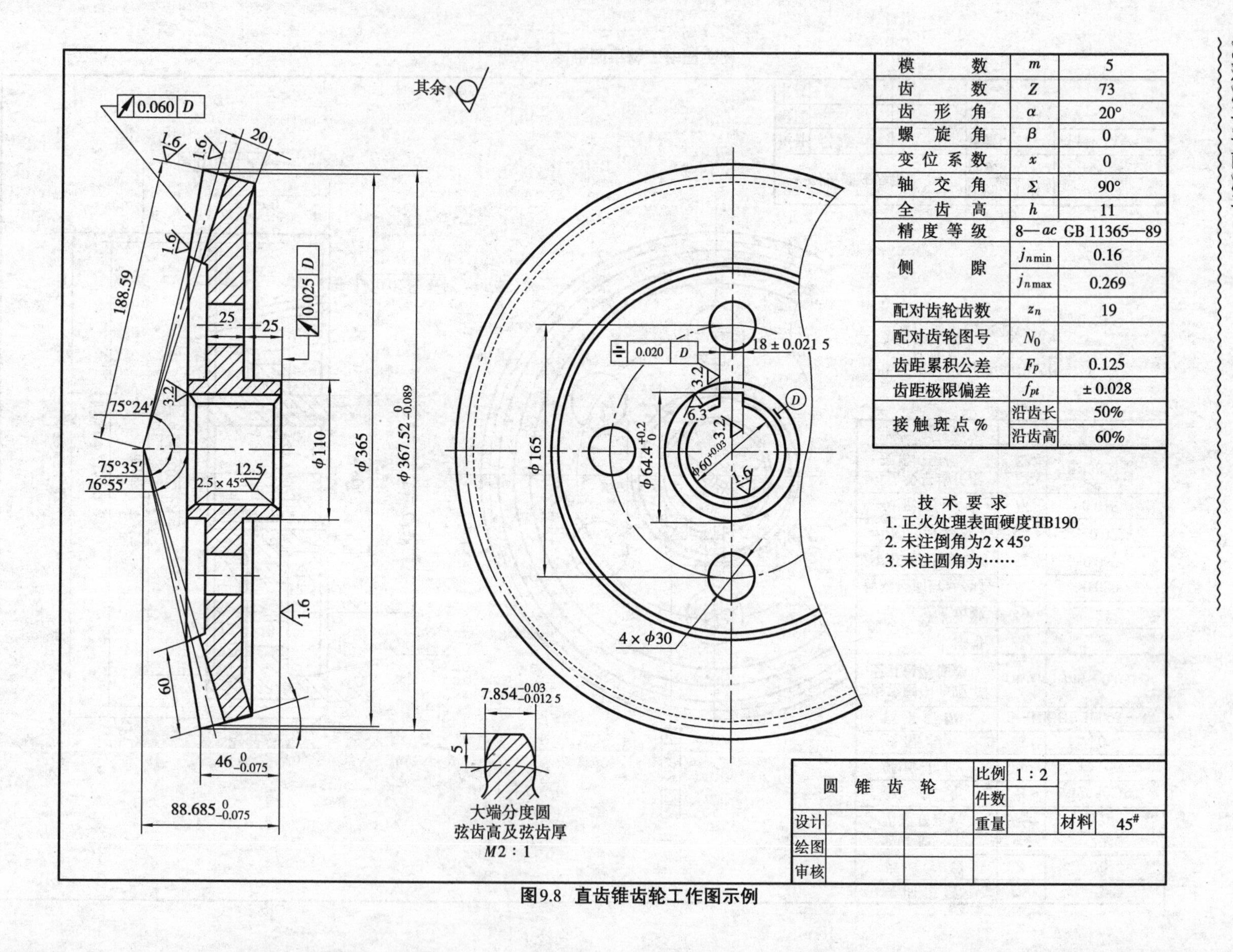

图9.8　直齿锥齿轮工作图示例

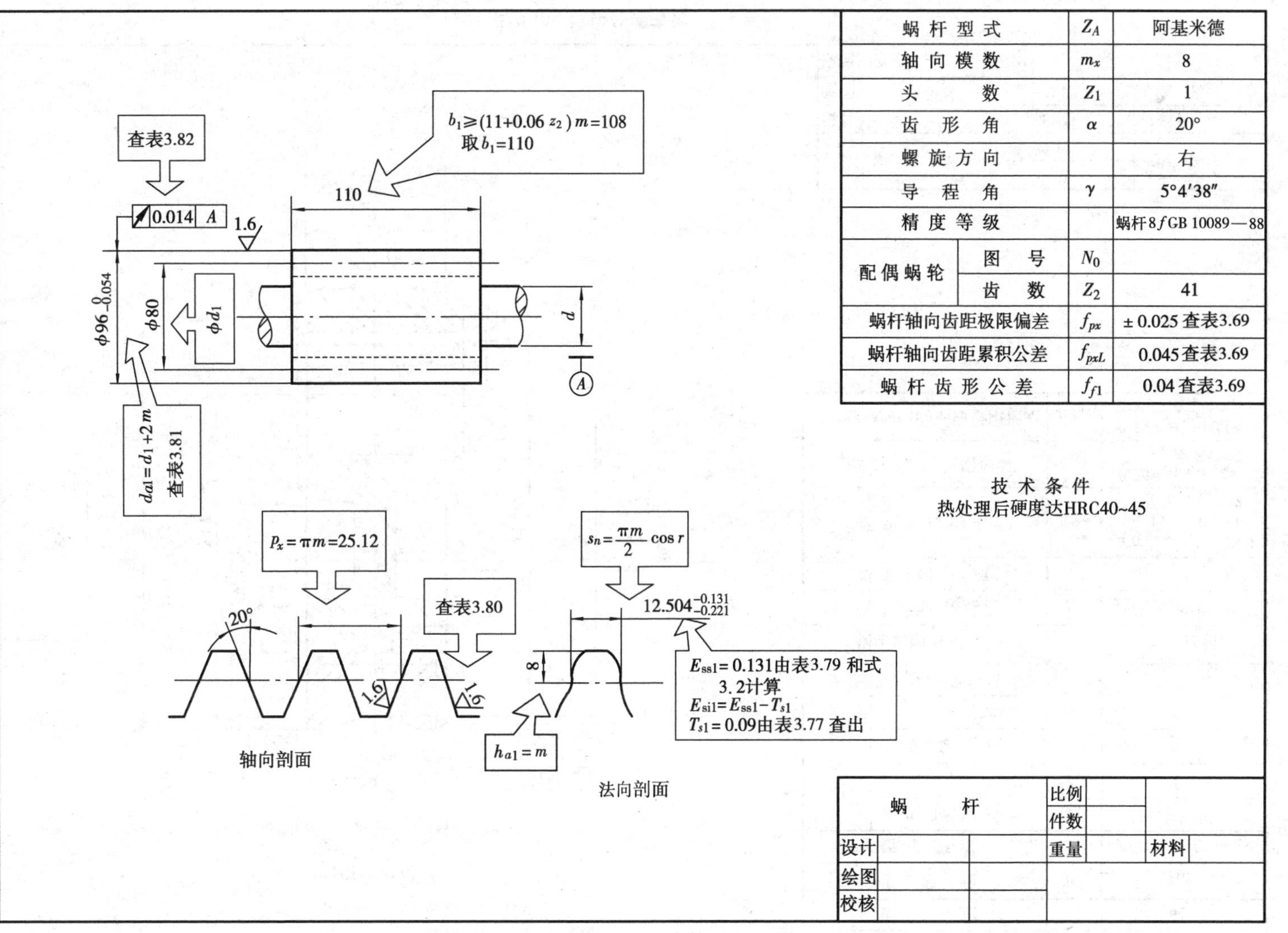

图9.9　蜗杆工作图设计及公差查注指示图

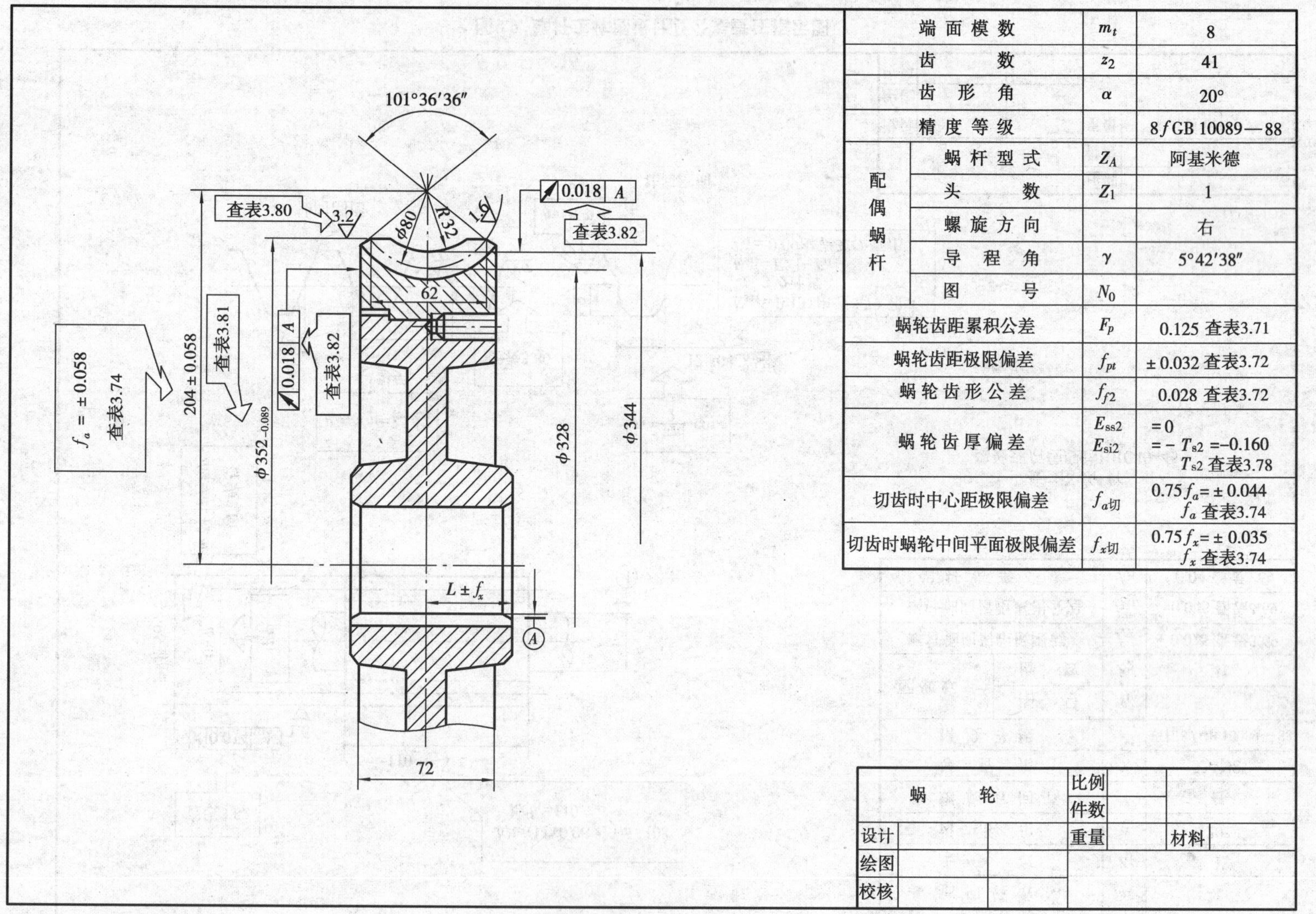
端面模数 m_t 8
齿数 z_2 41
齿形角 α 20°
精度等级 8 f GB 10089—88
配偶蜗杆
蜗杆型式 Z_A 阿基米德
头数 Z_1 1
螺旋方向 右
导程角 γ 5°42′38″
图号 N_0
蜗轮齿距累积公差 F_p 0.125 查表3.71
蜗轮齿距极限偏差 f_{pt} ±0.032 查表3.72
蜗轮齿形公差 f_{f2} 0.028 查表3.72
蜗轮齿厚偏差 E_{ss2} =0
E_{si2} =−T_{s2} =−0.160 T_{s2} 查表3.78
切齿时中心距极限偏差 $f_{a切}$ 0.75f_a=±0.044 f_a 查表3.74
切齿时蜗轮中间平面极限偏差 $f_{x切}$ 0.75f_x=±0.035 f_x 查表3.74
蜗轮
比例
件数
重量
材料
设计
绘图
校核
101°36′36″
R32
φ80
1.6
62
72
$L\pm f_x$
A
0.018 A
查表3.82
φ344
φ328
3.2
查表3.80
φ352$_{-0.089}$
查表3.81
204±0.058
f_a=±0.058
查表3.74

图9.10　蜗轮公差查注

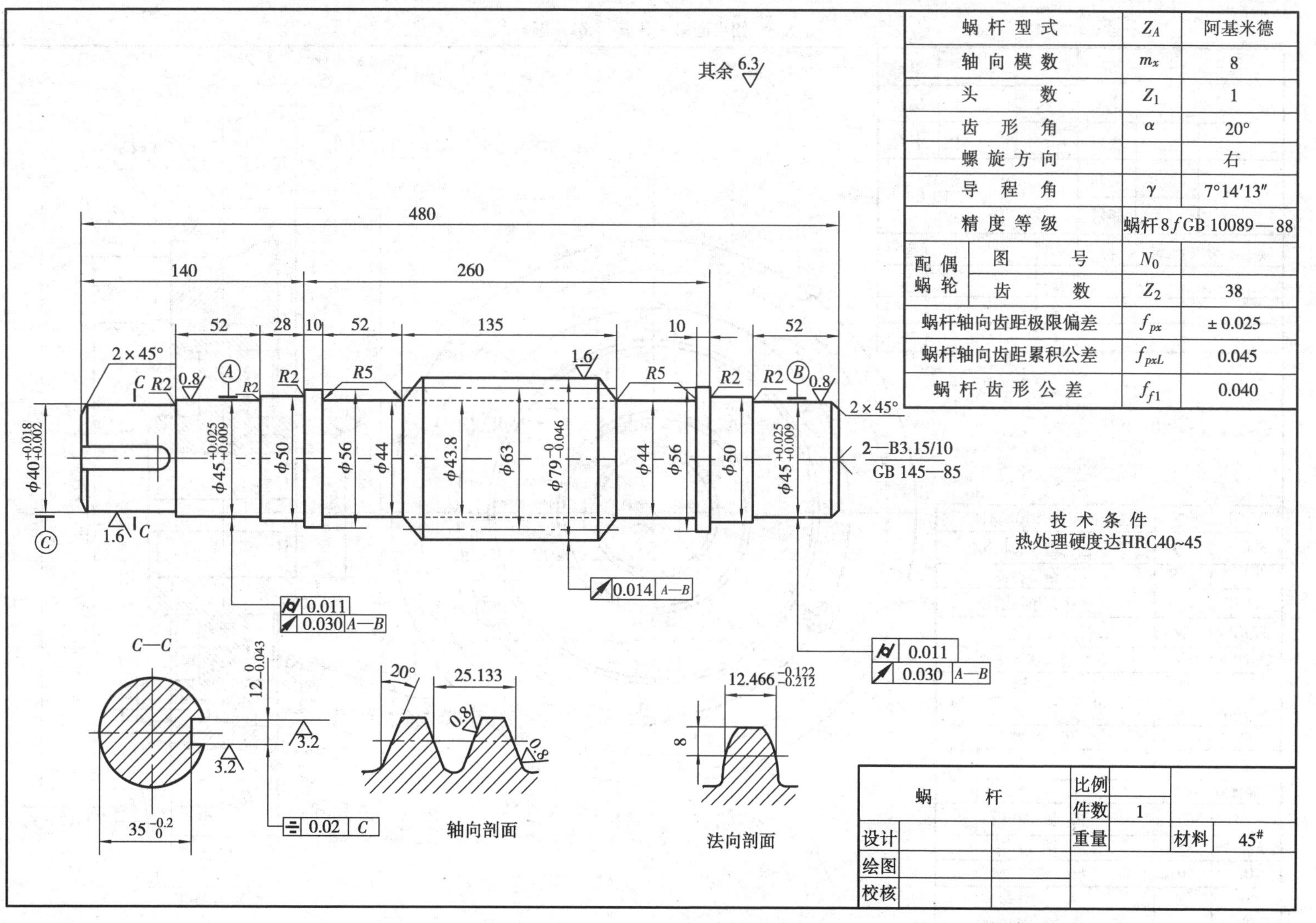

蜗杆型式	Z_A	阿基米德
轴向模数	m_x	8
头数	Z_1	1
齿形角	α	20°
螺旋方向		右
导程角	γ	7°14′13″
精度等级	蜗杆 8 f GB 10089—88	
配偶蜗轮 图号	N_0	
配偶蜗轮 齿数	Z_2	38
蜗杆轴向齿距极限偏差	f_{px}	±0.025
蜗杆轴向齿距累积公差	f_{pxL}	0.045
蜗杆齿形公差	f_{f1}	0.040

图 9.11　蜗杆工作图示例

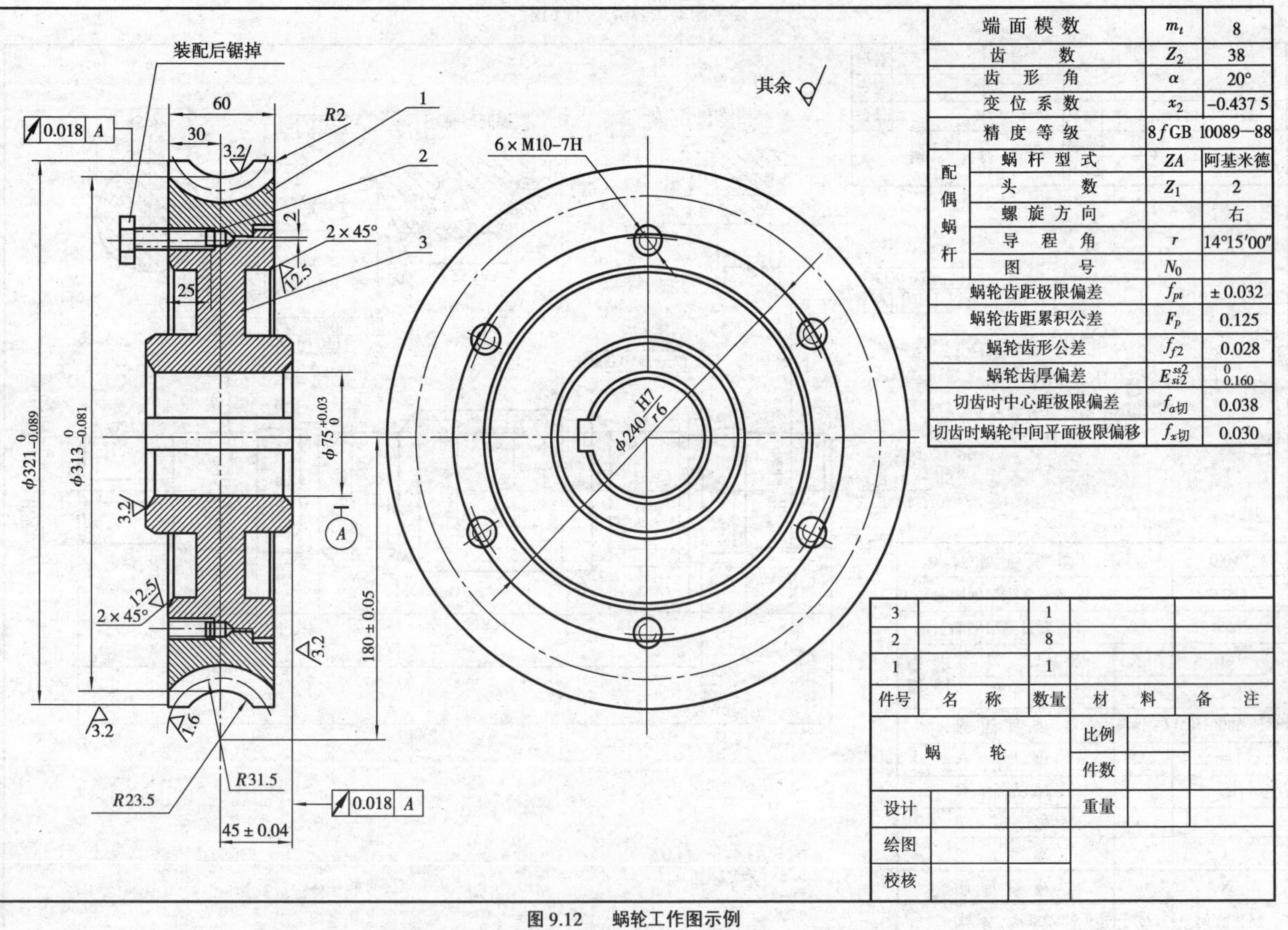

端面模数		m_t	8
齿数		Z_2	38
齿形角		α	20°
变位系数		x_2	-0.437 5
精度等级		8 f GB	10089—88
配偶蜗杆	蜗杆型式	ZA	阿基米德
	头数	Z_1	2
	螺旋方向		右
	导程角	r	14°15′00″
	图号	N_0	
蜗轮齿距极限偏差		f_{pt}	±0.032
蜗轮齿距累积公差		F_p	0.125
蜗轮齿形公差		f_{f2}	0.028
蜗轮齿厚偏差		E_{si2}^{ss2}	0 0.160
切齿时中心距极限偏差		$f_{\alpha切}$	0.038
切齿时蜗轮中间平面极限偏移		$f_{x切}$	0.030

件号	名称	数量	材料	备注
3		1		
2		8		
1		1		

蜗轮		比例	
		件数	
设计		重量	
绘图			
校核			

图 9.12　蜗轮工作图示例

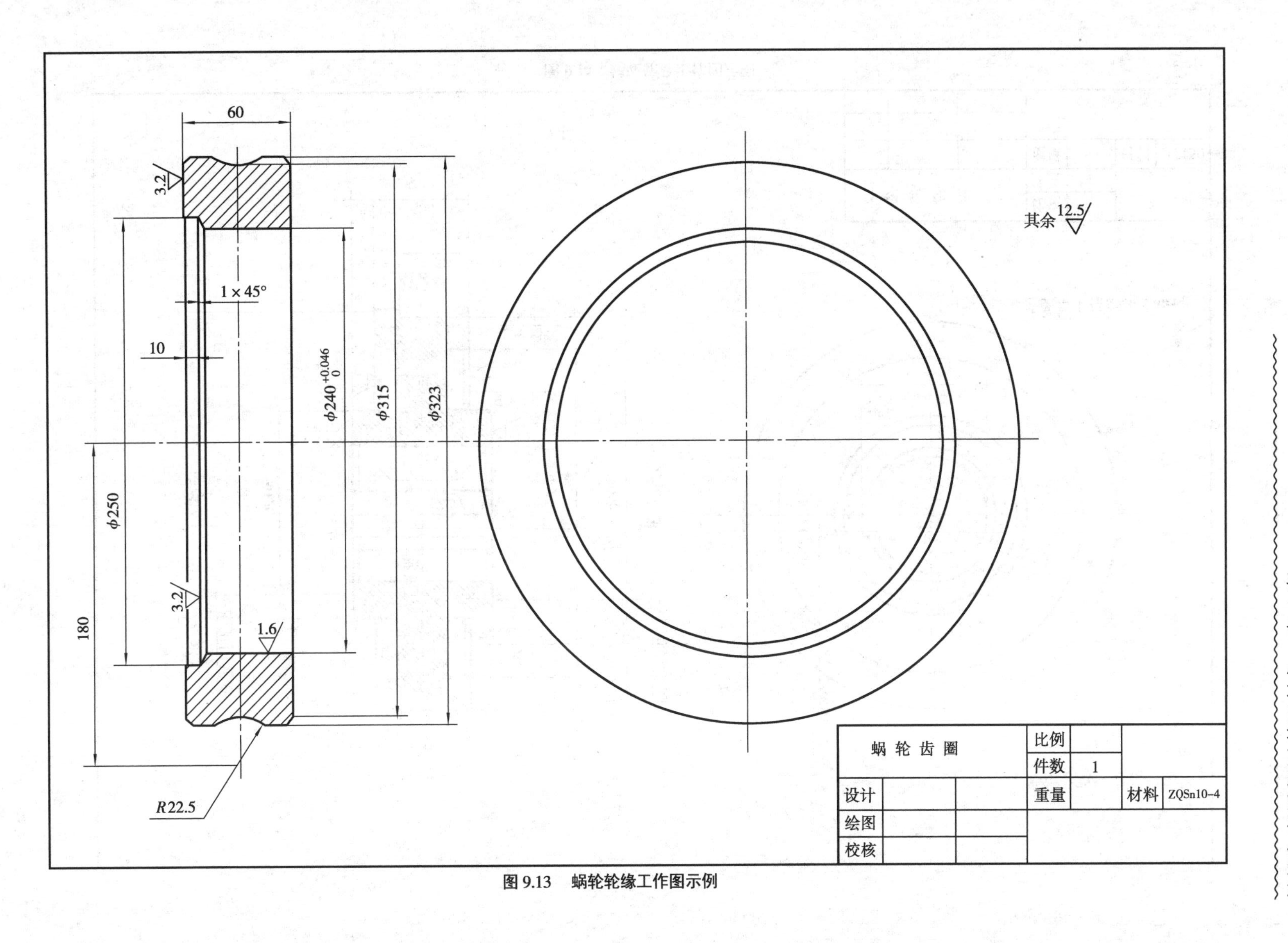

图 9.13　蜗轮轮缘工作图示例

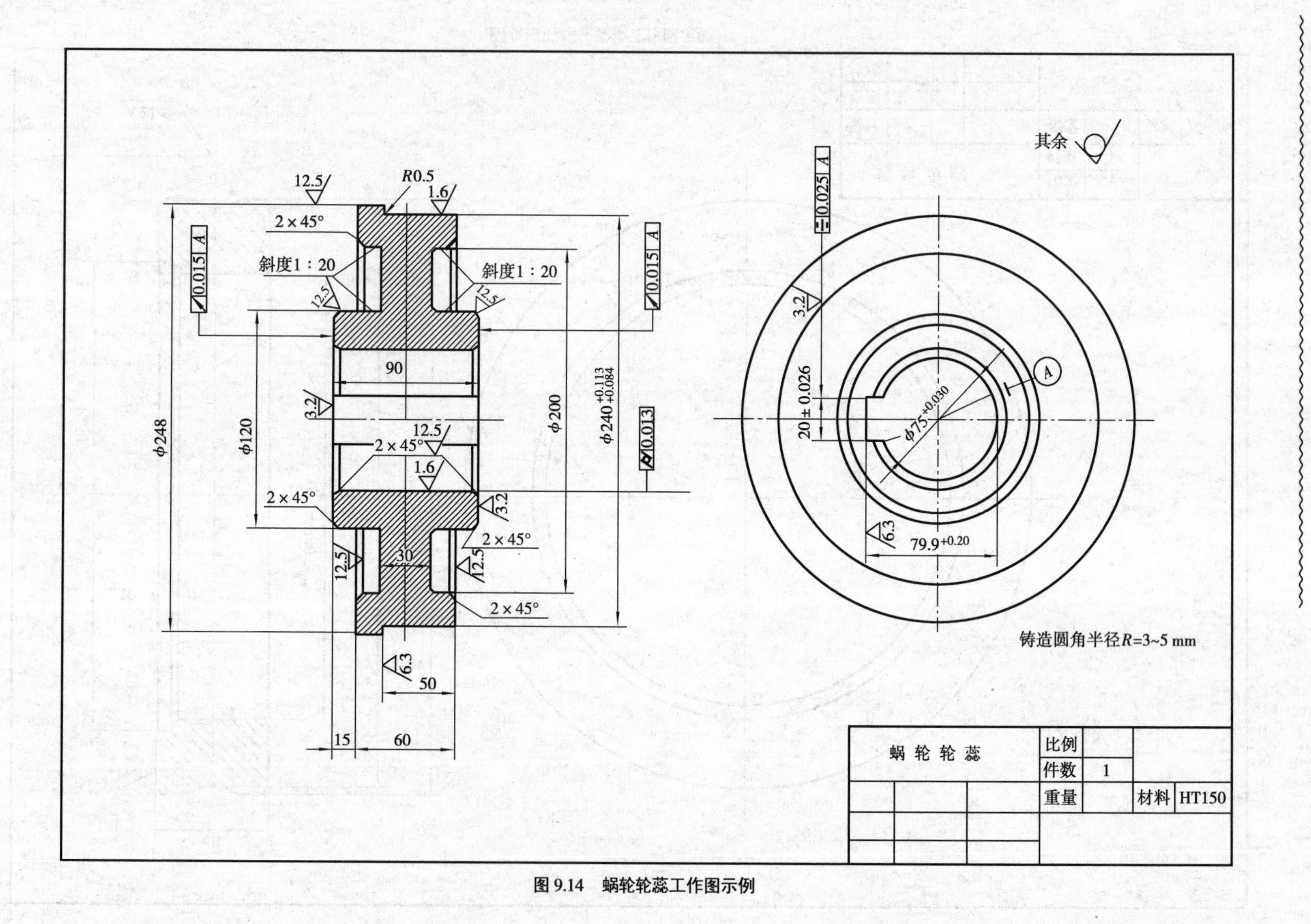

图 9.14 蜗轮轮蕊工作图示例

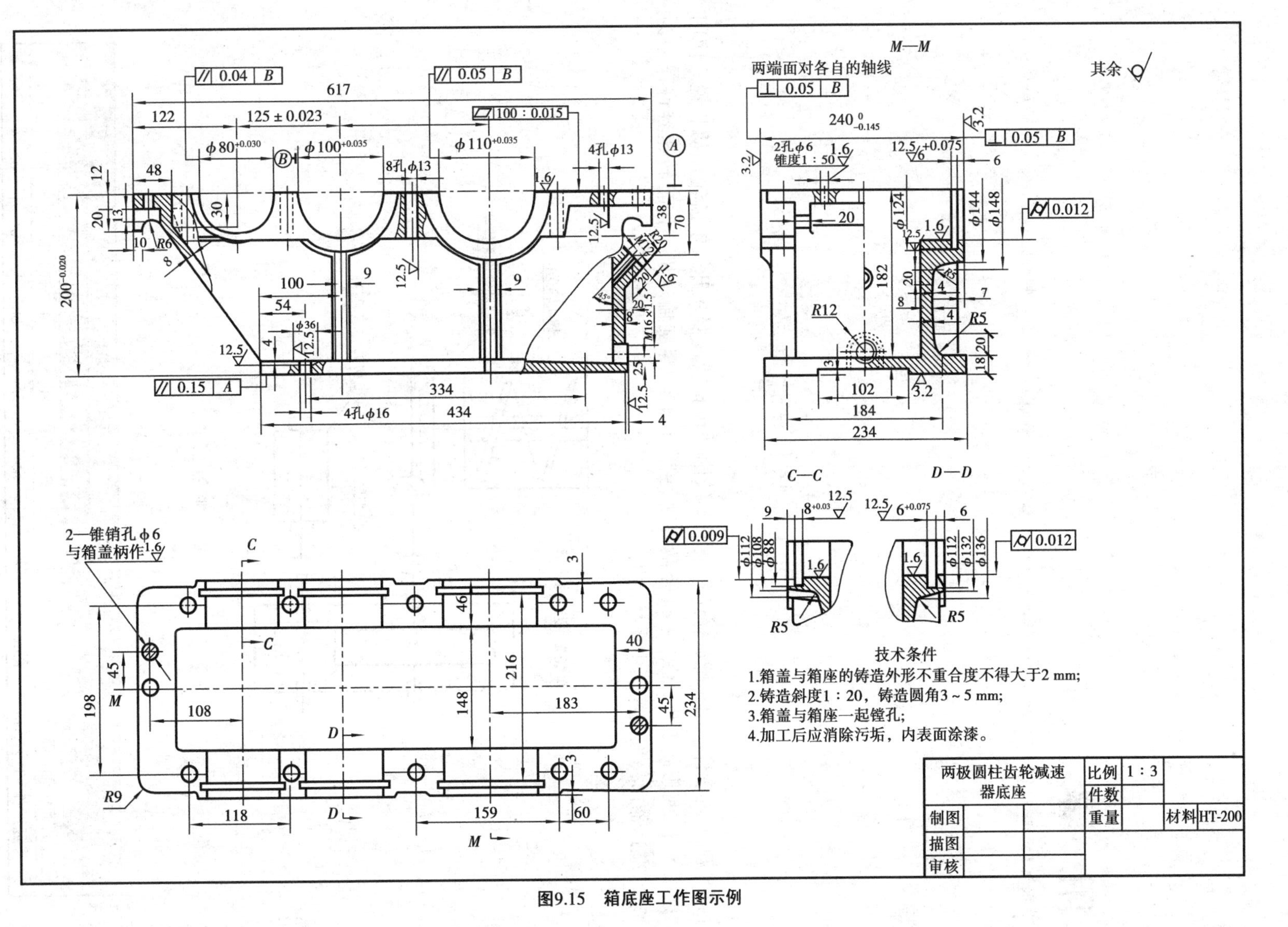

图9.15　箱底座工作图示例

附　录

附录Ⅰ　课程设计题目

题目A:设计一用于螺旋输送机上的单级圆柱齿轮减速器+开式锥齿轮传动装置。使用期限5年,两班制工作,工作中有轻微震动,单向运转。螺旋输送机工作轴转速容许误差为5%,减速器由一般规模厂中小批量生产。

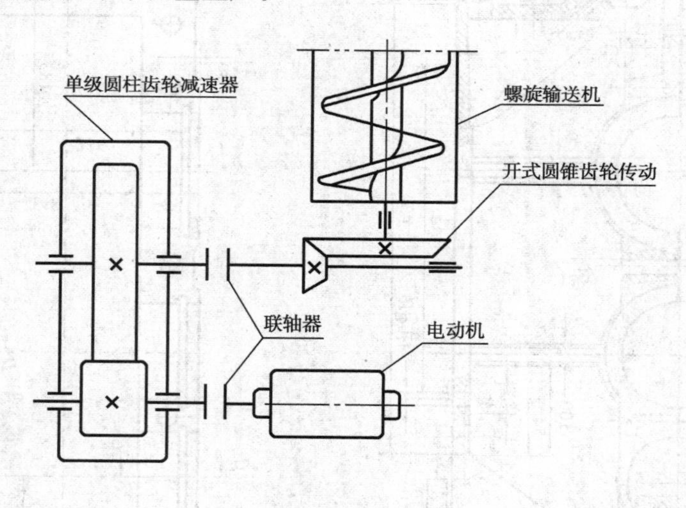

附图Ⅰ.A

附表Ⅰ.A

原始数据	题　号					
	A1	A2	A3	A4	A5	A6
输送机工作轴功率 P/kW	3.5	4	4	4.5	4.5	5
输送机工作轴转速 $n/(\mathrm{r\cdot min^{-1}})$	55	55	60	60	65	65

题目 B:设计带式运输机的传动装置。运输机工作平稳,单向运转,单班工作,使用期限 8 年,大修期 3 年,输送带速度允差为 ±5%。其中减速器由一般规模厂中小批量生产。

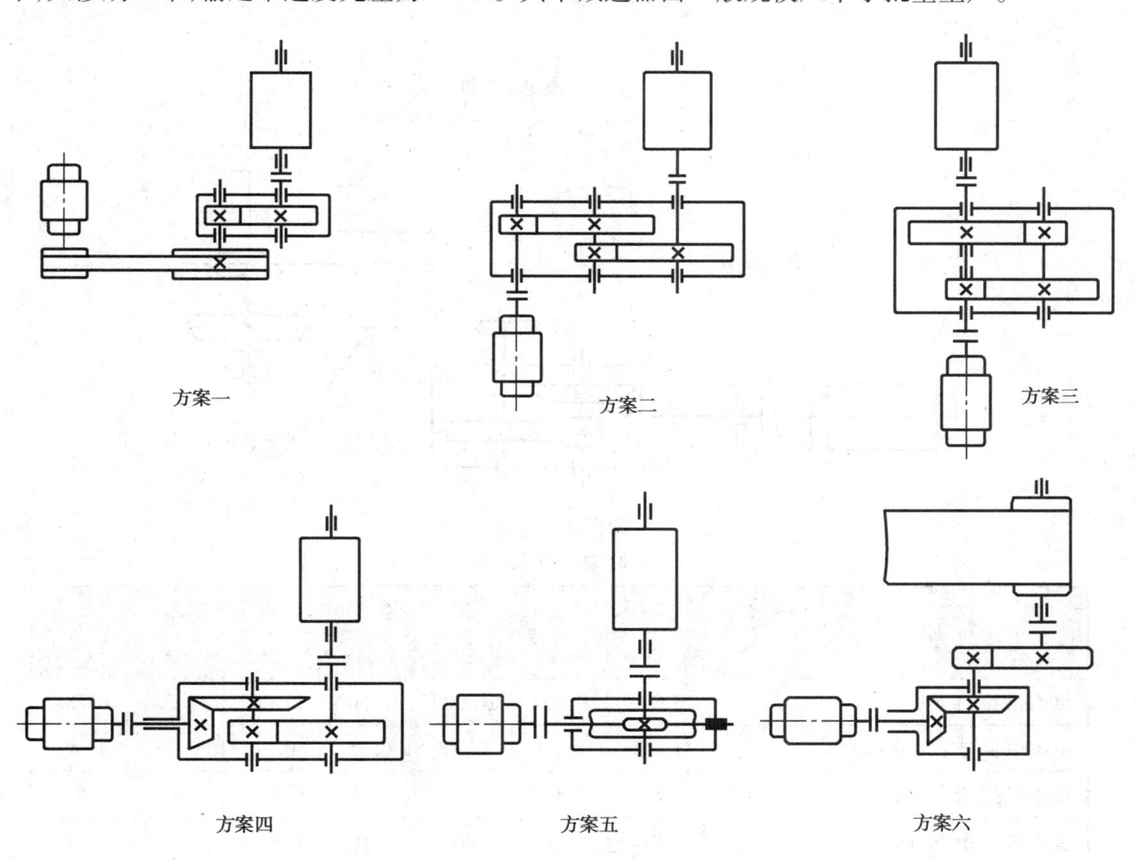

附图 I.B　传动装置方案

附表 I.B

原始数据	题号									
	*B*1	*B*2	*B*3	*B*4	*B*5	*B*6	*B*7	*B*8	*B*9	*B*10
运输带拉力 F/N	1 500	1 700	2 000			2 200		2 300	2 500	
运输带速度 $v/(\mathrm{m\cdot s^{-1}})$	1.25	1.87	1.0	1.2	1.5	1.2	1.6	1.1	1.0	1.1
卷筒直径 D/mm	220	500	350	300	300	320	450	300	300	400
原始数据	题号									
	*B*11	*B*12	*B*13	*B*14	*B*15	*B*16	*B*17	*B*18	*B*19	*B*20
运输带拉力 F/N	2 500		2 800	3 000			3 300	4 000	4 600	4 800
运输带速度 $v/(\mathrm{m\cdot s^{-1}})$	1.5	1.6	1.4	1.1	1.5	1.0	1.2	1.6	1.3	1.25
卷筒直径 D/mm	450	320	275	400	250	250	400	400	400	500

题目 C:设计一链式运输机减速器,运输机工作平稳,经常满载,不反转;两班制工作,使用期5年。曳引链容许速度误差5%。减速器由一般厂中小批量生产。

传动方案一:

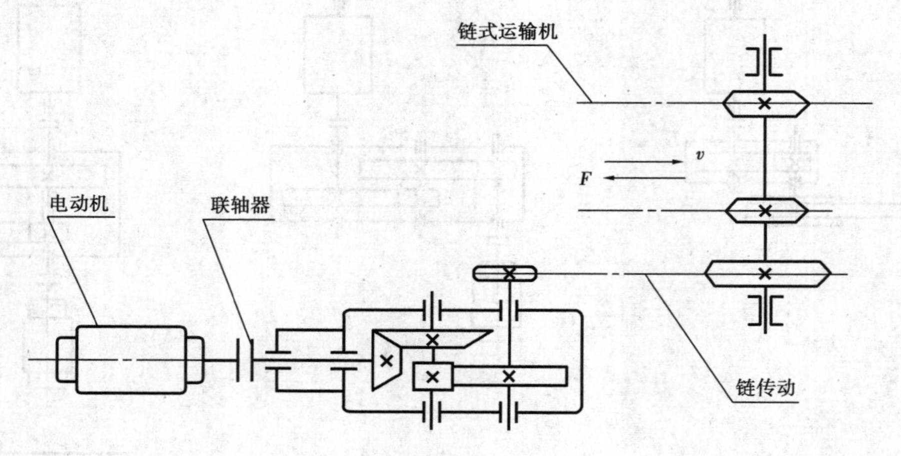

附图 Ⅰ.C(a)

附表 Ⅰ.C(a)

原始数据	题号						
	C1	C2	C3	C4	C5	C6	C7
曳引链拉力 F/N	9 000	9 500	10 000	10 500	11 000	11 500	12 000
曳引链速度 v/(m·s^{-1})	0.30	0.32	0.34	0.35	0.36	0.38	0.40
曳引链链轮齿数 Z	8	8	8	8	8	8	8
曳引链节距 P/mm	80	80	80	80	80	80	80

传动方案二:

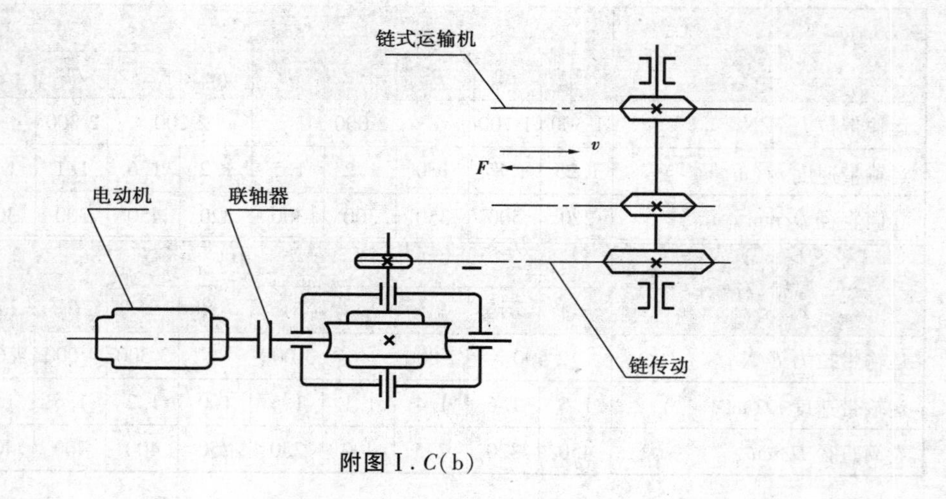

附图 Ⅰ.C(b)

附表 Ⅰ. C(b)

原始数据	题号						
	C8	C9	C10	C11	C12	C13	C14
曳引链拉力 F/N	6 400	6 800	6 000	7 000	6 200	7 000	6 600
曳引链速度 $v/(\mathrm{m \cdot s^{-1}})$	0.26	0.25	0.23	0.30	0.24	0.20	0.24
曳引链链轮齿数 Z	15	14	12	15	12	10	10
曳引链节距 P/mm	80	100	100	80	100	100	100

题目 D:设计卷扬机的传动装置。使用期 8 年,大修期 3 年,两班制工作。卷扬机卷筒速度的容许误差 ±5%,过载转矩不超过正常转矩的 1.5 倍。由一般生产厂中小批量生产。

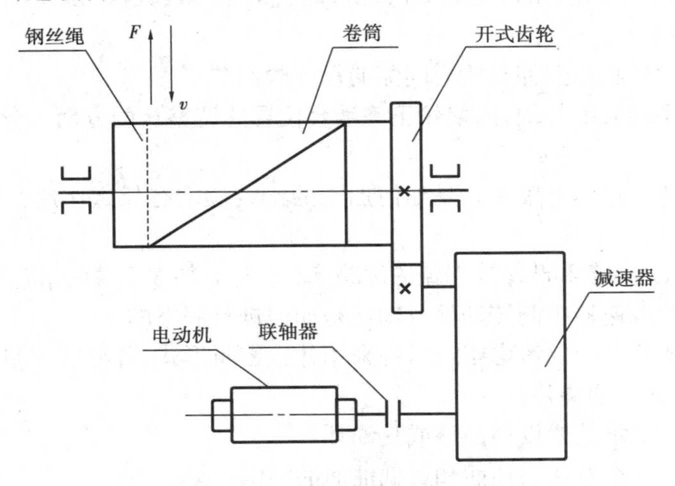

附图 Ⅰ. D　卷扬机传动装置示意图

附表 Ⅰ. D

原始数据	题号				
	D1	D2	D3	D4	D5
钢丝绳拉力 F/N	9 000	10 000	12 000	13 500	15 000
钢丝绳速度 $v/(\mathrm{m \cdot s^{-1}})$	0.27	0.25	0.21	0.21	0.20
卷筒直径 D/mm	350	400	400	400	350
卷筒效率 η	0.96	0.96	0.96	0.96	0.96
负荷持续率 J_C	40%	40%	40%	40%	25%

附录Ⅱ　设计思考题

1. 如何拟定传动方案？应主要从哪些方面来比较方案的合理性？你拟定的传动方案有何优缺点？

2. 在本课程设计中,可供选用的传动的主要类型有哪几种?其中哪些适用于高速级?哪些适用于低速级?

3. 工作机所需功率、所需电动机功率及电动机额定功率有何区别?在设计中,用哪种功率作为设计功率?

4. 不同同步转速的电动机对传动方案、结构尺寸及经济性有何影响?

5. 为什么各级传动的传动比不能过大?否则,会对减速器的设计产生什么影响?

6. 齿轮在箱体内非对称布置时,为什么尽可能将齿轮置于远离轴转矩输入(输出)端?当传动单向回转时,斜齿轮的轴向力指向哪一个轴承较好?

7. 轴的结构设计中,应重点考虑哪些问题?阶梯轴各轴段的直径和长度是如何确定的?

8. 滚动轴承轴系装配的结构形式通常有哪几种?你设计选择的是哪一种?为什么?

9. 减速器滚动轴承的间隙调整是如何进行的?圆锥-圆柱齿轮减速器中锥齿轮副的啮合位置又是如何调整的?

10. 如何考虑蜗杆轴系热伸长所需间隙的保证和调整?

11. 从蜗杆轴系的装配与蜗杆、蜗轮正确啮合位置的调整这两方面来分析蜗杆轴承座孔套杯的功用。

12. 剖分式减速器箱体上轴承孔是如何加工的?定位销有什么作用?箱体上为什么要加筋?为什么要设凸台?

13. 试比较嵌入式端盖和凸缘式端盖的优缺点。设计时如发生端盖稍有干涉,应如何解决?

14. 你所设计的减速器中的传动件及轴承是如何进行润滑的?

15. 减速器有哪些部位要考虑密封?各采用什么密封形式,各种动密封结构有何特点?箱体接合面处为何不允许加垫片?

16. 为什么有的轴承处要设挡油环或封油环?

17. 减速器内为什么有最高油面和最低油面的限定?

18. 在绘制减速器装配图时,箱体内壁线位置是如何确定的?箱体接合面轴承孔长度 L 又如何确定?

19. 减速器装配图上应标注哪些尺寸和技术要求?

20. 轴类、齿轮类零件的装配基准、工艺基准和检验基准是如何考虑确定的?

21. 齿轮类零件图上,为什么必须填写参数表?

附录Ⅲ 设计计算示例

题目:设计带式运输机传动装置

原始数据:运输带的拉力 $F=3\ 000$ N

运输带的线速度 $v=1.5$ m/s

驱动卷筒直径 $D=400$ mm

要求传动效率 $\eta>0.9$

传动尺寸无严格要求,中小批量生产

使用期限五年,两班制工作

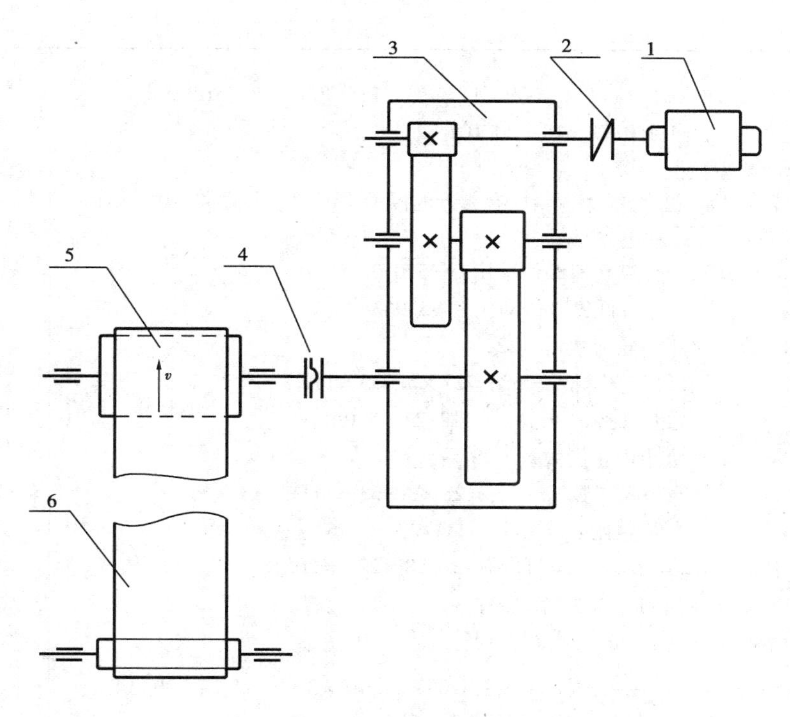

附图Ⅲ.1　传动装置布置图

1—电动机;2—联轴器;3—二级展开式齿轮减速器;4—联轴器;5—驱动卷筒;6—运输带

一、选择电动机,确定传动方案及计算运动参数

(一)电动机的选择

1. 计算带式运输机所需功率 $P_w = \dfrac{Fv}{1\ 000\eta_w} = \dfrac{3\ 000 \times 1.5}{1\ 000 \times 1} = 4.5$ kW

(η_w—工作机传动效率为1)

2. 初估电动机额定功率 P

电动机所需输出的功率 $P_d = P_w / \eta = 4.5/0.9 = 5$ kW

3. 选用电动机

查表2.1选用Y132S—4电动机,其主要参数如下:

电动机额定功率 P	5.5 kW
电动机满载转速 n_m	1 440(r·min^{-1})
电动机轴伸出端直径	38 mm
电动机伸出端安装长度	80 mm

Y132S—4 三相异步电机
$P = 5.5$ kW
$n_m = 1\ 440$ (r·min^{-1})

(二)方案选择

根据传动装置的工作特性和对它的工作要求并查阅相关资料[3],可选择两级展开式减速器传动方案,如附图Ⅲ.1所示。

(三)传动比的分配及转速校核

1. 总传动比

运输机驱动卷筒转速

续表

$n_w=(60\times 1\ 000\times V)/\pi D=(60\times 1\ 000\times 1.5)/(3.14\times 400)=71.618$ r/min	
总传动比 $i'=n_m/n_w=1\ 440/71.618=20.107$	
2. 传动比分配与齿数比	
考虑两级齿轮润滑问题，两级大齿轮应有相近的浸油深度。参考式(2.10)	
$i_f=(1.2\sim 1.3)i_s$　取 $i_f=1.28i_s$	
总传动比 $i=20.107$，经计算高速级传动比 $i_f=5.073$	
低速级传动比 $i_s=3.963$	
因闭式传动取高速级小齿轮齿数 $z_1=22$，	
大齿轮齿数 $z_2=z_1 i_f=22\times 5.073=112$	$z_1=22$
齿数比 $u_1=z_2/z_1=112/22=5.091$	$z_2=112$
低速级小齿轮齿数 $z_3=28$	$u_1=5.091$
大齿轮齿数 $z_4=z_3 i_s=28\times 3.963=111$	$z_3=28$
齿数比 $u_2=z_4/z_3=111/28=3.96$	$z_4=111$
实际总传动比 $i=u_1u_2=z_4z_2/z_3z_1=111\times 112/(28\times 22)=20.18$	$u_2=3.96$
3. 核验工作机驱动卷筒的转速误差	$i=20.18$
卷筒的实际转速 $n'_w=n_m/i=1\ 440/20.18=71.36$	
转速误差 $\Delta n_w=\left\lvert\dfrac{n_w-n'_w}{n_w}\right\rvert=(71.618-71.36)/71.618=3.6\%<5\%$，合乎要求。	
(四)减速器各轴转速，功率，转矩的计算	
1. 传动装置的传动效率计算	
根据传动方案简图，并由表2.3查出	
弹性联轴器效率 $\eta_1=0.99$	
8级精度圆柱齿轮传动效率含轴承效率 $\eta_2=0.97$	
滑块联轴器效率 $\eta_3=0.98$	
运输机驱动轴一对滚动轴承效率 $\eta_4=0.99$	
故传动装置总效率 $\eta=\eta_1\eta_2\eta_2\eta_3\eta_4=0.99\times 0.97\times 0.97\times 0.98\times 0.99=0.904$	
与估计值相近，电动机额定功率确定无误。	总效率
2. 各轴功率计算	$\eta=0.904$
带式运输机为通用工作机，取电动机额定功率为设计功率	
高速轴输入功率 $P_1=P\eta_1=5.5\times 0.99=5.445$ kW	
中间轴输入功率 $P_2=P\eta_1\eta_2=5.282$ kW	
低速轴输入功率 $P_3=P\eta_1\eta_2\eta_2=5.123$ kW	
3. 各轴转速计算	
高速轴的转速 $n_1=n_m=1\ 440(\text{r}\cdot\text{min}^{-1})$	
中间轴的转速 $n_2=n_1/u_1=1\ 440/5.091=284.529(\text{r}\cdot\text{min}^{-1})$	
低速轴的转速 $n_3=n_1/i=1\ 440/20.18=71.36(\text{r}\cdot\text{min}^{-1})$	
4. 各轴转矩的计算	
高速轴转矩 $T_1=9\ 550\times 10^3P_1/n_1=9.55\times 10^6\times 5.445/1\ 440=36.111\times 10^3$ N·mm	
中间轴转矩 $T_2=9\ 550\times 10^3P_2/n_2=177.286\times 10^3$ N·mm	
低速轴转速 $T_3=9\ 550\times 10^3P_3/n_3=685.603\times 10^3$ N·mm	

续表

各轴运动动力参数列入下表

轴名称	功率 kW	转速($r \cdot min^{-1}$)	转矩 $N \cdot mm$
高速轴	5.445	1 440	36.111×10^3
中间轴	5.28	284.529	177.286×10^3
低速轴	5.123	71.36	685.603×10^3

计算	结果
二、齿轮传动的设计	
(本例是资料[1]所介绍的齿轮传动设计方法,供参考;读者可不必拘于该方法)	
因传动尺寸无严格要求,批量不大,故采用软齿面齿轮传动。	
(一)高速极齿轮传动设计计算	
1. 齿轮强度计算	
1)选择材料确定极限应力	
由资料[1],选小齿轮 40Cr 调质,250HB	小齿轮 40Cr 调质;
从图查取疲劳极限应力 $\sigma_{H\lim 1} = 700$ MPa	
大齿轮 45 钢调质 220HB 在同图上查得疲劳极限应力 $\sigma_{H\lim 2} = 560$ MPa	大齿轮 45 钢调质
大齿轮估算许用应力 $[\sigma_{H2}] = 0.9\sigma_{H\lim 2} = 504$ MPa	
2)按接触疲劳强度估算小齿轮分圆直径	
小齿轮直径 d_1 按资料[1]的齿轮接触强度估算公式计算并取 $A_d = 84$, $\psi_d = 1$ 算得	
$d_1 = A_d \sqrt[3]{\dfrac{T_1}{\Psi_d [\sigma_H]^2} \cdot \dfrac{u+1}{u}} = 84 \sqrt[3]{\dfrac{36\ 475.7}{1 \times 504^2} \times \dfrac{5.091+1}{5.091}} = 46.7$ mm	
齿宽 $b = \Psi_d d_1 = 46$ mm	$b = 46$ mm
3)校核接触疲劳强度	
圆周速度 $v = \pi d_1 n_1/(60 \times 1\ 000) = 3.14 \times 46.7 \times 1\ 440/60\ 000 = 3.5(m \cdot s^{-1})$	$v = 3.5(m \cdot s^{-1})$
根据圆周速度可选用 8 级精度的齿轮传动	
模数 $m_t = d_1/z_1 = 46.7/22 = 2.12$ mm　取 $m_n = 2$ mm	$m_n = 2$ mm
螺旋角 $\beta = \arccos(m_n/m_t) = \arccos 2/2.12 = 19.370\ 04°$	
中心距 $a = 0.5m_n(z_1 + z_2)/\cos\beta = 0.5 \times 2 \times (22+112)/\cos 19.370\ 04° = 142.04$ mm	$a = 142$ mm
此后还将进一步作接触强度校核,故可先取稍小的 $a = 142$ mm,并重新计算螺旋角	
$\beta = \arccos m_n(z_1 + z_2)/2a = \arccos 2 \times 134/284 = \arccos 0.943\ 66 = 19.324\ 08°$	$\beta = 19.324\ 08°$
分圆直径 $d_1 = m_n z_1/\cos\beta = 2 \times 22/\cos 19.324\ 08° = 46.627$ mm	$d_1 = 46.627$ mm
$d_2 = m_n z_2/\cos\beta = 237.373$ mm	$d_2 = 237.373$ mm
由资料[1]表、图查得使用系数 $K_A = 1.1$	
得动载系数 $K_v = 1.1$	
求齿间载荷分配系数 $K_{H\alpha}$,	
选求: $F_t = 2T_1/d_1 = 2 \times 36.111 \times 10^3/46.627 = 1\ 548.9$ N	
$K_A F_t/b = 1.1 \times 1\ 548.9/46 = 37.04$ N/mm < 100 N/mm	
端面重合度 $\varepsilon_\alpha = [1.88 - 3.2(1/z_1 + 1/z_2)]\cos\beta = 1.61$	
轴向重合度 $\varepsilon_\beta = b \sin\beta/\pi m_n = 46 \times \sin 19.320\ 48°/(3.14 \times 2) = 2.42$	
重合度 $\varepsilon_\gamma = \varepsilon_\alpha + \varepsilon_\beta = 1.61 + 2.42 = 4.03$	
端面压力角 $\alpha_t = \arctan(\tan\alpha_n/\cos\beta) = 21.091°$	
基圆柱面上 $\cos\beta_b = \cos\beta \cos\alpha_n/\cos\alpha_t = 0.950\ 4$	

续表

计算与说明	结果
$K_{H\alpha}=K_{F\alpha}=\varepsilon_\alpha/\cos^2\beta_b=1.61/0.950\ 4^2=1.78$	
齿向载荷分布系数 $K_{H\beta}=A+B[1+0.6(b/d_1)^2](b/d_1)^2+C\cdot10^{-3}b=$ $1.17+0.16\times[1+0.6\times1]\times1+0.61\times0.001\times46=$ 1.47	
载荷系数 $K=K_AK_vK_{H\alpha}K_{H\beta}=1.1\times1.1\times1.78\times1.47=3.17$	$K=3.17$
弹性系数 $Z_E=189.8\sqrt{\text{MPa}}$	$Z_E=189.8\sqrt{\text{MPa}}$
节点系数 $Z_H=2.36$	$Z_H=2.36$
重合度系数 Z_ε　　因 $\varepsilon_\beta>1$，取 $\varepsilon_\beta=1$， $Z_\varepsilon=\sqrt{\frac{4-\varepsilon_\alpha}{3}(1-\varepsilon_\beta)+\frac{\varepsilon_\beta}{\varepsilon_\alpha}}=\sqrt{\frac{1}{\varepsilon_\alpha}}=\sqrt{\frac{1}{1.61}}=0.788$	$Z_\varepsilon=0.788$
螺旋角系数 $Z_\beta=\sqrt{\cos\beta}=0.97$	$Z_\beta=0.97$
接触最小安全系数 $S_{H\min}=1$，总工作时间 $t_h=5\times250\times16=20\ 000\ \text{h}$	
应力循环次数， 主动轮 $N_{L1}=60rnt=60\times1\times1\ 440\times20\ 000=17.28\times10^8$ 从动轮 $N_{L2}=60\times1\times284.529\times20\ 000=3.408\times10^8$	
寿命系数 $Z_{N1}=0.96$，$Z_{N2}=1.09$	$Z_{N1}=0.96$ $Z_{N2}=1.09$
许用接触应力 $[\sigma_{H1}]=\sigma_{H\lim1}Z_{N1}/S_{H\min}=700\times0.96=672\ \text{MPa}$ $[\sigma_{H2}]=\sigma_{H\lim2}Z_{N2}/S_{H\min}=560\times1.09=610.04\ \text{MPa}$	$[\sigma_{H1}]=672\ \text{MPa}$ $[\sigma_{H2}]=610.4\ \text{MPa}$
校核：$\sigma_H=Z_HZ_EZ_\varepsilon Z_\beta\sqrt{\frac{2KT_1}{bd_1^2}\cdot\frac{u+1}{u}}=$ $2.36\times189.8\times0.788\times0.97\times\sqrt{\frac{2\times3.17\times36.111\times10^3}{46\times46.627^2}\times\frac{5.091\times1}{5.091}}=$ $566.62\ \text{MPa}<610.04\ \text{MPa}=[\sigma_{H2}]$	强度足够
3）弯曲疲劳强度校核	
齿形系数 Y_{Fa}　　当量齿数 $z_{v1}=z_1/\cos^3\beta=22/\cos^3 19.320\ 48°=26.18$ $z_{v2}=z_2/\cos^3\beta=133.27$ $Y_{Fa1}=2.6$，$Y_{Fa2}=2.18$	$Y_{Fa1}=2.6$ $Y_{Fa2}=2.18$
应力修正系数　　$Y_{Sa1}=1.61$　　$Y_{Sa2}=1.82$	$Y_{Sa1}=1.61$ $Y_{Sa2}=1.82$
当量齿轮重合度 $\varepsilon_{\alpha v}=\left[1.88-3.2\left(\frac{1}{z_{v1}}+\frac{1}{z_{v2}}\right)\right]\cos\beta=$ $\left[1.88-3.2\times\left(\frac{1}{26}+\frac{1}{133}\right)\right]\cos 19.320\ 48°=1.635\ 3$	
重合度系数　$Y_\varepsilon=0.25+0.75/\varepsilon_{\alpha v}=0.25+0.75/1.635\ 3=0.708\ 6$	$Y_\varepsilon=0.708\ 6$
螺旋角系数　$Y_{\beta\min}=1-0.25\varepsilon_\beta=1-0.25\times1=0.75$　（$\varepsilon_\beta>1$，取 $\varepsilon_\beta=1$） $Y_\beta=1-\varepsilon_\beta\frac{\beta°}{120°}=1-1\times\frac{19.320\ 48}{120}=0.839>0.75$	取 $Y_\beta=0.839$
齿间载荷分配系数 $K_{F\alpha}=1.78<\frac{\varepsilon_\gamma}{\varepsilon_\alpha Y_\varepsilon}=4.03/(1.61\times0.708\ 6)=3.53$	
取　$K_{F\alpha}=1.78$	$K_{F\alpha}=1.78$

续表

计算内容	结果
齿向载荷分布系数 $K_{F\beta}$　　因 $b/h=46/(2.25\times2)=10.2$ $K_{H\beta}=1.47$,由资料[1]图　　$K_{F\beta}=1.4$	
载荷系数　　$K=K_A K_v K_{F\alpha} K_{F\beta}=1.1\times1.1\times1.78\times1.4=3.01$	$K_{F\beta}=1.4$ $K=3.01$
弯曲疲劳许用应力计算 弯曲疲劳极限,由资料[1]图 $\sigma_{F\lim1}=540$ MPa　　$\sigma_{F\lim2}=430$ MPa 最小安全系数　由[1]表　　$S_{F\min}=1.25$ 寿命系数 $Y_{N1}=0.9$　　$Y_{N2}=0.92$ 尺寸系数 $m_n=2$ 时 $Y_X=1$	
许用应力$[\sigma_{F1}]=\sigma_{F\lim1}Y_{N1}Y_X/S_{F\min}=540\times0.9\times1/1.25=388.9$ MPa $[\sigma_{F2}]=\sigma_{F\lim2}Y_{N2}Y_X/S_{F\min}=430\times0.92\times1/1.25=313$ MPa	$[\sigma_{F1}]=388.9$ MPa $[\sigma_{F2}]=313$ MPa
验算 $\sigma_{F1}=[2KT_1/(bd_1m_n)]Y_{Fa1}Y_{Sa1}Y_\varepsilon Y_\beta=$ $[2\times3.01\times36.111\times10^3/(46\times46.627\times2.5)]\times$ $2.6\times1.61\times0.7086\times0.839=$ 100.9 MPa $<[\sigma_{F1}]$	
$\sigma_{F2}=\sigma_{F1}[Y_{Fa2}Y_{Sa2}/(Y_{Fa1}Y_{Sa1})]=$ $100.9\times[2.18\times1.82/(2.6\times1.61)]=$ 95.64 MPa $<[\sigma_{F2}]$ 强度足够。	小齿轮强度足够 大齿轮强度足够 齿轮传动弯曲强度足够
2. 高速级齿轮传动的几何尺寸 高速级齿轮传动的几何尺寸归于下表	

名　称	计算公式	结果/mm
法面模数	m_n	2
法面压力角	α_n	20°
螺旋角	β	19.32048°
分度圆直径	d_1	46.627
	d_2	237.373
齿顶圆直径	$d_{a1}=d_1+2h_a^*m_n=46.627+2\times1\times2$	50.627
	$d_{a2}=d_2+2h_a^*m_n=237.373+2\times1\times2$	241.373
齿根圆直径	$d_{f1}=d_1-2h_f^*m_n=46.627-2\times1.25\times2$	41.627
	$d_{f2}=d_2-2h_f^*m_n=237.373-2\times1.25\times2$	232.373

续表

续表

名　称	计算公式	结果/mm
中心距	$a=\dfrac{m_n(z_1+z_2)}{2\cos\beta}=\dfrac{2\times(22+112)}{2\cos 19.320\ 48^\circ}$	142
齿宽	$b_2=b$ $b_1=b_2+(5\sim10)\text{mm}$	46 54

3. 齿轮的结构设计

小齿轮 1 由于直径较小，采用齿轮轴结构：

大齿轮 2 的结构尺寸按表 3.11 和后续设计出的轴孔直径计算如下表

代　号	结构尺寸计算公式	结果/mm
轮毂处直径 D_1	$D_1=1.6d=1.6\times45$	72
轮毂轴向长 L	$L=(1.2\sim1.5)d$	54
倒角尺寸 n	$n=0.5m_n$	1
齿根圆处厚度 σ_0	$\sigma_0=(2.5\sim4)m_n$	8
腹板最大直径 D_0	$D_0=d_{f2}-2\sigma_0$	216
板孔分布圆直径 D_2	$D_2=0.5(D_0+D_1)$	144
板孔直径 d_1	$d_1=0.25(D_0-D_1)$	35
腹板厚 C	$C=0.3b_2$	18

结构草图如下：

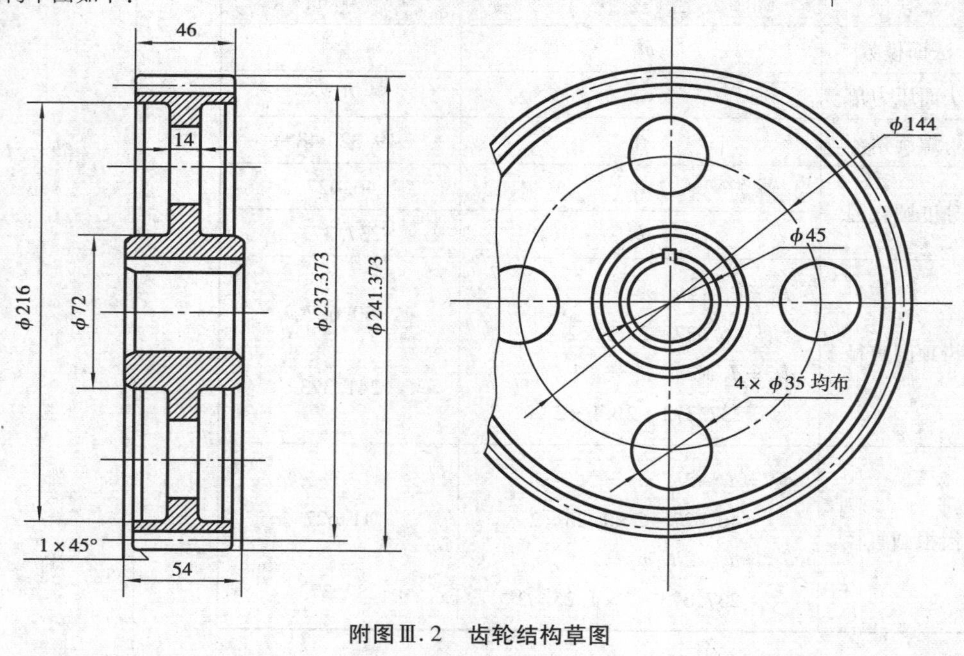

附图Ⅲ.2　齿轮结构草图

续表

(二)低速级齿轮传动设计

低速级齿轮传动的设计计算方法及过程同于高速级(略)。

低速级齿轮的结构设计方法同于高速级(略)。

经过计算设计,低速级齿轮传动尺寸见下表

名　称	计算公式	结果/mm
法面模数	m_n	2.5
法面压力角	α_n	20°
螺旋角	β	15.142 8°
分度圆直径	$d_3=\dfrac{m_n z_3}{\cos\beta}=\dfrac{2.5\times 28}{\cos 15.142\ 8^\circ}$ $d_4=\dfrac{m_n z_4}{\cos\beta}=\dfrac{2.5\times 111}{\cos 15.142\ 8^\circ}$	72.518 287.482
齿顶圆直径	$d_{a3}=d_3+2h_a^* m_n=$ $72.518+2\times 1\times 2.5$ $d_{a4}=d_4+2h_a^* m_n=$ $287.482+5$	77.518 232.482
齿根圆直径	$d_{f3}=d_3-2h_f^* m_n=$ $72.518-2\times 1.25\times 2.5$ $d_{f4}=d_4-2h_f^* m_n=$ $287.482-2\times 1.25\times 2.5$	66.268 281.232
中心距	$a=\dfrac{m_n(z_3+z_4)}{2\cos\beta}=\dfrac{2.5\times(28+111)}{2\cos 15.142\ 8^\circ}$	180
齿宽	$b_4=b=\psi_d d_3=1.2\times 72.518$ $b_3=b_4+(5\sim 10)\text{ mm}$	88 94

三、轴的设计

在两级展开式减速器中,三根轴跨距应该相等或相近,而中间轴跨距确定的自由度较小,故一般先进行中间轴的设计,以确定跨距。

(一)中间轴设计

1. 选择轴的材料

因中间轴是齿轮轴,应与齿轮 3 的材料一致,故材料为 45 钢调质,由资料[1]表查出 $\sigma_B=600$ MPa

$$[\sigma_{0b}]=95\ \text{MPa};[\sigma_{-1b}]=55\ \text{MPa}$$

2. 轴的初步估算

由[1]的表查得 $C=112$,因此 $d\geqslant C\sqrt[3]{\dfrac{P_2}{n_2}}=112\sqrt[3]{\dfrac{5.28}{284.53}}=29.7$ mm

考虑该处轴径尺寸应当大于高速级轴颈处直径,取 $d_1=d_{\min}=40$ mm

$d_1=d_{\min}=$ 40 mm

续表

3. 轴的结构设计

根据轴上零件的定位、装配及轴的工艺性要求，参考表 8.3、图 8.4，初步确定出中间轴的结构如附图Ⅲ.3。

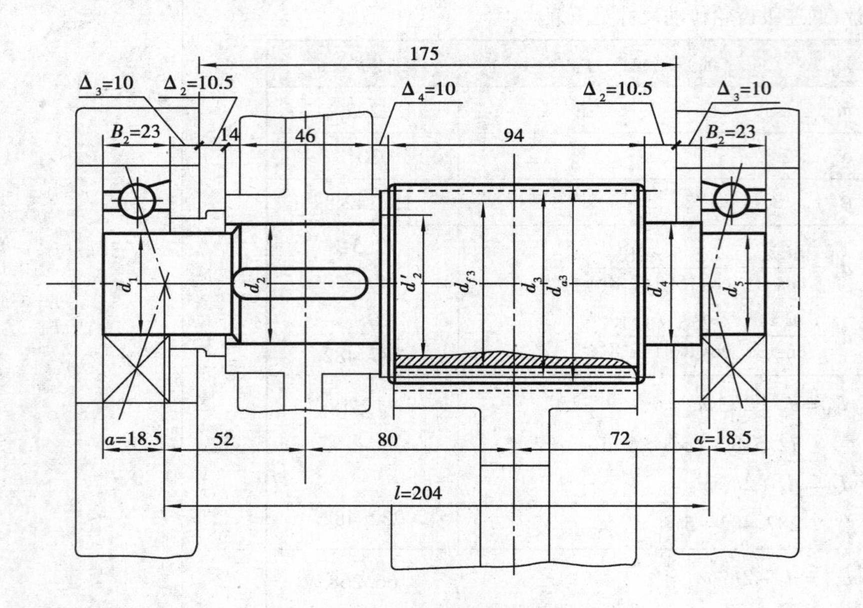

附图Ⅲ.3　中间轴的结构草图

(1)各轴段直径的确定

初选滚动轴承下，代号为 7308C　轴颈直径 $d_1 = d_5 = d_{\min} = 40$ mm

齿轮 2 处轴头直径 $d_2 = 45$ mm

齿轮 2 定位轴肩高度(参考表 4.1)

$h_{\min} = (0.07 \sim 0.1)d = 0.1 \times 45 = 4.5$，该处直径 $d'_2 = 54$ mm

齿轮 3 的直径：$d_3 = 72.518$ mm，$d_{a3} = 77.518$ mm，$d_{f3} = 66.268$ mm

由轴承表 5.11 查出轴承的安装尺寸 $d_4 = 49$ mm

(2)各轴段轴向长度的确定

按轴上零件的轴向尺寸及零件间相对位置，参考表 8.3、图 8.4，确定出轴向长度，如附图Ⅲ.3 所示。

4. 按许用弯曲应力校核轴

(1)轴上力的作用点及支点跨距的确定

齿轮对轴的力作用点按简化原则应在齿轮宽的中点，因此可决定中间轴上两齿轮力的作用点位置。

轴颈上安装的 7308C 轴承从表 5.11 可知它的负荷作用中心距离轴承外端面尺寸 $a = 18.5$ mm，故可计算出支点跨距和轴上各力作用点相互位置尺寸，见附图Ⅲ.3。

(2)绘轴的受力图，见附图Ⅲ.4(a)

(3)计算轴上的作用力：

跨距
$AB = 204$ mm
齿轮 2 位置
$AC = 52$ mm
齿轮 3 位置
$CD = 80$ mm

续表

齿轮2：$F_{t2}=\frac{2T_2}{d_2}=2\times177.286\times10^3/237.373=1\ 494\ \text{N}$ $F_{r2}=F_{t2}\frac{\tan\alpha_n}{\cos\beta_2}=1\ 494\times\frac{\tan20°}{\cos19.320\ 48°}=576$ $F_{a2}=F_{t2}\tan\beta_2=1\ 494\times\tan19.320\ 48°=524\ \text{N}$ 齿轮3：$F_{t3}=2\frac{T_2}{d_3}=2\times\frac{177.286\times10^3}{72.518}=4\ 889\ \text{N}$ $F_{r3}=F_{t3}\frac{\tan\alpha_n}{\cos\beta_3}=4\ 889\times\frac{\tan20°}{\cos15.142\ 8°}=1\ 843\ \text{N}$ $F_{a3}=F_{t3}\tan\beta_3=4\ 889\times\tan15.142\ 8°=1\ 323\ \text{N}$ (4)计算支反力 垂直面支反力(*XZ* 平面)，参考附图Ⅲ.3、Ⅲ.4 绕支点 *B* 的力矩和 $\sum M_{BZ}=0$，得 $R_{AZ}=[F_{r2}(80+72)+F_{a2}\times d_2/2+F_{a3}\times d_3/2-F_{r3}\times72]/(52+80+72)=$ $(576\times152+524\times118.69+1\ 323\times36.26-1\ 843\times72)/204=$ $319\ \text{N}$	$R_{AZ}=319\ \text{N}$
同理，$\sum M_{AZ}=0$，得 $R_{BZ}=[F_{r3}(52+80)+F_{a3}\times d_3/2+F_{a2}\times d_2/2-F_{r2}\times52]/204=$ $[1\ 843\times132+1\ 323\times36.26+524\times118.69-576\times52]/204=1\ 586\ \text{N}$	$R_{BZ}=1\ 586\ \text{N}$
校核：$\sum Z=R_{AZ}+F_{r3}-F_{r2}-R_{BZ}=319+1\ 843-576-1\ 586=0$ 计算无误 水平平面(*XY* 平面)，参考附图Ⅲ.4(c) 同样，由绕 *B* 点力矩和 $\sum M_{BY}=0$，得 $R_{AY}=[F_{t2}(80+72)+F_{t3}\times72]/204=(1\ 494\times152+4\ 889\times72)/204=2\ 839\ \text{N}$	$R_{AY}=2\ 839\ \text{N}$
由 $\sum M_{AY}=0$，得 $R_{BY}=[F_{t2}\times52+F_{t3}\times(52+80)]/204=(1\ 494\times52+4\ 889\times132)/204=$ $3\ 544\ \text{N}$	$R_{BY}=3\ 544\ \text{N}$
校核：$\sum Y=R_{AY}+R_{BY}-F_{t2}-F_{t3}=2\ 839+3\ 544-1\ 494-4\ 889=0$ 计算无误 (5)转矩，绘弯矩图 垂直平面内的弯矩图：附图Ⅲ.4(b) *C* 处弯矩：$M_{CZ左}=R_{AZ}\times52=319\times52=16\ 588\ \text{N}\cdot\text{mm}$ $M_{CZ右}=R_{AZ}\times52-F_{a2}d_2/2=16\ 588-524\times118.69=$ $-45\ 606\ \text{N}\cdot\text{mm}$ *D* 处弯矩：$M_{DZ左}=-R_{BZ}\times72+F_{a3}\times d_3/2=-1\ 586\times72+1\ 323\times36.26=$ $-66\ 220\ \text{N}\cdot\text{mm}$ $M_{DZ右}=-R_{BZ}\times72=-114\ 192\ \text{N}\cdot\text{mm}$	

续表

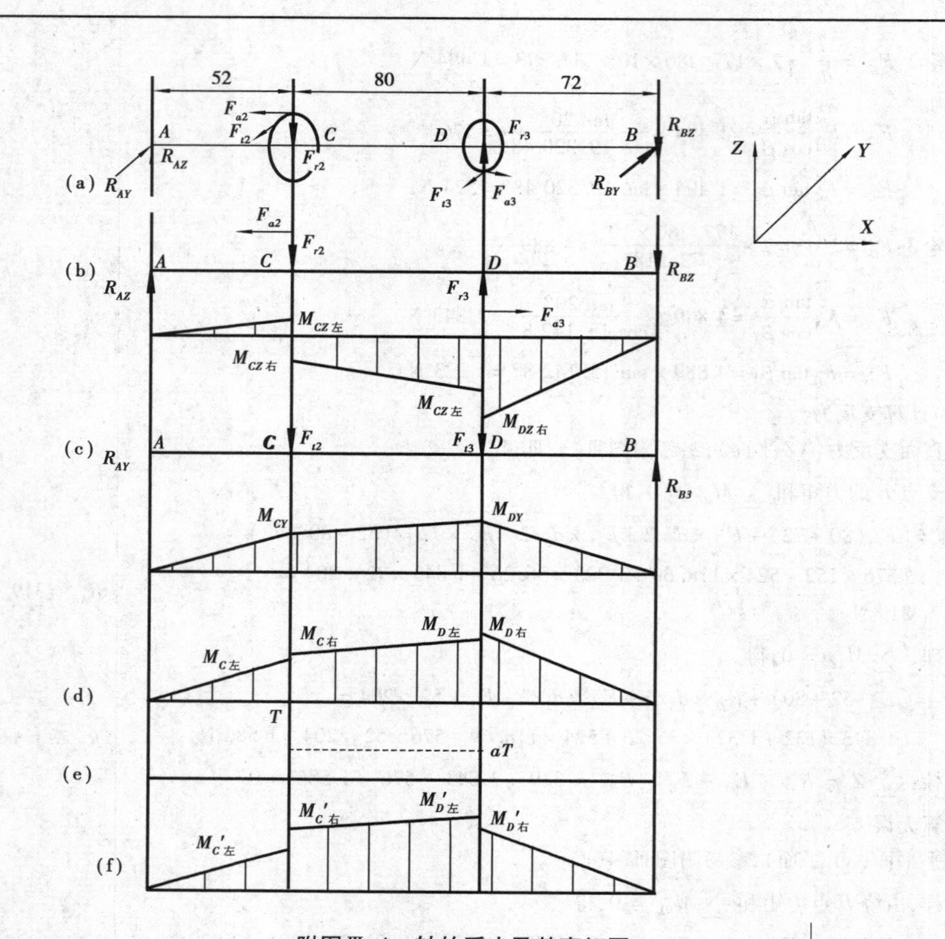

附图Ⅲ.4　轴的受力及其弯矩图

水平面弯矩图:附图Ⅲ.4(c)

C 处弯矩 $M_{CY}=R_{AY}\times 52=2\ 839\times 52=147\ 628\ \text{N}\cdot\text{mm}$

D 处弯矩 $M_{DY}=R_{BY}\times 72=3\ 544\times 72=255\ 168\ \text{N}\cdot\text{mm}$

(6)合成弯矩:附图Ⅲ.4(d)

C 处:$M_{C左}=\sqrt{M_{CZ左}^2+M_{CY}^2}=\sqrt{16\ 588^2+147\ 628^2}=148\ 557\ \text{N}\cdot\text{mm}$

$M_{C右}=\sqrt{(-45\ 606)^2+147\ 628^2}=154\ 512\ \text{N}\cdot\text{mm}$

D 处:$M_{D左}=\sqrt{M_{DZ左}^2+M_{DY}^2}=\sqrt{(-66\ 220)^2+255\ 168^2}=263\ 621\ \text{N}\cdot\text{mm}$

$M_{D右}=\sqrt{M_{DZ右}^2+M_{DY}^2}=\sqrt{(-114\ 192)^2+255\ 168^2}=279\ 554\ \text{N}\cdot\text{mm}$

(7)转矩及转矩图:附图Ⅲ.4(e)

$T_2=177\ 286\ \text{N}\cdot\text{mm}$

$M_{C左}=$ 148 557 N · mm

$M_{C右}=$ 154 512 N · mm

$M_{D左}=$ 263 621 N · mm

$M_{D右}=$ 279 554 N · mm

续表

(8)计算当量弯矩、绘弯矩图,附图Ⅲ.4(f) 应力校正系数 $a=[\sigma_{-1b}]/[\sigma_{0b}]=55/95=0.58$ $\alpha T_2=0.58\times177\ 286=102\ 826\ \text{N}\cdot\text{mm}$ C 处: $M'_{C左}=M_{C左}=148\ 557\ \text{N}\cdot\text{mm}$ $M'_{C右}=\sqrt{M^2_{C右}+(\alpha T_2)^2}=\sqrt{154\ 512^2+102\ 826^2}=185\ 599\ \text{N}\cdot\text{mm}$ D 处 $M'_{D左}=\sqrt{M^2_{D左}+\alpha T_2^2}=\sqrt{263\ 621^2+102\ 826^2}=$ $282\ 965\ \text{N}\cdot\text{mm}$ $M'_{D右}=M_{D右}=279\ 554\ \text{N}\cdot\text{mm}$	$M'_{C右}=$ $185\ 599\ \text{N}\cdot\text{mm}$ $M'_{D左}=$ $282\ 965\ \text{N}\cdot\text{mm}$
(9)校核轴径 C 剖面:$d_c=\sqrt[3]{\dfrac{M'_{C右}}{0.1[\sigma_{-1b}]}}=\sqrt[3]{\dfrac{185\ 599}{0.1\times55}}=32.31\ \text{mm}<45\ \text{mm}$ 强度足够 D 剖面:$d_d=\sqrt[3]{\dfrac{M'_{D左}}{0.1[\sigma_{-1b}]}}=\sqrt[3]{\dfrac{282\ 965}{0.1\times55}}=37.2\ \text{mm}<66.268\ \text{mm}$ (齿根圆直径)强度足够	危险面强度足够
5. 轴的细部结构设计 由表6.1查出键槽尺寸 $b\times h=14\times9(t=5.5,r=0.3)$; 由表6.2查出键长 $L=45$; 由表4.5查出导向锥面尺寸 $a=3,\alpha=30°$; 由表4.3得砂轮越程槽尺寸 $b_1=3(h=0.4,r=1.0)$; 由表4.6查得各过渡圆角尺寸如附图Ⅲ-5所示; 参考表9.2得出各表面粗糙度值。	

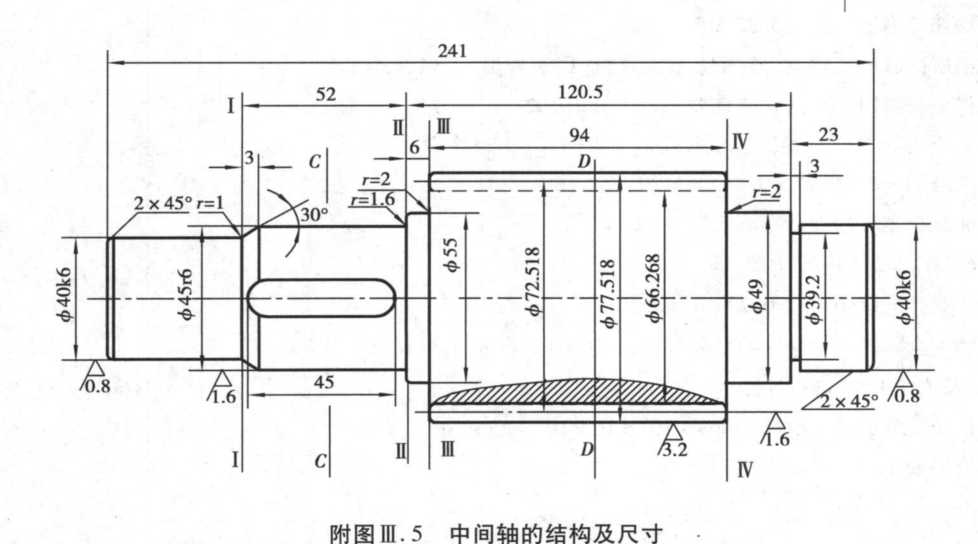

附图Ⅲ.5　中间轴的结构及尺寸

续表

6. 安全系数法校核轴的疲劳强度

对一般减速器的转轴仅使用弯曲应力法校核强度即可，而不必进行安全系数法校核。本处仅对安全系数校核法作应用示例。

1）判定校核的危险面

对照弯矩图附图Ⅲ.4 和结构图Ⅲ.5，从强度、应力集中分析，C，Ⅱ，Ⅲ剖面都可能是危险面。现今对 C 剖面进行校核。

2）轴材的机械性能

材料为 45 钢，调质处理，由资料[1]表 $\sigma_B = 600$ MPa　$\sigma_s = 350$ MPa　再根据资料[1]中的表，查得

$$\sigma_{-1b} = 0.44\sigma_B = 264\ \text{MPa}, \tau_{-1} = 0.3\sigma_B = 180\ \text{MPa}$$

$$\sigma_{0b} = 1.7\sigma_{-1b} = 449\ \text{MPa}, \tau_0 = 1.6\tau_{-1} = 288\ \text{MPa}$$

$$\psi_\sigma = \frac{2\sigma_{-1b} - \sigma_{0b}}{\sigma_{0b}} = (2 \times 264 - 449)/449 = 0.18$$

$$\psi_\tau = \frac{2\tau_{-1} - \tau_0}{\tau_0} = (2 \times 180 - 288)/288 = 0.25$$

3）剖面 C 的安全系数

抗弯断面系数 $W_c = \dfrac{\pi d_c^3}{32} - \dfrac{bt(d_c - t)^2}{2d_c} = 3.14 \times 45^3/32 - 14 \times 5.5(45 - 5.5)^2/(2 \times 45) = 7\ 611.3\ \text{mm}^3$

抗扭断面系数 $W_{tc} = \dfrac{\pi d_c^3}{16} - \dfrac{bt(d_c - t)^2}{2d_c} = 16\ 557.47\ \text{mm}^3$

弯曲应力幅 $\sigma_a = \dfrac{M_{c右}}{W_c} = 154\ 512/7\ 611.3 = 20.3$ MPa

弯曲平均应力 $\sigma_m = 0$

扭转切应力幅 $\tau_a = \dfrac{T}{2W_{tc}} = 177\ 286/(2 \times 16\ 557.47) = 5.35$ MPa

平均切应力 $\tau_m = \tau_a = 5.35$ MPa

键槽所引起的有效应力集中系数由资料[1]表查出 $k_\sigma = 1, k_\tau = 1.54$

同样由资料[1]表，查出表面状态系数 $\beta = 0.92$

查出尺寸系数 $\varepsilon_\sigma = 0.84$　　$\varepsilon_\tau = 0.78$

$k_\sigma/(\beta\varepsilon_\sigma) = 1/(0.92 \times 0.84) = 1.29$，

弯曲配合零件的综合影响系数 $(K_\sigma)_D = 2.3$

取 $(K_\sigma)_D = 2.3$ 进行计算　　　　$(K_\sigma)_D = 2.3$

$k_\tau/(\beta\varepsilon_\tau) = 1/(0.92 \times 0.78) = 1.39$，

剪切配合零件的综合影响系数 $(K_\tau)_D = 0.4 + 0.6(K_\sigma)_D = 1.78$

取 $(K_\tau)_D = 1.78$ 进行计算　　　　$(K_\tau)_D = 1.78$

由齿轮计算的循环次数 $3.408 \times 10^8 > 10 \times 10^7 \sim 25 \times 10^7$

寿命系数 $k_N = 1$

$$S_{\sigma C} = \frac{K_N \sigma_{-1b}}{(K_\sigma)_D \sigma_a + \psi_\sigma \sigma_m} = \frac{1 \times 264}{2.3 \times 20.3 + 0} = 5.65$$

续表

$S_{\tau C}=\dfrac{K_N\tau_{-1}}{(K_\tau)_D\tau_a+\psi_\tau\tau_m}=\dfrac{1\times180}{1.78\times5.35+0.25\times5.35}=16.57$ 综合安全系数 $S_C=\dfrac{S_{\sigma C}S_{\tau C}}{\sqrt{S_{\sigma C}^2+S_{\tau C}^2}}=\dfrac{5.65\times16.57}{\sqrt{5.65^2+16.57^2}}=5.3>[S]=1.5\sim1.8$ 剖面 C 具有足够的强度。 (二)高速轴设计 1. 轴的材料;由于该轴为齬轮轴,与齿轮 1 的材料相同为 40Gr 调质。 2. 按切应力估算轴径 由资料[1]表查出系数 $C=106$ 轴伸段直径 $d_1\geqslant C\sqrt[3]{\dfrac{P_1}{n_1}}=106\times\sqrt[3]{\dfrac{5.445}{1\ 440}}=16.5\ \text{mm}$ 考虑与电机轴半联轴器相匹配的联轴器的孔径标准尺寸的选用,取 $d_1=32$ mm 3. 轴的结构设计(参考附图Ⅲ.7) 1)划分轴段 轴伸段 d_1;过密封圈处轴段 d_2;轴颈 d_3,d_7;轴承安装定位轴段 d_4,d_6;齿轮轴段。 2)确定各轴段的直径 由于轴伸直径比强度计算的值要大许多,考虑轴的紧凑性,其他阶梯轴段直径应尽可能以较小值增加,因此轴伸段联轴器用套筒轴向定位,与套筒配合的轴段直径 $d_2=34$ mm 选择滚动轴承 7307C,轴颈直径 $d_3=d_7=35$ mm(查表 5.11) 根据轴承的安装尺寸 $d_4=d_6=43$ mm(查表 5.11) 齿轮段照前面齿轮的设计尺寸, 分圆直径 $d=46.627$;$d_a=50.627$;$d_f=41.627$ mm 3)定各轴段的轴向长度 两轴承轴颈间距(跨距)$L_0=A+2\Delta_3+B$;A 为箱体内壁间距离, 由中间轴设计知 $A=175$ mm Δ_3 轴承内端面与内壁面之距取 $\Delta_3=10$ mm;B 为轴承宽 $B=21$ mm $L_0=175+2\times10+21=216$ mm, 轴伸段长度由联轴器轴向长确定; 轴颈段长度由轴承宽确定; 齿轮段轴向长度决定于齿轮宽度,轴向位置由中间轴 2 齿轮所需啮合位置确定; 直径为 d_4,d_6 轴段长度在齿轮尺寸和位置确定后,即可自然获得。 直径为 d_2 轴段长由端盖外与端盖内两部分尺寸组成; 端盖外尺寸为:$k+(10\sim20)$mm　h 为端盖螺钉(M8)六角厚度 $k=7$ mm 端盖内尺寸,根据附图Ⅲ.7 所示为 $\delta+C_1+C_2+(3\sim5)+e-\Delta_3-B$ 其中,δ——壁厚, 　　C_1,C_2——轴承旁联接螺栓扳手位置尺寸,见表 7.1,7.2	$S_C>[S]$ 安全 $d_1=32$ mm

续表

e——端盖凸缘厚度(表 7.17) Δ_3——轴承内端面与内壁的距离 B——轴承宽度,7307 轴承 $B=21$ mm d_2 轴段长度 $l_2=k+(10\sim20)\text{mm}+\delta+C_1+C_2+(3\sim5)+e-\Delta_3-B=$ $7+14+8+22+20+5+10-10-21=55$ mm 因此,即可得出如图Ⅲ.5 轴的主要结构尺寸 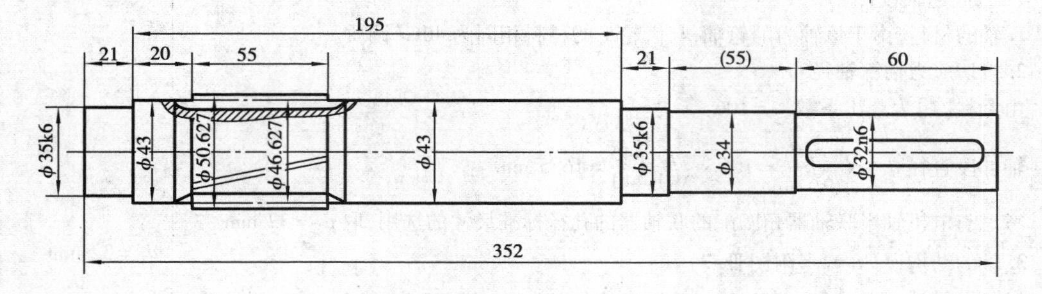 附图Ⅲ.6 高速轴的主要结构尺寸 4)按许用弯曲应力校核过程同于中间轴(略) 5)轴的细部结构设计方法同于中间轴(略) 6)安全系数校核轴的方法与中间轴相同(略) (三)低速轴设计 展开式减速器低速轴设计的全过程同于高速级(略) 低速轴结构如附图Ⅲ.7 四、滚动轴承的校核计算 (一)高速轴的滚动轴承校核计算 校核过程及方法与中间轴轴承相同,参考中间轴的轴承计算方法。 (二)中间轴滚动轴承的校核计算 选用的轴承型号为 7308C,由表 5.11 查出 $C_r=41.4$ kN $C_{0r}=33.4$ kN 1. 作用在轴承上的负荷 1)径向负荷 A 处轴承,$F_{r\text{I}}=\sqrt{R_{AZ}^2+R_{AY}^2}=\sqrt{319^2+2\,839^2}=2\,857$ N B 处轴承,$F_{r\text{II}}=\sqrt{R_{BZ}^2+R_{BY}^2}=\sqrt{1\,586^2+3\,544^2}=3\,883$ N 2)轴向负荷 3)附图Ⅲ.8 为轴承受力简图 外部轴向力 $F_A=F_{a3}-F_{a2}=1\,323-524=799$ N 从最不利受力情况考虑 F_A 指向 B 处Ⅱ轴承,如上图所示。 轴承内部轴向力 $S_1=eF_{r1}=0.4\times2\,857=1\,143$ N(对接触角为 15°的角接触轴承可暂取 $e=0.4$) $S_{\text{II}}=0.4\times F_{r\text{II}}=0.4\times3\,883=1\,553$ N	

续表

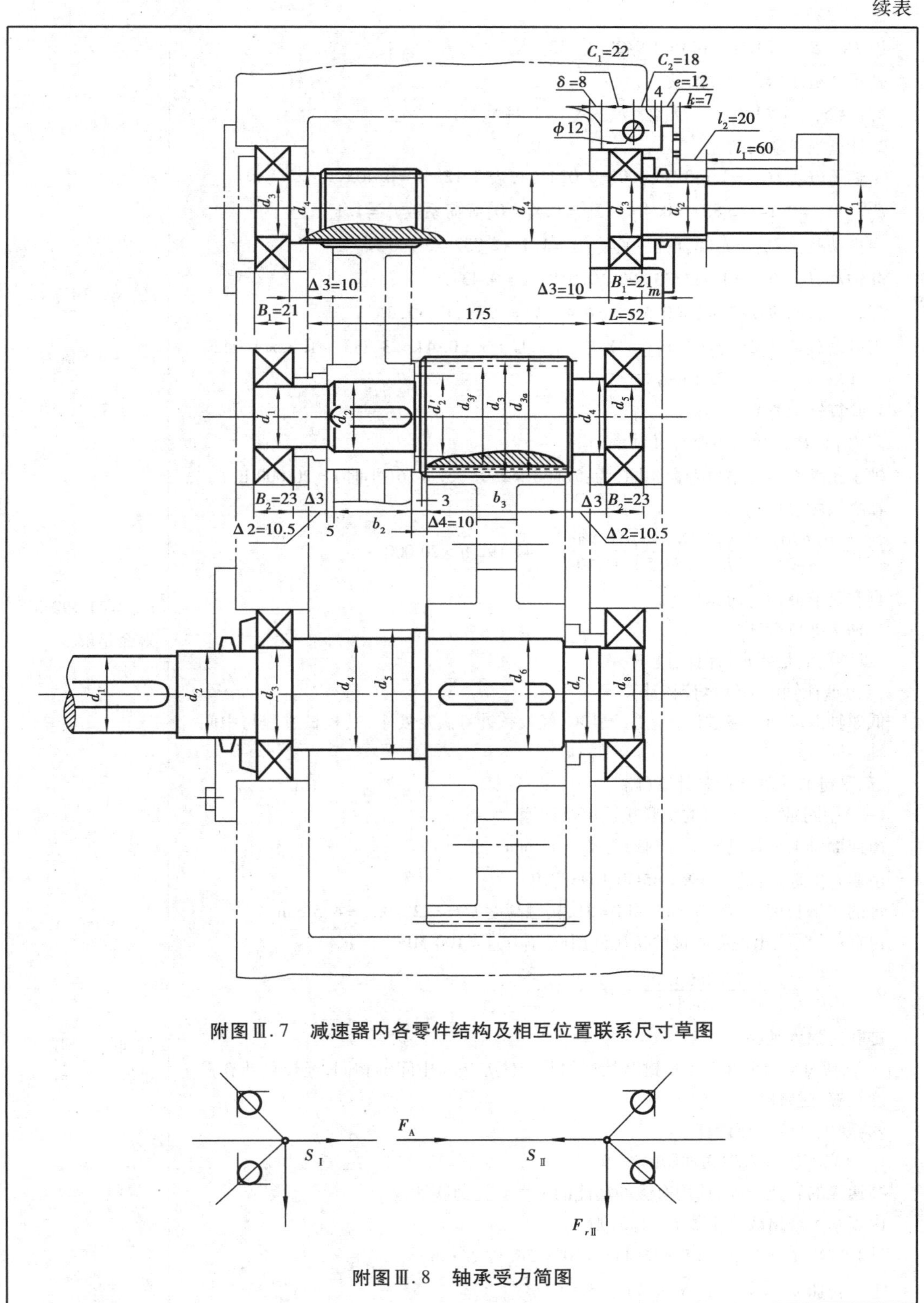

附图Ⅲ.7 减速器内各零件结构及相互位置联系尺寸草图

附图Ⅲ.8 轴承受力简图

续表

因 $F_A+S_Ⅰ=799+1\ 143=1\ 942>1\ 553=S_Ⅱ$ 轴承Ⅱ被压紧,为紧端,故 $F_{aⅠ}=S_Ⅰ=1\ 143\text{N}$;　　$F_{aⅡ}=F_A+S_Ⅰ=1\ 942$ 2. 计算当量动负荷 Ⅰ轴承,$F_{aⅠ}/C_{0r}=1\ 143/33\ 400=0.034$　查表5.12　$e=0.405$ $F_{aⅠ}/F_{rⅠ}=1\ 143/2\ 857=0.4<e,X_1=1,Y_1=0$;载荷系数 $f_d=1.1$ 当量动载荷 $P_{rⅠ}=f_d(X_1F_{rⅠ}+Y_1F_{aⅠ})=1.1\times 2\ 857=3\ 143\ \text{N}$ Ⅱ轴承,$F_{aⅡ}/C_{0r}=1\ 942/33\ 400=0.058$　$e=0.43$ $F_{aⅡ}/F_{rⅡ}=1\ 942/3\ 883=0.5>e=0.43,X_2=0.44,Y_2=1.3$ 当量动载荷 $P_{rⅡ}=f_d(X_2F_{rⅡ}+Y_2F_{aⅡ})=1.1\times(0.44\times 3\ 883+1.3\times 1\ 942)$ $=4\ 656\ \text{N}$	$P_{rⅠ}=3\ 143\ \text{N}$ $P_{rⅡ}=4\ 656\ \text{N}$
3. 验算轴承寿命 因 $P_{rⅠ}<P_{rⅡ}$,故只需验算Ⅱ轴承。 轴承预期寿命与整机寿命相同,为:5(年)×250(天)×16(小时)=20 000 h 轴承实际寿命: $L_{h10}=\frac{16\ 670}{n_2}\left(\frac{C_r}{P_{rⅡ}}\right)^{\varepsilon}=\frac{16\ 670}{284.5}\left(\frac{41\ 400}{4\ 656}\right)^3=41\ 192\ \text{h}>20\ 000\ \text{h}$ 具有足够使用寿命。 4. 轴承静负荷计算 经计算,满足要求,计算过程略	$L_{h10}=41\ 192\ \text{h}$ 寿命足够
(三)低速轴滚动轴承校核计算 低速轴滚动轴承经过计算选用7313C,经校核计算满足要求,其校核过程与中间轴相同,略 五、平键联接的选用和计算(略) (一)中间轴与齿轮2的键联接选用及计算 由前面轴的设计已知本处轴径为 $d_2=45$ mm 由表6.1选择:键 14×9×45GB 1096□79 键的接触长度 $l=L-b=45-14=31$,接触高度 $h'=h/2=9/2=4.5$ mm 由资料[1]查出键静联接的挤压许用应力 $[\sigma_p]=100$ MPa $\sigma_p=\frac{2T_2}{d_2lh'}=\frac{2\times 177.286\times 10^3}{45\times 31\times 4.5}=56.5\ \text{MPa}<[\sigma_p]$ 键联接强度足够。	键联接强度足够
(二)高速轴与低速轴上的键联接选用及校核方法与中间轴相同,经校核计算强度足够,过程略。 六、联轴器的选择计算 (一)高速轴输入端联轴器的选择 高速级的转速较高,选用有缓冲功能的弹性套柱销联轴器 由表6.5查出载荷系数 $K=1.5$,则 计算转矩 $T_c=KT_1=1.5\times 36.111\times 10^3=54.17\ \text{N}\cdot\text{m}$ 工作转速 $n=1\ 440(\text{r}\cdot\text{min}^{-1})$	

续表

轴径,电动机 $d_{电}=38$ mm　$d_1=32$ mm

查表 6.9 选用联轴器为:

TL6 $\frac{YA38\times82}{JA32\times60}$GB/T 4324—84 合乎上述工作要求。

(二)低速轴输出端联轴器的选择

考虑速度较低,安装条件不很高,选用金属滑块联轴器。

计算转矩 $T_c=KT_3=1.5\times685.6\times10^3=1\ 028.4$ N·m

工作转速 $n_3=71.36(r\cdot min^{-1})$

输出轴伸出端直径 $d=55$ mm

按表 6.7 选择金属滑块联轴器满足强度及转速要求。

七、箱体及其附件设计计算

箱体及其附件尺寸的确定,可由本书第 7 章提供的有关数据及第 8 章的装配图设计步骤及其要领进行设计计算,过程略。箱盖的主要尺寸为:

箱盖壁厚 $\delta_1=8$ mm,部分面凸缘厚 $b_{t1}=12$ mm,轴承旁螺栓孔直径 $d_{k1}=17$ mm,凸缘螺栓孔直径 $d_{k2}=13$ mm,凸缘宽度 $l_{t1}=40$ mm,箱盖内腔低速齿轮处的圆弧半径 $R_{G1}=154$ mm,高速齿轮处箱盖内腔半径 $R_{G2}=65$ mm,箱盖内腔长 $l_n=400$ mm,宽 $b_n=175$ mm。箱座壁厚 $\delta=8$ mm,部分面凸缘厚 $b_{t2}=12$ mm,地脚螺栓孔直径 $d_f=20$ mm,地脚凸缘宽 $l_{t2}=49$ mm,箱座深度 $H_d=206$ mm,高度 $H=220$ mm,箱座内腔长度 $l_{n2}=400$ mm,内腔宽度 $b_{n2}=175$ mm。

注:1. 本计算示例所列出图表号的有关数据、资料,均可在本书内查找。

2. 资料[1]为《机械设计》各类教材。示例所需[1]中的数据、资料,一般均可在各版本《机械设计》教材中查出,由于各教材编排不尽相同,故本计算未列出教材中的图表号。本示例中用的资料是邱宣怀主编的《机械设计》第四版教材。

3. 资料[2]:北京钢铁学院等主编的《机械零件》。

4. 资料[3]:周元康等编《机械设计课程设计》重庆大学出版社第 1 版。

参考文献

[1] 周元康,林昌华等编著. 机械设计课程设计[M]. 第一版. 重庆:重庆大学出版社,2001.

[2] 邱宣怀,等. 机械设计[M]. 第四版. 北京:高等教育出版社,1997.

[3] 徐灏,等. 机械设计手册[M]. 北京:机械工业出版社,2000.

[4] 罗述洁,等. 机械设计课程设计[M]. 贵阳:贵州人民出版社,1995.

[5] 吴宗泽. 机械设计习题集[M]. 第二版. 北京:高等教育出版社,1991.

[6] 龚桂义. 机械设计课程设计图册[M]. 第三版. 北京:高等教育出版社,1989.

[7] 北京钢铁学院,等. 机械零件(上)[M]. 北京:人民教育出版社,1979.